廖晓义 著

九字家风

中国人的家哲学

人民东方出版传媒
People's Oriental Publishing & Media
东方出版社
The Oriental Press

图书在版编目（CIP）数据

九字家风：中国人的家哲学/廖晓义著. -- 北京：东方出版社, 2025.1. -- ISBN 978-7-5207-2607-8

I. B823.1

中国国家版本馆 CIP 数据核字第 2024FZ8742 号

九字家风：中国人的家哲学

JIUZI JIAFENG: ZHONGGUOREN DE JIAZHEXUE

作　　者：	廖晓义
责任编辑：	王　萌
出　　版：	东方出版社
发　　行：	人民东方出版传媒有限公司
地　　址：	北京市东城区朝阳门内大街 166 号
邮　　编：	100010
印　　刷：	华睿林（天津）印刷有限公司
版　　次：	2025 年 1 月第 1 版
印　　次：	2025 年 1 月第 1 次印刷
开　　本：	680 毫米 × 960 毫米　1/16
印　　张：	20.25
字　　数：	260 千字
书　　号：	ISBN 978-7-5207-2607-8
定　　价：	54.00 元

发行电话：（010）85924663　85924644　85924641

版权所有，违者必究

如有印装质量问题，我社负责调换，请拨打电话：（010）85924602　85924603

推荐序一

结识廖晓义女士多年，我和周围的人都习惯地称她为"廖老师"。她曾在曲阜搞实验、做公益、兴国学，我们还一起在洙泗书院举办过公益读书班，习礼仪、讲经典、学儒学。通过多年的交流交往，我认为她就是一位"行动的儒者"。她的《九字家风：中国人的家哲学》将要出版，在此向廖老师致以衷心祝贺！

了解了廖晓义老师，就会对她肃然起敬，她有着堪称传奇的人生。她用"西行东归"概括自己的生命历程，其主旋律则是做公益。她期望建设绿色世界，期待建设"乐和家园"。她用心做公益，带领团队几十年如一日全身心地投入。更难能可贵的是，她是一位行动者，也是一位思想家。她一直在"做"，实际上也不断地"思"。她是哲学专业出身，领悟到中国哲学本质上是关于家的哲学，认为人不是孤立的"个人"，而是在更大的社会乃至自然空间里存在着的"家人"。中国人常说的"家国天下"，不过是对这种生命真相的认知与体验。

人们曾经忽视乃至误解了"家"的意义，以为"家"就是"私"，就像人们的观念中那种所谓由"公天下"向"家天下"的过渡，不认为这是社会发展进程的常态，而认为是走向了堕落。也就是说，人们有时会把"家"与"公"对立起来。其实，"家"是基本的社会单元，没有"家"的牢固基础，社会、国家的稳定与和谐就无从谈起。人类发展到了一定时期，就会有家庭、私有制和国家的产生，社会的稳定与和谐因此才成为最重要的话题。

可以说，中国的圣哲们对"家"的认识之深邃、之深刻，正是中国哲学的高度和深度所在。有西方宗教学家说，当人们深度关注的中心由个人转向家庭时，便超越了自私自利。中国文化重视家庭，使之在本质上与西方的个人自由主义区别开来。从"天下一家""四海之内皆兄弟"之类的表述看，中华家文化的视野几乎就是整个儒学的时空思维。家风决定着国风，社会风气密切连通着千千万万个家庭。儒家关注天下国家，也就是由关注世风进而注重家风。

孔子当年教子，有"学诗""学礼"的过庭之训，这影响了孔子后裔，成就了孔氏家族深厚的"诗礼家风"，也影响了中华民族大家庭中的许多家庭和家族。和谐传家训，诗书承家风，像"忠厚传家久，诗书继世长""孝悌传家根本，诗书经世文章""读书足贯古今事，忠孝不迷天地心"之类，成为中华民族众多家训家风的主旋律。许多的家训、家书，甚至楹联、中堂，告诫子孙要立志读书。他们讲论读书的顺序、方法及其意义，一般会要求首先研读儒家的"四书五经"，这有助于"开心明目""修身利行"。"读书明理""读书亲贤"是为"做得一个人"，如果"道理不明"，则难以立身处世。

中华家风重视诗礼之教，显然是为了敦化德行。诗、书、礼、乐使人更好地立身处世，教人修身、立德、成人。《大学》强调"自天子以至于庶人，壹是皆以修身为本""身修而后家齐，家齐而后国治，国治而后天下平"……修身是一切的根本，是齐家、治国、平天下的基础。

家风就是民风,家风是社会道德的折射。儒家孝道之所以能教化天下,是因为如《孝经》所说的:"故亲生之膝下,以养父母日严。圣人因严以教敬,因亲以教爱。圣人之教,不肃而成,其政不严而治,其所因者本也。""则天之明,因地之利,以顺天下。是以其教不肃而成,其政不严而治。"一个人做了父母之后,才能深刻地体会到做父母的不易,进而能深刻地体验到孝道文化之大义。孝道文化由上至下地推广实施,才能彰显和谐社会的最大效益。"爱亲者,不敢恶于人;敬亲者,不敢慢于人。爱敬尽于事亲,而德教加于百姓,刑于四海,盖天子之孝也。"榜样的力量是无穷的,即"上有所好,下必甚焉"。《大学》说得好:"一家仁,一国兴仁;一家让,一国兴让;一人贪戾,一国作乱。其机如此。"

孝道是中华道德的基础。"道"与"德"合称"道德",两者也有区别。道无言无形,却承载一切,只能用思维意识去理解它;德用来昭示道,有德的人顺应道,按照自然、社会、人生的需要去做人做事。孔子说:"夫道者,所以明德也;德者,所以尊道也。是以非德道不尊,非道德不明。"当"天下无道"的时候,社会就乱象丛生,德行的好坏失去了标准,人们纷纷跨越是非界限,"缺德"现象频频上演。"德不明则道不尊",崩坏了应有的价值体系,后果极其严重。在当今中国,继承诗书礼乐之教,弘扬中华诗礼家风,在千千万万个家庭中铺染道德的底色,是"人们有信仰"的需要。

家风如何建设?这是历代中国人一直不断思考的问题。在儒家语境中,家风建设以孝悌为中心。孝悌之道是中华家文化的灵魂,是中华圣道的中心。早期儒家注重家风,充分阐发了中华孝道。儒家把孝悌看作做人的基础，儒家学说也就围绕孝悌而展开。人类社会不可须臾离开的是"爱"与"敬"。孔子极重"亲亲之爱""尊长之敬"，说"立爱自亲始""立敬自长始"，把"孝""悌"看成"人之本"，把"爱""敬"看作"政之本"。孟子说："学问之道无他，求其放心而已矣。"人都本源于"家"，所以要"不忘其初"。

重振家教家风是时代的呼声，这就需要大力弘扬中华优秀传统文化。儒学是中国传统文化的主干，是生命面向生活的学问。复兴家道需要重视孝道，复兴家道需要复兴儒学、重视经典。"四书五经"是儒学的中心，经典中有我们需要的常道，弘扬儒学就要从经典开始。中国人心中的理想人格是君子，"君子"就是指有教养的人。辜鸿铭先生当年在《中国人的精神》中说："孔子全部的哲学体系和道德教诲可以归纳为一句，即'君子之道'。"《论语》一书短短15000多字，"君子"一词竟出现了108次，可见儒学、经典对于家风家教建设的意义。

《礼记》说："大孝尊亲，其次弗辱，其下能养。"这种观念建立了家庭、家族与社会、国家的连接。一个人被称为有教养的君子，实际上已经得到了社会的认可，这要求家庭教育的价值选择与社会公序良俗一致。父母养育子女，承担教育之责，故有"养不教，父之过"之说。无论家庭还是社会，都要把青少年成长问题放在重要位置，使"少者怀之"，让年轻人有理想、有追求，不可轻忽"幼儿养性、童蒙养正、少年养志、成年养德"的人格与情志教育。

廖老师的观点令人激赏，认为要追溯几千年的家风传承，解锁现代困惑，走出混乱、迷失、空虚和脆弱，就要"回归常识""重视常识"。这个"常识"就是以"和、孝、勤、俭",以及"仁、义、礼、智、信"五常为抓手,这就是她倡导的"九字家风"。中国文化特别讲求"和为贵",致力于追求"致中和"的境界,由"天地位"而"万物育",由和谐稳定而生长发展。家庭社会的和谐又通过"孝悌"来培养"爱敬",这些又深深扎根于家庭。这是她思考的结果,也是她实践的成果。要重建共识,就需要重估常识。重估常识,便可见到廖老师论述的合理性。

是为序!

杨朝明

2023年春节于曲阜寓所

杨朝明,历史学博士,山东大学儒学高等研究院特聘教授,第十三届全国政协委员,第十四届全国人大代表,国际儒学联合会副理事长,中华孔子学会副会长,中国哲学史学会常务理事等。历任《齐鲁学刊》编辑,曲阜师范大学孔子文化学院院长、历史文化学院院长,山东省儒学研究基地主任、首席专家,尼山世界儒学中心副主任,孔子研究院院长。

推荐序二
——家风，人性之端

孟子曰："天下之本在国，国之本在家。"家安，然后国安；家善，然后国善；家道正，然后人才出焉。家之于人，可以说是真正的"性命攸关"！她是涵养人性的地方，是陶冶情怀的地方，是修养表里如一的地方，是培养君子坦荡荡的地方，是用无数细节砥砺人格的地方，是灵魂成长最丰富的发源地，是君子出发的殿堂。

人生的命运很大一部分是取决于"家"的，《易经》曰："积善之家，必有余庆；积不善之家，必有余殃。"《礼记》曰："惟命不于常。道善则得之，不善则失之矣。"家的命运和人的命运相互交织、水乳交融。唯有善，方得家道之正，方能家道日昌。

纵观历史，没有一个朝代不重视家（家庭、家族）的建设，没有一个家族不重视家风的建设。可以说，经营好家是人生重大的事业，经营好家是人生最美好的理想！中国人止于至善的人生理想也正是从家开始的，"家齐而后国治，国治而后天下平"。从家开始，铸造仁爱的力量。家庭中的每一位成员都是在家中学会了爱，学会了相互帮助和协作，学会了理解、宽容和忍让，学会了担当、责任和奉献，学会了支持、欣赏和鼓舞，学会了认真、勤奋和坚持，学会了不计较、不埋怨，学会了真诚、羞愧和感恩，学会了洒扫、应对和进退，学会了设身处地和不遗余力，学会了做人、做事、做学问，学会了热爱生命、热爱生活，学会了宜人、宜室、宜家……

所以说，家是人生最初的学校，也是最美好的学校，人性就从这里出发！

《易》曰："正家而天下定矣。"

我于2001年认识了廖晓义大姐，我们因中国文化而有了密切的交往，我对她的了解随着她的事业发展深入起来。我们聊得最多的，就是如何让中国文化"活"起来，如何将"文化"之"化"做好。

1995年，她从美国归来，放弃国外优越的工作待遇，回"家"了。在异常艰苦的条件下，她创办了非营利性的民间环保组织——北京地球村环境文化中心，致力于"人类家园"事业。2010年，她又回到她的家乡——重庆市巫溪县，协助当地政府用中华传统文化构建美丽乡村——"乐和家园"。我受邀和清华大学社会学系主任张小劲等几位教授一起前往巫溪的"乐和家园"学习调研；当然，我还有一个任务，就是和廖大姐一起助力巫溪全民阅读《论语》的活动，并于2011年9月28日见证了巫溪县"相约《论语》、全民读经"的启动盛典。

巫溪县的调研活动令我们十分欣喜：村里一条曾花十五万元招募改造而无人问津的有名臭水沟，被组织起来的村民自愿清理成了清水河；过去的"赌棍"跟着大家阅读《论语》，居然戒了赌瘾；有名的上访村变成了"乐和村"，再也没有人上访了；离弃父母的人开始主动孝敬父母；在田里劳动的农民看到我们的到来就远远地热情致意……短短的一年半载，一切都变了！呈现在眼前的，是一个快乐而和谐的"家园"！

之后，她又在山东曲阜"学儒家文化、建乐和家园"的项目中、在重庆南岸区"九九家风家文化建设"的项目中进一步致力于用传统文化实现对"家"的构建。我十分荣幸，多次受邀参访。特别是2019年，我受她的邀请，前往重庆南岸区参加"学百句《论语》，做时代新人"的活动。此次活动也作为我们诵读工程举办的"人人读《论语》"活动在南国的启动仪式。

在此次活动中，我看到"九九家风"的九个大字——仁、义、礼、智、信、勤、俭、孝、和，如同伟大的种子，被人们恭敬而神圣地捧起，然后撒播下来，成为人性之端。"修之于身，其德乃真；修之于家，其德乃余；修之于乡，其德乃长；修之于邦，其德乃丰；修之于天下，其德乃普。"会后，她带我浏览了她精心设计的志在"文以化人"的"《论语》公园"。廖大姐再一次率风气之先，融圣道于自然，立圣言于民生，行教化以佐政，令人赞叹。

"志士不忘在沟壑"，廖大姐以其对中华文化笃诚的信念，坚持不懈地做着止于至善的"家道"努力——在家庭，在乡村，在社区。她从儒家思想中萃取智慧，裁而化之，宜民宜人。她的事业是开创性的，并且成效卓著，可谓"所作建树，皆成风致"。《九字家风》志在以儒家的"九德"来为家立心立命，这是弘毅之举！我期盼并相信，这本根植于她多年实践的智慧结晶——《九字家风》，一定能裨益千千万万个家庭，裨益乡村和社区这些

"大家庭"的建设，让蕴含着儒家智慧的家风如同春风一般吹遍神州。

蔡恒奇

2023年3月10日

蔡恒奇，中华传统文化学者，曾任21世纪语文教材主编，国家汉语国际推广领导小组办公室编撰的《国际汉语教师志愿者手册》主编，三辰影库音像出版社副总编辑、高级编辑，人类文明网主编；现任中国关心下一代工作委员会中华传统文化诵读工程秘书长，教育部中国成人教育协会常务理事，北京人文大学国学院院长，国家课题——"中华传统文化经典诵读及其课程化研究"全国总课题组组长，中华优秀传统文化师资培训工程首席专家，国家优秀图书评审委员会专家，国家出版基金评审委员会专家，中国侨联中华文化发展委员会理事，济宁市中华优秀传统文化协会名誉主席。

推荐序三

我因有志趣于儿童的自然教育，多年前就知道有位廖晓义女士，通过电视、新闻了解到一些她的事迹——"西行东归"的一位文化行者，20世纪90年代放弃国外优越工作，回国创办了公益组织"北京地球村环境文化中心"，并身体力行地在各地乡村用中国传统文化助力构建美丽乡村……在这个不少人奉行物质至上主义、追名逐利的时代，廖晓义这样的人让人意外、让人敬重。尽管未能谋面，我即认定这是一个有着大胸怀、大愿行的人。

两年前，时光之轮将我推送至廖老师跟前。我惊喜地知道，廖老师也在做着家庭教育和家风建设的工作。于是，我跟廖老师，这位我青年时代的偶像，深深地结缘了。此刻，廖老师这本《九字家风》书稿正静静地摆在我的书桌上。

中国人自古重视家庭、重视子女的教育，在五千多年的文明蜕变中，积淀了诸多关于家庭、家庭教育的优秀文化。戴圣在《礼记·大学》中阐述了士大夫"修身、齐家、治国、平天下"的人生使命；孟子在《孟子·离娄上》中论"天下之本在国，国之本在家，家之本在身"，阐释了"个人—家庭—国家"的关系。这些内容体现了中国传统文化中独特而又鲜明的"家国同构"的思想与文化观念，并最终形成有着丰富内涵的中华家文化。可以说，正是这份家文化的基因护佑着中华文明从远古走来，激励着中华民族奋发图强进入小康社会，鼓舞着中华民族朝着伟大复兴的中国梦进发。

2016年12月，习近平总书记在第一届全国文明家庭表彰大会上发表重要讲话时说："无论时代如何变化，无论经济社会如何发展，对一个社会来说，家庭的生活依托都不可替代，家庭的社会功能都不可替代，家庭的文明作用都不可替代。"近年来，习近平总书记对家庭家教家风建设进行了系统、深刻的论述，并在多个场合谈到中国传统文化，表达了自己对中国传统文化、传统思想价值体系的认同与尊崇，提出中国特色社会主义道路自信、理论自信、制度自信和文化自信。我想，文化自信就是要对我们老祖宗的东西有信心、对我们的历史有信心。文化自信还在于对中国传统文化，特别是中华优秀传统文化的传承与发扬。因此，对最具中国文化特色的"家文化"的挖掘与应用，对于今天国人的家庭家教家风建设而言，大有裨益。因此，廖晓义老师的《九字家风》一书可以说是应运而生——既是廖老师献给这个时代的礼物，也是这个时代送给廖老师的礼物。

这是一份怎样的礼物呢？似乎应该把好奇心留给读者自己。我只相信，某天某时，你若与它相遇，就能在字里行间重温中国人的优雅与智慧，就能观照和反思自己的言行。从更宏大的角度而言，这本书能启迪千家万户的幸福，能再塑新时代的美好家风。

感念廖晓义老师对中华家文化的这份深情厚谊和笃行不息的精神。虽惴惴然不敢为序，仍可借机抒发胸中赞美，为廖老师，也为那些致力于家风和美、家庭幸福而努力工作和奉献的同行人，说声加油！

是为序。

霍雨佳

霍雨佳，中国儿童中心家庭教育部部长、研究员，中国家庭教育学会副秘书长，中国家庭教育学会家校社共育专业委员会理事长，中国家庭教育学会会刊《中华家教》杂志常务副主编，人民德育家庭教育研究中心主任专家，国务院妇女儿童工作委员会办公室儿童工作智库专家，联合国儿童基金会儿童早期综合发展项目国家级专家，首都师范大学中华女子学院家庭教育方向硕士研究生导师。从事家庭教育、儿童发展与教育、校外教育、儿童权利保护、自然教育、团队协同力等方面的研究和教学工作。

目录

前言 / 001

第一章 和——以和兴家,践行家中的道 / 011

　　你不是我,我不是你,珍重彼此的差异性 / 014

　　你中有我,我中有你,珍惜相互的依存性 / 023

　　你也是我,我也是你,珍爱家人的共生性 / 032

第二章 孝——以孝传家,传承家族的脉 / 041

　　孝是自爱之本 / 043

　　孝是互爱之根 / 050

　　孝是大爱之源 / 057

　　孝是立身之基 / 062

第三章　勤——以勤养家，传创家业的艺 / 073

　　勤从内在来　/ 075

　　勤从责任来　/ 084

　　勤从志向来　/ 087

　　勤从行动来　/ 093

第四章　俭——以俭持家，营造家园的安 / 103

　　法天则地，开启宇宙大智慧　/ 105

　　敬天惜物，培养自然大情怀　/ 113

　　顺天应时，注重家庭大健康　/ 121

第五章　仁——以仁暖家，珍惜家人的恩 / 135

　　仁者亲，亲亲为大　/ 138

　　仁者敬，修己以敬　/ 145

　　仁者忠，讷言敏行　/ 149

　　仁者恕，薄责于人　/ 155

第六章　义——以义利家，共担家国的责 / 167

　　见得思义的价值观　/ 169

　　义不容辞的责任感　/ 178

　　见义勇为的行动力　/ 187

第七章　礼——以礼治家，塑立家庭的规 / 197

　　明礼义，形成共识　/ 200

　　正礼序，各尽其分　/ 207

　　端礼仪，涵养言行　/ 217

定礼约，共建家规 /224

成礼俗，化成家风 /233

第八章 智——以智润家，强固家教的本 /241

回归生命智慧，激活求学动力 /245

重振诗书家教，充实好学内容 /254

再造书香门第，营造乐学环境 /262

第九章 信——以信立家，铸造家风的魂 /271

家培的信心 /274

家赋的信任 /282

家传的信仰 /288

后记 /303

前言

"当你因为改变而困惑,有一个辙,就是想想为什么出发。

当你因为困惑而焦虑,有一条路,就是回家。"

这是我在2016年"中华共同体文化的传承与创新高端论坛暨北京地球村20周年庆"活动上发表的开场语。

作为一个以中华共同体文化的传承与创新为使命的公益机构,我们深深感受到:家道的晦暗、家教的残缺和家风的衰变正在威胁无数家庭乃至民族的生存与未来。

在投身城乡生态社区建设20年之后,我和团队将主要精力投入到家风家教服务中,这是为了把工作"做到家",更是为了在文化上"回到家"。

(一)

家,是一个人从孕育、出生到被送走离世的全程的生命陪伴;

家,是一个人上有历代祖先、下有迭代后人的全长的生命联结;

家,是一个人从健康到德行、从性情到技能乃至终极信仰的全息的生命学校。

中国人的家,是一个包含信仰体系、教化体系和管理体系的生命道场。传统的中国家庭把天、地、国（君）、亲、师放在堂屋，是因为不忘这样的常理，即每个人都是天生、地养、国佑、亲育、师教的；是因为不泯这样的常理，即每个人都应该修身、孝亲、尊师、报国、法地、敬天。

个体生命靠着这样的精神脐带吸收来自家庭家族乃至天地母体的营养，获得生命的成长、使命的承载和天命的启迪，获得如其所是、如其所来、本自其中的生命意义。

家国天下，不过是中国人对这种生命真相的认知与体验。

匹夫有责，不过是对生命个体和整体之间生命联结的明了与担当。

本于人、根于家、源于天的精神脐带孕育了"反求诸己明、相与情谊厚、向上之心强"的中国精神，且生生不息，代代相传。所以中国人，总是在"天将降大任于斯人"的历史时刻前仆后继；所以中国，总是在累次的苦难洗礼中浴火重生！

但是这种中国精神，遭受了三千年以来从未有之大变局的严峻挑战。

一百多年前的国民政府，下令停止读经课和修身课，中止个体生命与经典智慧的联结，导致家道的晦暗。而伴随着大炮和鸦片进来的，是一把把无形的利剪，在不知不觉中进行着个体与家庭胎盘、家国母体的剥离。

第一把利剪是原子化，个人主义的自私和冷漠让家庭这个最基本的生命共同体离散乃至解体；

第二把利剪是功利化，功利主义的拜金和物欲让家庭这个"无限责任公司"濒于破产；

第三把利剪是空心化，物质主义的眼罩和藩篱遮蔽、禁锢了头上三尺的神明和心中的明德，让家庭不再是心灵的寓所、信仰的花园。

这三把利剪真可谓"毁人不倦，毁家不厌"，所到之处，使人这个社会性、文化性的胎儿被"剪断脐带、剥离胎盘、脱离母体"，结果是家庭共同体的解体，个人无家可归！这种无家可归的状态表现为迷茫、冷漠、无聊、乏力，因为离开了能量之源、意义之源的生命必然承受着"空心化"的"不可承受之轻"，以及生活的"不可承受之重"。

正如彝族诗人吉狄马加的诗句："我看见一个孩子站在山岗上，手里拿着被剪断的脐带，充满了忧伤。"

家道的晦暗必然是家教的残缺。

还记得以前中国人骂人骂得最不留情的话是什么吗？就是"没有家教"！骂谁缺德算是够狠了，但还是指向这个人本身；骂谁没家教，就是连人家的父母祖宗都带上了。那时的家教最注重的是"幼儿养性、童蒙养正、少年养志、成年养德"的人格教育与情志教育，包括顺天应时的生命教育、知恩图报的责任教育、敦伦尽分的社会教育、通情达理的性情教育、敬天惜物的自然教育，这样德智体美劳全面发展、注重素质教育的传统，如今却在很大程度上畸变成了以考出好成绩为唯一的奋斗目标和评价指标。

家教的残缺必然导致家风的衰变。

家风衰变是指传统家风的衰落和现代家风的畸变。夫妻关系的疏离、亲子关系的冲突、子亲关系的淡漠，不过是由家风的"灾区"酿成的种种灾情。残缺的家教必然导致残疾的家风和人格。高分低能的失业者，精致圆滑的利己者，恶性案件的杀人者，身心俱废的自杀者，以及被娇惯出来的"巨婴"和被溺爱出来的"啃老族"……多少家庭正在饱尝着家道晦暗、家教残缺、家风衰变的苦果。

明家道、兴家教、正家风，是这个时代的呼声！

（二）

中华家风是家庭或家族世代相传的核心价值、行为规范与生活作风，是深植于中华文化之根的集体认同与精神风貌，从深度说，包含了家道、家德、家学、家规、家业；从长度说，包含了祖传的家史、家脉、家谱、家训；从广度说，包含了家庭、家族、家乡，并延扩到家国天下。如此博大精深的内容，从何入手？

在家文化建设的实践中，我们找到了在几千年里代代流传，至今人们仍耳熟能详的九个核心价值："家和万事兴"的"和"、"百善孝为先"的"孝"、"道义共担当"的"义"、"崇礼家风正"的"礼"、"诚信金不换"的"信"、"好学近乎智"的"智"、"仁者爱人"的"仁"、"天道酬勤"的"勤"、"俭以养德"的"俭"。

这九个字作为家庭的核心价值，即是家道；这九个字成为家学、家谱、家训、家规，成为诗书礼乐、言谈举止的家庭教化，就是家教；这九个字成为修身自省、齐家治家、参与公共事务、关心天下兴亡的行为规范和生活习惯，便是家风！

也许有人说，这些不过是常识。

是的，它们是常识。而中华文化最了不起的地方，正是让宇宙法则和生命智慧成为常识。

中华文化最顽强的历史延绵，正在于每一代中国人认同和践行这些常识。

因为常识是人们共同的内在经验。中华家文化的常识是这个民族成千上万年积淀的共同内在经验。这些内在经验来自每个人本自具足的内在性、联结性和超越性的生命原则，差异、互补、共生的生态法则，尊重、沟通、包容的生活规则，以及保护个性又维护共性的家庭共同体准则。

也许有人说，这些是过时的常识。殊不知，过时的只能是知识，而不是常识。因为常识的根据是生命、生活和生态的常理。常理根于常道。

老子曰："知常曰明。"常言载常道。古圣先贤由于内心的纯净与视野的高远，能够将个体的内在经验与整体的宇宙规律联通；能够跳出个体思维的局限，看到全息的格局和整体的利益，所以有远见、有卓识，并且能够通过独有的汉字将思想言行变成经典常言。它是每个个体心灵深处所共有的，所以能够通过各种形式，无论是文言还是成语、戏文还是俗话而成为大家认同的常识和共识。所以中华文化是圣贤文化，也是常识文化；中国人的教育是圣贤教育，也是常识教育。

与常理相应的是常情。人之常情，比如人人都需要被尊重，比如"人皆有之的亲情、友情、爱情"。而通情方能达理；通常情而达常理，故"人同此心、心同此理"。

常理和常情通过肢体语言和行为规范来体现，便是常礼。

常礼成为大家认同的约定，便成为常规；常规成为"日用而不知"的习惯，便成为常态。常态往往体现为一种风气，对于家庭而言即是家风，即家庭成员共有的价值、人格、言谈、举止；对于社会而言便是民风或世风，即大家认同的价值取向和行为习惯，也就是公序良俗。

习近平总书记在2015年春节团拜会上强调："不论时代发生多大变化，不论生活格局发生多大变化，我们都要重视家庭建设，注重家庭、注重家教、注重家风。"

现代社会只是整个人类历史长河中的一个片段，太多的知识会瞬间变成"无边落木萧萧下"。人类要健康持续地生存下去，所依靠的还是那生命、生态、生活之根的常识。在人类社会的多元化和原子化并存的今天，能够形成命运共同体的，恐怕不是那些眼花缭乱、纷争不已的知识，而是来自生命、生态、生活根本处的"共同的内在经验"，即常识。

尊重常识，敬畏常识，人类会减少很多的灾难；反之，人类就不得不承受由于违背常识而导致的种种人祸。中华家文化的衰微，家庭共同体的解体，以及这个过程中出现的各种家庭悲剧和恶性事件，一次又一次向国人敲响警钟！

（三）

《九字家风》是对于"和、孝、勤、俭、仁、义、礼、智、信"九个常识的解读。书的副标题是"中国人的家哲学"。

家哲学是中华家文化常识中的哲理，是基于信仰的价值取向、思维方式和行为规范，简约地说，就是关于家的智慧。本书分九章对家哲学的九个常识分别加以阐述，希望这些古老的常识和哲理成为家长们解开现代困惑的钥匙和培养优秀孩子的营养。

第一章　以和兴家——尊异而求同，培养合和思维，提升整合力，践行家中的道。

第二章　以孝传家——孝亲而爱人，培养亲和思维，提升联结力，延续家族的脉。

第三章　以勤养家——自立而上进，培养内生思维，提升内驱力，传创家业的艺。

第四章　以俭持家——敬天而惜物，培养全息思维，提升超越力，营建家园的安。

第五章　以仁暖家——通情而达理，培养情理思维，提升感受力，珍惜家人的恩。

第六章　以义利家——正直而勇敢，培养道义思维，提升精进力，担当家国的责。

第七章　以礼治家——差序而平等，培养差等思维，提升自律力，塑立家庭的规。

第八章　以智润家——崇实而务本，培养根性思维，提升学习力，强固家教的本。

第九章　以信立家——平凡而神圣，培养天道思维，提升意志力，铸造家风的魂。

孟子曰："天下之本在国，国之本在家，家之本在身。"家哲学作为中华家文化的关键内容，不单指狭义的家庭哲学，而且包含身、家、国、天下的生命哲学。

因为，中国哲学理解的人，不是西方视域里的"个人"，而是生活在家庭、家族、家乡、家国和宇宙家园里的有着独立人格、互助精神和家国情怀的"家人"。从某种意义上说，中国哲学本质上是"家哲学"，即通过家庭的信仰系统、教化系统和治理系统来解决"何为正确""因何正确""如何正确"的生命之问，形成惟道是从的思维方式、生产方式和生活方式，陶冶天人合一的生命智慧，构建修齐治平的生命格局。

人生在世必须解决三大根本问题，那就是：自己与自己的关系、自己与他人的关系以及自己与天地的关系；并由此生出三大根本内需，即存在感、归属感和归宿感；与之相应的，还有五大基本内需，即价值感、成就感、尊严感、求知感和安全感。**和、孝、勤、俭、仁、义、礼、智、信"这九个字，就是满足人的精神内需的精神营养。**

"和"字，是生命成长的方向和整体目标，是构建家庭命运共同体的家道；"勤""孝""俭"三个字，帮助个体生命构建与自己、与社会、与天地的三大生命格局；"仁""义""礼""智""信"五个字，则是情感、责任、礼序、理性和信仰的五大生命品质。五大生命品质和三大生命格局，共同构成安身立命的生命智慧。

这九个字是中华家文化的九个立身常识、九种思维方式、九大生存能力，也是生命个体与家庭、与家乡、与家国、与地球家园联结的九根精神脐带。九字常识，帮助个体明白生命共同体和家庭共同体的道理、道德和道路，实现家国一体、天人合一的人生目标。

虽然限于本人的学养和功力，还不能充分地解读这九个字的厚重与深奥，但作为一个哲学专业科班出身和经过几十年基层实践磨砺的哲学工作者，我感到自己有责任抛砖引玉，让更多人从哲学的视角理解家文化，并以此服务于家庭教育和家风建设。

（四）

"和、孝、勤、俭、仁、义、礼、智、信"这九个字既是家文化的常识，又是家哲学的常理；既是齐家的道理，更是修身的功夫。无论修身还是齐家，都需要"学而时习"的训练。因为基于常识的中国哲学，除了其内在性和普适性，还有一个最重要的特点，就是实践性。

为此，我和同人们在实施"九九家风家文化建设项目"的过程中，探索实验了"接纳、反省、明理、得法、时习"的实训课程，以及"重场景、明道理、定礼约、解难题"的家庭礼学模拟。本书重点分享"明理"的内容。希望在未来的日子里，与更多有志于生命成长和家庭建设的人们一起，在实践中深入探索，携手同行！

从追溯家风传承到解锁现代困惑，我们已经看到这些古老的、富含哲理的常识如何在今天的现代社会历久弥新——

培养一个孩子的健全人格有多难？如果家长言传身教这些常识。

拥有一个幸福的家庭有多难？如果家人们认同和践行这些常识。

用常识来建立和强化家庭的筛查和免疫系统，用常识来护卫家庭的生命家园!

千千万万个在日用伦常中践行着中华家文化九字常识的人,就是昭示生命意义、维护生命尊严、营造家庭幸福、维系公序良俗和推动社会向善的根的力量!

我们处于一个自我意识爆棚和碎片信息爆炸的时代,回归家文化和家哲学的常识,用基于人类共同内在经验的共同体意识来构建共同体社会,是这个时代的社会科学工作者、家风家教践行者和服务者们共同的使命。

这本书,便是为完成这一使命而贡献的一份薄力。

第一章　和——以和兴家，践行家中的道

"家和万事兴"是中国人世代相传的常识。家不和则万事衰。

"和"的字源是"龠"与"禾"的组合。龠是用长短不同的竹管制作成一体的乐器，禾是天、地、人"三才"共同生长出的庄稼；"龠"与"禾"的结合则是精神与物质的相反相成。"和"的字形本身体现了和的真谛——差异、互补、共生，即孔子说的"和而不同"。

"和"字不限于家庭关系，其深层意义是解决家庭成员的精神内需问题，即解决似乎渺小的个体生命与博大永恒的宇宙的关系问题，也就是满足每个人心灵最深处"天人合一"的本源需求。

因为"天人之和"是从"家庭之和"，即个体与家庭成员的关系开始的，而"夫妻之和"是所有家庭关系的关键，故而《中庸》言："君子之道，造端乎夫妇，及其至也，察乎天地。"

本章以夫妻关系为重点，阐述夫妻之道的三条黄金定律：

一、珍重各自的差异性——"我不是你，你不是我"。夫妻之别是阴阳之别、乾坤之别、天壤之别，很多夫妻的矛盾是由不了解这样的差异而导致的。中国智慧强调"夫妻有别"，所以彼此应该"相敬如宾"，尊重彼此之间的性别差异、禀赋差异和习性差异；同时看到内在的自己，让内省成为习惯，因为只有通过内省才能看到内在的光明之德，看到独一无二的对方，独一无二的自己，用"明明德"来保护彼此的个性。

二、珍视彼此的依存性——"我中有你，你中有我"。相互依存基于彼此沟通、彼此体贴和彼此感恩，互以对方为重，互为对方着想。一个家的家庭成员如果只是相互指责而不是自我反省，除了彼此痛苦同时给孩子带来痛苦以外，于事无补。

三、维护整体的共生性，"我也是你，你也是我"。通过"神圣婚约""无限责任""感情银行"营造家庭命运共同体，让家成为人世间最能保护家庭成员的差异性又维护其共生性的地方。

不仅夫妻关系如此，子亲关系、亲子关系乃至己群关系亦是如此，因为差异、互补、共生是所有生命的生存发展之道，也是合和思维的生命智慧。合和思维引领个体生命成为星辰大海，而拆分思维会让个体生命沦为宇宙尘埃。

用合和思维营造家庭命运共同体乃至家国命运共同体，就是在践行家中的道。

"家和万事兴"，应该是家文化最具有代表性的话语了。如果说"孝"是家庭共同体的初始，那么"和"就是家庭共同体的目标。而家和的根基是夫妻之和，夫妻关系不好，亲子关系和孝亲关系则很难搞好，而且会给孩子的成长造成负面影响。

在自我意识迅速兴起、"原子化"趋势加剧的现代社会里，在结婚率逐年降低、离婚率逐年增高，以及家庭矛盾司空见惯的现代社会里，夫妻之和如何能够实现？当我们穿越时间隧道，去寻找中华家文化的奥秘时，我们看到《易经·系辞》曰："一阴一阳之谓道。"我们听到孔子的声音："和而不同。"让我们共同探讨，这和而不同的阴阳之道如何能解锁现代家庭的困惑。

你不是我，我不是你，珍重彼此的差异性

"家和"怎样才能实现呢？我们先从"和"字的造字本义来解读它。"和"在甲骨文中为"龢"字，是禾苗和乐器的组合。

龠是一种乐器，通过不同长短的乐管产生不同的音声，进而组合成美妙的音乐。如果是同样长的管子，发出单调的声音，就没法听了。如果每个乐管不能合作，各吹各的号，各唱各的调，也没法成为一首曲子，所以叫"和而不同"。

再看旁边的这株禾苗，是"木"字上面加一小撇，那是麦穗低垂着头的样子。"木"是在天地中自然生长的植物的统称，禾苗庄稼却不一样，它除了需要天上的阳光雨露、地上的土地水源，还需要人力的耕作。禾苗本身是天、地、人合力的结果。古人把天、地、人叫作"三才"。天、地、人的力量各有不同，正是这种不同，造就了禾苗的生命，缺了哪一

项都不行,所以叫"和而不同"。

"和"字本身昭示了夫妻的阴阳之道:阴阳之间首先是差异性,这差异是乾坤之别、天壤之别,所以夫妻之间有着"你是你,我是我"的"不同";但阴阳之间又有依存性,我中有你,你中有我;阴阳互补,实现共生性;夫妻是"我也是你,你也是我"的家庭共同体,以实现生命的完整和延续。"和而不同",就是夫妻和谐之道。

家和之道,首先从尊重差异性开始。

夫妻间的很多矛盾,其实是因为不了解或不理解彼此的差异性而引起的。走到一起的男人女人都有自己的原生家庭,有着性格、习惯、禀赋的不同,走到对方心中谈何容易?看懂差异,就要理解差异和接纳并珍重差异,包括性别差异、习惯差异和禀赋差异。

一、珍重性别差异

为什么要敬重性别差异?因为由此差异,才有家庭的构成、生命的繁衍。当我们接受"男女都一样"的现代意识的时候,可能会忽略"男女不一样"的生命本然。照说父子、兄弟之间都有差异,但是古人在五伦关系里特别强调夫妻有别,因为从阴阳之道来看,夫妻之别是天壤之别,只有明白这个"别",才有可能敬重这个"别",并在这个有别的基础上完成互补共生。

生理差异会造成心理差异,夫妻之间总是会出现沟通的问题,很大程度上是由于男女双方的思维方式不同。

有人说,男人的脑子里是一个一个的盒子,这些盒子里分别装着钱、房子、车子、妻子、孩子、老妈……女人的脑子则像错综复杂的高速公路网络,把所有的东西连在一起。此外,男人更多的是左脑在工作,而女人更多的是右脑在工作,所以,面对同样的情境,男女的思维逻辑会有差异。

男女之间还有许许多多其他的差异。很多时候，夫妻生活了一辈子，也未必了解男性和女性的这些差异；很多时候，夫妻之间的分歧或者矛盾是因为不了解这些差异而造成的。所以，夫妻之道首先要认知差异。

中华家文化的智慧不仅在于看到"男女有别"，而且有应对差异的方法，这就是"相敬如宾"。这里的宾，不是生分，而是敬重。一个"敬"字，不仅接纳差异、尊重差异，而且敬畏差异，敬畏上天赋予万物的不同特质。

子曰："修己以敬。""敬"是修身的根本，亦是齐家的根本。

"举案齐眉"的典故可谓夫妻之间相敬如宾的典型。东汉名士梁鸿品德高尚，学识渊博，他的妻子孟光没有小姐习气，是个能穿麻葛衣、一起过清苦生活的人。他与妻子谢绝当官，住在小屋中，靠给人舂米过活。每次梁鸿归家时，孟光都备好食物，放在案上，举到眉毛的高处，请梁鸿一起用餐。夫妻俩互敬互爱，生活幸福美满。

试问，谁不希望有一位举案齐眉的伴侣呢？在快节奏的现代家庭生活中，夫妻之间虽不必举案齐眉，但基于男女有别，因而相敬如宾的"敬"，总是有利于家庭和睦的。这种敬体现在举止言谈上，也体现在彼此的称谓上。失敬必然失和，人际关系如此，夫妻关系尤其如此。

有一位王先生，年轻的时候有脂溢性脱发，妻子开玩笑地叫他"光头"。王先生请几位老同学到家里聚会，正聊到兴头上时，妻子从厨房里出来，对着王先生喊："光头，光头，你上次买的酱油放在哪里了？"王先生听到后，脸马上涨红，同学们也觉得挺诧异：王同学什么时候有这个绰号？事后，王先生跟太太表达了不满，觉得在同学面前没有得到太太的尊重，而王太太却很委屈地说："我只是随口叫习惯了，你怎么这么小气？我又没有恶意！"

夫妻之间还需要"敬"吗？相敬如宾是古董吗？试想，如果这位妻子在丈夫的老同学面前表现得对自己丈夫彬彬有礼、敬重有加，老同学们会不会在这对夫妻身上感受到人心所归的文明和教养？如果妻子自觉失礼，道声抱歉，而不是反过来指责丈夫小气，这对夫妻之间会不会少一些摩擦、多一些甜蜜？如果夫妻相怼变为夫妻相敬，彼此间是不是可以少一些误读，多一些温暖？

从夫妻的称谓中也能看到"敬"。民国离我们还不算太久远。那时比较通行的称呼是"先生"和"太太"。先生是读书人的意思。以前读书人因为读圣贤书，非常受尊敬。因此，先生是指有德行、有学识、有身份的人。在家里请了这样一个有教养的人来做自己的丈夫，并称他为"先生"，这是妻子对丈夫的一种敬意。

再说"太太"这个称呼。这个"太"字，是来自周朝时非常有德行、母仪天下的三位夫人——太姜、太妊、太姒。她们辅佐和养育了周朝好几代圣王。丈夫称呼自己的妻子为"太太"，表达的也是最高的敬意，是丈夫对妻子的"相敬如宾"。

民国时期夫妻间的尊称"先生、太太"到了革命时期和中华人民共和国成立后的一段时期里变成了"爱人"，而"老公"这个旧时对太监的称呼取代了"丈夫""先生"或"爱人"。

某次，我偶然间问起一位年轻的朋友假期是怎么过的，她甜甜地说："我和我爱人出去旅游了。"无意间的一句"爱人"，勾起了我心中的一丝暖意。因为在我的父辈那里，夫妻互称为"爱人"，而这个称谓确实自带温度、自带爱意。"爱人"这个词，带了一个"爱"字，说的时候真的有一份爱意、一份敬意和一份温情在里头。

夫妻之间的称谓会随着时代的变化而变化，但夫妻间恩爱和敬重的传统在现代家庭里是应该得到延绵和传承的。

当然，表达敬意不只在称谓，现代生活也未必需要举案齐眉那种极致的做法。一个眼神、一个表情、一个动作、一句话语，是敬重还是轻蔑，是敬意还是鄙视，都会在夫妻双方心中留下深深的痕迹。而体谅和尊重对方的需求，更是日常生活中随处可行的"相敬如宾"。

有这么一个场景：多日劳累的丈夫本希望在家休息几天，妻子却不由分说地排满了和亲友的见面日程，丈夫内心生起无名火，却对妻子已经安排的约定无可奈何。对此，您怎么想？

其实亲子之间也好，亲戚朋友之间也好，还是夫妻之间也罢，都存在有界限的需求。当彼此看到这部分需求时，就多了一份理解，多了一份体贴，更多了沟通与协作。妻子有友谊的需求，但丈夫有安静和休息的需求，这个"敬"其实是妻子要尊重丈夫安静和休息的需求。从这个层面上讲，妻子在组局、和朋友约定聚会之前，应该还有一个非常重要的细节要注意，那就是和丈夫进行沟通和商议——既可以满足妻子友谊的需求，又可以满足丈夫休息和安静的需求，然后再采取行动，这样才是夫妻和谐的有益之举。

修己以敬，从夫妻互怼互掐转为互敬互重，不仅能够改善夫妻关系，而且会让孩子在耳濡目染中学到何为敬意；更重要的是，让夫妻双方自身的教养与气质得到升华。敬人，才能为人所敬。

二、尊重"习惯差异"

民政部结婚离婚的统计数据显示，近5年来，结婚率逐年降低，离婚率逐年增高。2018年，每千人的结婚数仅为7.3，而每千人的离婚数达到了3.2。2020年，登记离婚的有373万对，登记结婚的只有813万对。

在婚外情、家庭暴力、性格不合、家庭琐事、长期分居这些排名前5的离婚原因中，排名第一的是家庭琐事！而且它遥遥领先于其他几项原因。不知道大家对这个结果会不会感到惊讶。除了家务分工方面的差异，导致夫妻之间出现矛盾还有一个重要原因，就是不能容忍"习惯差异"。

夫妻生活在一起，接触的都是生活中的琐事，比如夫妻双方都是独生子女，在自己的原生家庭里都是被父母照顾的。现在结婚了，两个人都赚钱养家。饭谁做、衣服谁洗，买东西是注重实惠还是品牌，怎么对待彼此的父母，内衣是机洗还是手搓，吃完了饭是马上洗碗还是堆在那里过一会儿再洗……这些因为成长环境、生活习惯、认知价值而形成的差异，都会引发矛盾。如果不能包容彼此的习惯差异，如果谁都以自我为中心不肯体谅对方，那么家庭就成了战场，任何一点小事都可能导致爆发局部的乃至全面的"战争"，让曾经的爱情在"战火"中毁于一旦。

从事沟通咨询工作的一位老师分享了这样一个案例：一个周末，在企业做高管的丈夫特意放下繁忙的工作，带上太太去一个郊外的五星级酒店度假。夫妻俩已经好久没有这样过二人世界了，两个人都很期待这次度假能拉近彼此的关系。

事情发生在第二天早上。先生有早起锻炼的习惯，太太喜欢睡懒觉。先生一大早就去锻炼了。到了早餐时间，先生估计太太快醒了，就打电话告诉太太餐厅里早餐的内容，哪些好吃，让太太赶快起床，到餐厅用餐。

太太觉得很烦，说："我要睡觉。"然后挂了电话。先生吃完早餐后，慢悠悠地回到房间，发现太太已经醒了，就打开电视自己看新闻，还对太太说："这家餐厅早餐很丰富，味道不错，还有你最喜欢吃的寿司，待会儿你下去别忘了尝哦。"太太问："你不下去了吗？"先生说："我要看会儿新闻，你自己下去吧！"听先生这么一说，太太心里开始冒火，心想：你说要陪我过二人世界，现在让我一个人下去吃早餐，还叫陪我吗？

但是太太并没有说出来，只是自己在心里酝酿，憋不住了，又冒了一句："你不能陪我去吃吗？""我已经吃过了！你就自己去吃嘛！"先生看着电视，头也不回地回答。

太太看见先生那无动于衷的样子，再也忍不住了，开始故意弄出声响，又是用包撞击墙，又是用脚踢门，生气地叫嚷："你就是一点都不关心我！一点都不爱我！"先生也火了："我已经吃过了啊！我要怎么做才能让你满意？"最后，原本好好的夫妻二人度假，就这样不欢而散了。

案例里的先生没有陪他的太太吃早餐就是不爱他的太太吗？旁人能否看到先生对太太的爱呢？特意留出两天陪太太度假算不算爱？给太太打电话，告诉太太有什么好吃的，算不算爱？但是为什么旁观者能看到，而当事人看不到？

因为当事人陷在了自己的认知里。这种认知叫作"自以为是"，也就是现代流行的话语——"我以为"。后面的认知则是"过分自我"——我觉得我是对的，你不符合我的想法，就是你有问题！

为什么"夫妻有别"这样一个简单的道理，现代人却很难明白呢？因为我们被"自我中心"给遮蔽了，被一种叫"同质思维"的东西给湮灭了。"自我中心"的狂傲把自己的存在当成一切，忽略他人的诉求，而"同质思维"抹杀了男女的各种差异而预设了男女的同一，所以看不到自己和对方生命本然的状态。

去除自我遮蔽、矫正同质思维，是我们能够珍重对方、珍重孩子、珍重自己的前提。

三、珍重"禀赋差异"

夫妻之间除了性别的差异、习惯的差异，还有禀赋的差异。用珍重的态度对待禀赋的差异，不仅是接纳、不仅是包容，还有欣赏。禀赋不存在"优点"还是"缺点"，只是"特点"而已。一个比较稳重的男人在一个女人眼中可能是"木讷"的而被嘲讽，在另外一个女人眼中可能是"内敛"的而被崇拜。一个喜欢尝试的人，可能被认为"不务正业"

而遭到打击，也可能被认为"富有创意天赋"而受到鼓励。这取决于当事人的喜好，也取决于当事人的思维方式。

看见差异、接纳差异、欣赏差异的思维方式在夫妻关系中常常被忽视，这也导致差异性在孩子的教育中常常被忽略。

当下家庭教育中的一个重大误区就是家长用家具生产线的标准要求孩子。"邻家的孩子"几乎成了亲子关系的雷区。家长也许并没有意识到，拿一个同质化的标准要求孩子，是伤害孩子的利器，这是在用外在的压力抵消甚至摧毁孩子内在的成长动力。

子曰："君子和而不同，小人同而不和。"家长被家具式标准的思维绑架了，是因为缺了"和而不同"的准则，从众觉得"安全"。你家的孩子报书法班，我家也得报；你家的孩子在学奥数，我家怎么能落下？你家的孩子还没上学就说一口流利的英语，我家的孩子可不能输在起跑线上，也得找一个英语老师做一下辅导……

家长挤占孩子的所有课余时间，试图培养一个大众意义上的优秀孩子。殊不知，衡量这"优秀"的，往往是人为的标准，是雷同的标准，很多时候甚至是低俗的标准。就算你的孩子实现了、达到了这样的标准，你也有可能成功地培养了一个孔子说的"同而不和"的"小人"。这里的小人不是恶人，只是格局小、眼界小，只活在狭小的被人为给定的某种固定格式里。单纯追求分数达标，孩子很容易变得冷漠，不再关心与生命相关的信息，进而在低俗比较、恶性竞争中变得冷漠，甚至变成那种对同寝室同学投毒或者为了成为第一而杀害同班同学的"冷魔"。

教育不应该是工业化的，而应该是多样化、生态化、差异化的。这有点像生态农业，和而不同，让生命在无限的多样性中绽放。田野里，黄瓜、茄子、西红柿千姿百态，个个生气勃勃，生机盎然。你的苗和别人的苗本来就不一样，但都是好庄稼，都是自家的好娃娃。

我们把同而不和的人为尺度置换为和而不同的自然尺度，用内在性、能动性、差异性、多样性、创造性来重新打量孩子，你会发现自家的娃是独一无二的宝贝。用这样的眼光去看人造的家具，可能对于人造的活儿还很不满意呢——怎么一个个都长得差不多，而且好像需要外面插个电源才能驱动，缺少灵动的气息，身上没有强健的生机，眼睛里缺少光亮。

我女儿上小学的时候，有一天放学回家后告诉我，她的语文老师讲蜗牛和大象的故事，说让大家都要学习大象，不要学习蜗牛。然后她提高声音，很不平地说："人家蜗牛怎么啦？干吗总要和大象比呀？这世界全是大象行吗？有大象也要有蜗牛，有大树也要有小草呀！"

各位家长，如果你还记得你的孩子的类似故事，请保护他/她；如果你还记得自己童年类似的故事，请珍惜他/她。让我们认认真真地在和孩子的交流中，向孩子学习，重启自己身上那双智慧的、自然的、君子的"天眼"，告别同而不和的小思维，回到经典和自然给我们的和而不同的大智慧。

家庭就是一个道场，你在与配偶、与孩子相处的过程中真正珍重了对方，点亮了他人，也就绽放了自己。因为作为天地之间独一无二的个体，你的内在性、多样性、创造性也会在看懂差异、珍重家人的过程中被看见、被点亮！当然，这里的前提是反求诸己，如果一味指责和要求对方，那么问题几乎是无解的，不仅对方难受、自己难过，而且严重影响孩子的成长。

夫妻之间如果都能看到性别差异、习惯差异和禀赋差异，就少了许多冲突。中华家文化不仅仅让人们意识到"你是你、我是我""我不是你、你不是我"，因而彼此尊重，而且强调彼此敬重。"敬"的甲骨文不只有平等的意思，还有下蹲和退后之形，有珍爱、重视之意。家人之间、夫妻之间是修"敬"功最好的道场，可以让人明白和而不同的道理，长养修己以敬的功夫。

你中有我，我中有你，珍惜相互的依存性

一个朋友说，自己与丈夫在一起10多年了，经常为了小事争执，每次争执后都想着干脆离婚算了。可每次冷静下来仔细想，觉得就算自己离婚后重新组建家庭，依旧会出现这些问题，就像树上的叶子，被虫子吃得千疮百孔，如果不去研究是什么导致病虫害，那么就算把树桩砍掉也无济于事。如果不解决根上的问题，无论离婚还是继续苟且，都会是两败俱伤的结果，并且还会影响最无辜的孩子。

解决根上的问题，除了珍重彼此的差异性，还需要养护彼此的依存性，即夫妻双方的沟通、体贴和感恩。

一、相互依存，基于彼此沟通

宋朝词人秦观的《鹊桥仙》，用"鹊桥"一词十分形象地描绘出两人相知、两情相悦的"通道"：

> 纤云弄巧，飞星传恨，银汉迢迢暗渡。
> 金风玉露一相逢，便胜却人间无数。
> 柔情似水，佳期如梦，忍顾鹊桥归路。
> 两情若是久长时，又岂在朝朝暮暮？

然而，在由自由恋爱而结合的不少现代家庭中，"鹊桥"却成了"断桥"。当初那"柔情似水，佳期如梦，忍顾鹊桥归路"的"鹊桥"，那"金风玉露一相逢，便胜却人间无数"的"鹊桥"，怎么就成"断桥"

了呢？其实，重建"鹊桥"是可能的，这首先需要夫妻之间的沟通。

夫妻沟通是家人沟通的关键，因为夫妻关系是家庭关系的轴心。

我们曾经做过一个问卷调查，妻子回到家的第一关注点是配偶还是孩子。95%以上的夫妻回答都是孩子。人们在家庭结构中，往往首先关注孩子，然后是父母，接下来可能是兄弟，最后才是配偶。因为血缘关系是不可剥离和替代的，而夫妻关系似乎是可以置换的，甚至有"兄弟如手足，夫妻如衣服"的说法。

然而，正确的序位应该是怎样的呢？首先当然是自己，自己搞不定，什么关系都搞不好；然后是配偶，因为夫妻关系不好，亲子关系必定搞不好，对上的父母关系以及平辈的兄弟姐妹关系也会出问题。

夫妻关系就是孩子的镜子。一个孩子来到这个世界上，他要学习做人，学习为人处世，看到的第一个榜样就是父母。夫妻关系处理得融洽，孩子才会成长得好。曾经有一个自闭症儿童，好多年都不说话。他的父母参加了一个学习班，逐步改善夫妻关系，没过多久，孩子奇迹般地开口说话了。

所以，夫妻关系是所有关系中的第一序位，夫妻关系是所有关系的"轴"。

但是，夫妻之间特别容易被卡在其中的某个环节而走不下去。比如，因为情绪的发作让彼此受伤害而彼此关门；比如，因为观点的不同，寸土不让，或者从此关门，懒得再谈；比如，因为一方的感受被另一方冷遇或者忽略而不再表达。无论是彼此关闭还是互相指责，只有一个结果，就是"无解"。

有没有解决之道呢？让我们试一下"乐和沟通"。

"乐和沟通"有五步曲，即自我观察、深度体验、明白需要、全然信任和真诚诉求。每一步都有三个层次，即看见自己、改变自己和表达自己。

看见自己，是反省自己，反求诸己，眼睛朝内看，任何时候眼睛都不要向外看，而要回到自己身上，归咎对方、指责对方是无解的，只会加深积怨、酝酿冲突、伤害感情、殃及孩子；改变自己，是看清自己身上可能存在的偏见、冷漠、抱怨、控制和计较这五个小病毒，看透这些病毒的危害，继而找到排查病毒的办法；表达自己，是在看见自己、改变自己的基础上，找到表达自己的五句话。下面，具体阐述这"五步曲"。

第一步：自我观察，"我看见"或"我听见"。

这时候不要先入为主、不要添油加醋，尽可能把你看到、听到的场景和声音再现出来。此时看的不是对方，而是自己，看自己当时看到某个现象后的反应，包括表情、看法、语言、动作等；最重要的观察是对自己的念头的观察，观察自己是否存在对于事实先入为主的判断，这些观察和判断中有没有偏见，也就是观念的"标签"；训练自己延时判断的能力和如实观察的能力；自己的话语表达一定是如实观察后的事实陈述，比如"我看到你下班回来后在沙发上看手机"，而不是"我看见你又躺在沙发上玩手机"，或者"你总是一回来就往沙发上躺"。

第二步：深度体验，"我感到"。

看见自己，是指深度感受自己的感受，看到丈夫在沙发上看手机而自己在厨房忙碌，自己感到的情绪是什么？是愠怒吗？是失望吗？要尝试训练自己的感受能力和准确描述感受的能力；尝试改变自己，这个时候可以反省冷漠的小病毒，反思自己身上原本具有的那种爱意和温暖是不是在什么地方失落了；表达自己，要能够如实、坦诚地表达自己的感受，但注意不是冷冰冰地陈述，更不是带着情绪表达情绪，比如可以用温和的口吻明确表达这样的感受："我看见你在沙发上看手机，我在厨房忙活的时候，我感到有些不爽，我有点生气。"

第三步：明白需要，"我需要"。

看见自己，是在明白感受后的需要，比如，我不爽的感受后面是被尊重、被认可的需要，是丈夫能够帮厨的温馨，或者丈夫回家就给自己一个拥抱的喜悦；改变自己，是在这一步需要改变自己习惯性的抱怨和不满；表达自己，需要真诚而不带情绪地陈述："我不爽和生气是因为我需要被尊重，需要有你来帮厨，我们还可以一边做饭一边说说笑笑。"

第四步：全然信任，"我相信"。

这一步的重要性在于，在看见自己的时候，要能够穿过事务的枝叶，看到夫妻间的信任，看到你对夫妻感情的信心；改变自己容易小题大做、上纲上线，动不动就说"你不爱我"的习惯。因为一件事情而否定对方的感情，是夫妻间也是亲子间最忌讳的事情。表达自己的时候，最好说："我相信你是爱我的，我相信你也是相信我爱你的。"此时特别忌讳用"你就是不心疼人""你就是只顾自己"等看似轻飘其实杀伤力极大的话语。

第五步：真诚诉求，"我请求"。

在这一步看见自己，是要看自己的念头："你是不是认为所有人都该按照你自己的期待来行事？"改变自己，排查自己有没有过于计较的问题，有没有觉得一切理所应当、真理在自己手中、摆谱拿架子？在表达自己的时候，需要明确提出自己的诉求："我希望你下班回来后，先跟我打个招呼。如果没有急事处理，先来帮个厨好吗？"此时忌讳的是反问语："你就不能到厨房来搭个手吗？"以及命令语："回到家后，你的第一件事就该到厨房来问问我。"

上述五步曲中，我们完全可以通过看见自己、反省自己和表达自己来实现充满理性、温情、礼貌、信任和情义的快乐和谐的沟通。反之，在沟通的任何一个环节都有可能发生抵牾甚至争吵。

比如前文那个妻子叫丈夫"光头"，引起丈夫不满的场景，丈夫的一种处理方式是当场怼回去,另一种是闷不作声憋在心里,还有一种是彼此责怪。丈夫指责道:"你怎么当着这么多人叫我绰号?"妻子责怪说:"我只是随口叫习惯了,你怎么这样小气?"

如果丈夫用"乐和沟通"的方法:"老同学都在场的时候,'我听到'你叫我绰号光头,'我感到'很难堪、很难过,'我需要'被自己的爱人尊重而不是随意对待,'我相信'你对我并无不尊重的意思,只是随口说惯了比较随意的玩笑,'我请求'你能以后注意一些,我也会注意这样的场合。"妻子回应:"'我看到'你当时有些难为情,'我感到'了你不愉快的感受,'我明白'了后面的被尊重的需要,'我相信'你爱我才给我讲了你的感受和期待,'我请求'你接受我的歉意,下次我会注意的。"

用"自我观察、深度体验、明白需要、全然信任、真诚诉求"的"乐和沟通"方法来消除彼此的隔膜,进行双方的磨合,这样的沟通是不是让彼此的感觉好了很多?如果大家有了想法、感受、需要、意愿却不说出来,而是闷在心里发酵,积怨总有一天会爆发。但是如果表达不妥,同样会踩地雷,伤害双方的感情,使得下一次的沟通更为困难。

这时我们再来看孔子说的"躬自厚而薄责于人",孟子说的"行有不得,反求诸己",也许就有了更深的体会。

二、互相依存,在于彼此体贴

如果说,沟通是互相依存的润滑剂,那么体贴就是互相依存的黏合剂。体贴的本质是互为对方着想。

如果夫妻之间缺少了相互的体贴,会是什么样子呢?有这样一个视频:妻子回家晚了,这时丈夫已经睡着了。这位妻子是怎么做的呢?一进屋立马开灯,然后把丈夫摇醒:"你看看我买的衣服好不好看?"然后又给闺蜜打电话,声音很大。丈夫没说什么,只是觉得很吵,就用被子捂住耳朵继续睡觉。这时妻子躺下，又让丈夫给她挠背。

换成丈夫回家晚，这时妻子已经睡着了。丈夫来到房间，蹑手蹑脚地走，没有开灯，而是用手机照明，然后在柜子里摸到衣服，出去穿上睡衣，接着回到卧室，小心翼翼地拉过被子的一角。结果，妻子的头发被压着了，于是大声训斥："哎哟，我的头发！我刚睡着，就被你弄醒了！真讨厌，你能不能小心点！"

看到这个场景，您会怎么想？有网友评论说："这个老婆好自私！心里只装着自己，根本就没把丈夫当回事。"还有人说："这个女人好福气，世界上怎么有这样体贴自己的丈夫？"但是如果只有一方体贴，这样的关系能够长久吗？

通过这个故事，我们看到什么叫"以自我为中心，只满足自我的利益"，也可以说，这是一种自私。自以为是的自大和自我中心的自私，都是侵蚀健康家庭关系、导致婚姻"癌变"的病原。而要防止"婚爱"变"婚癌"，最关键的良方，一是"反求诸己"，二是"互为对方着想"。正如一首歌唱的，"因为爱着你的爱，因为梦着你的梦，所以悲伤着你的悲伤，幸福着你的幸福。因为路过你的路，因为苦过你的苦，所以快乐着你的快乐，追逐着你的追逐……"

著名作家萧乾有一个习惯，抽烟抽得很厉害。他的妻子很怕烟雾，但从来没有因此指责丈夫，只是当萧乾抽烟抽得烟雾缭绕的时候，她会走到窗前，轻轻把窗户打开。终于有一天，萧乾注意到了这一幕，之后他居然把烟给戒了！这就是互相体贴。

在很多朴实无华的夫妻之间，体贴对方、互为对方着想，是再自然不过的事情了。幼年时，我家的邻居大妈做饭，我常常过去旁观，她会变着各种手法做饺子。印象最深的，就是她说起丈夫爱吃她做的饺子的时候，那满脸的喜悦和幸福。

在婚姻关系里，男人不仅是男人，有时候他愿意表现自己作为父亲的气质；有时候，又会表达自己作为男孩儿的天性。女人呢？不仅只是女人，也有母亲的气质和女孩的天性。你愿意为对方着想，就要知道如何去实现角色互补，去"投其所好"，用心去感受对方，用心去感受对方的感受，因为心是可以感知万物的。

致力于婚姻家庭教育的一位老师曾有过"一张床上六个人"的形象比喻。男人和女人分别有三种角色，这是生命成长的角色天赋和自然天性的多彩禀赋。一个男人是从小男孩儿长大的，所以他依然有着小男孩儿的需求。长成一个男人后，有雄性阳刚之气的需求。而后，他又成了或者将成为父亲，所以也有作为父亲的对孩子慈爱的需求。女人也一样，同时有小女孩儿、女人、母亲三种角色。所以，一张床上的两个人，从角色禀赋来看，就是六个人。

什么叫差异互补、相互依存呢？如果以出牌来作比喻，就是出牌要出对，男女一方出的牌恰恰是对方需要的。如果这个男人现在是小男孩儿的状态，小男孩儿遇到了什么事儿，他有委屈，这个时候女人最好释放母亲的天性，给他安慰，给他温暖，给他怀抱；当这个男人展现出男性形象的时候，需要女人的尊重和崇拜、"小鸟依人"，那么女人要释放女性的魅力，刚柔相济，以柔克刚；当男人在扮演父亲的角色时，女人不妨当一下小女孩儿，满足他作为年长男性的需求，女人也可以重温童年小娇娃的幸福。

这些需求都是潜在的，是你平常看不到的。最怕的是什么呢？出牌出错了，男性呈现出作为一个男人的形象的时候，你却像个妈妈一样唠叨。这是不是让他缺了什么？而女性也会少了展现阴柔之美的机会——他是个小男孩儿的时候需要被关爱；有委屈需要倾诉的时候，母亲牌会令他想起母亲的怀抱和那种剪不断的血脉依恋，而你又充分地享受了母性的愉悦。同理，女人需要成年男性父亲般的依靠感的时候，对方还是个长不大的男娃，这种不合就是阴阳不合。阴阳和合，就是一方所缺另一方能补。男女都有各自三个角色的不同诉求，最好的互依就是互补。

当然，这一切都取决于双方的真诚、奉献、互以对方为重的能力。否则这些可能成为工于心计的"宫斗"。还有就是各自反求诸己的能力，时时"核检"偏见、冷漠、抱怨、控制、计较的"心冠病毒"。一味指责、要求对方，却不会为对方着想，还要求对方为自己着想，这样的对方，找得到吗？找到了，又留得住吗？

三、互相依存，源于彼此感恩

人世间的家庭里，有各种形式的爱。有的爱是"孝爱"，有的爱是"友爱"，有的爱是"慈爱"，夫妻之间为什么是"恩爱"？因为是灵与肉全然地融合与交付，所以"一日夫妻百日恩"。娶妻何如？合二人。婚礼何如？合两家。同牢而食，合卺而饮，解缨结发，共度百年。恩爱在哪里呢？孕育后代，延续彼此的血脉，肩负彼此家族的责任，完成了彼此家族的延续，促进了彼此的成长，成全了彼此的心愿，圆满了彼此的生命。夫妻恩爱给了多少家庭生命的安稳和岁月的静好……

让我们回忆与另一半在一起时那些快乐的日子：第一次遇见对方的场景；TA做过哪些让你暖心的事情；在困难的时候相依相守；宝宝出生时的喜悦……当你回到这些美好的记忆中，是否发现，目前出现的种种问题，只是因为太自我而忽略了对方，因为太自我而忽视了与对方的依存关系？是不是因为选择性记忆造成了选择性遗忘，忘记了对方的恩，忘记了那个曾经在黑暗中抱紧你的人，逗你笑的人，陪你彻夜长谈的人，你卧床生病时给你倒水的人，带着你四处旅游的人，心里时时挂念你的人？

还是那句老话："多想想人家对你的好！"

夫妻之间、亲人之间的感恩之心本来是内在的、天然的，然而在日常生活中却常常被忽视、被伤害，这是因为家庭关系中的人们缺少反求诸己的修养;而保护内在的、天然的感恩之心以保护相互依存的幸福的秘籍,就在于两个字:修己。

子路问"君子"。子曰:"修己以敬。"曰:"如斯而已乎?"曰:"修己以安人。"曰:"如斯而已乎?"曰:"修己以安百姓。修己以安百姓,尧舜其犹病诸?"这里出现了四个"己"字。

这里,我们看到师生俩的一个鲜活场景。子路问,怎样才能成为一个君子呢?孔子说了两个字:"修己。"也许子路纳闷:夫子满肚子的学问,怎么就这"修己"二字?于是问孔子:"就这些吗?"老师很耐心,说:"是的,就这些,修己就可以安人了。"但子路还不甘心,又问"如斯而已乎",就这些吗?孔老师依然很耐心,"修己以安百姓,即使是尧舜,也不过如此吧"。

一段话说了四个"己"字,用今天的话来说,做君子没什么别的,就是凡事回到自身,从自己做起,做好自己,自己拿自己有办法,自己对自己负责任。修己、安人、安百姓,弟子们大概据此有了修身、齐家、治国、平天下之说,安人、安百姓都得从修己开始。

夫子还怕子路们不明白,又在另一个地方说,君子和小人的不同在于"君子求诸己,小人求诸人",还说了更直白的话:"古之学者为己,今之学者为人。"也就是说,今天的学问是拿来对付别人的,古人的学问是用来帮助自己的。

而家庭,就是修己最好的"道场"。

一位从事家风家教工作多年的老师,挽救了诸多已经破裂或者濒临破裂的婚姻,其中的秘籍就是引导当事人自我反省,从自我反省中看到自己的不是、看到对方的好,从而重见了恩、重生了爱,并因为这榜样的力量,陶冶了孩子的感恩之心,使孩子成为知道感恩的人。所以自我反省是家风家教之根。

一位老者说过这样的话:"为什么有的人有福,而有的人命苦呢?

其实，每个人都可以转运，今天我就告诉你一个转运的秘密。这个秘密老祖宗在几千年前就告诉我们了。感恩的人有福，抱怨的人命苦！"你会发现抱怨父母的人享不到父母的福，抱怨领导的人享不到领导的福，抱怨丈夫的人享不到丈夫的福。抱怨世间万物的人，享不到世间万物的福。只有懂得感恩天地，感恩国家，感恩父母，感恩师父，感恩妻子，感恩孩子，你才能享到他们的福，你才是一个有福气的人。人为什么一定要感恩呢？你心里有多少恩，命里就有多少福；心里有多少怨，命里就有多少苦。

一个懂得感恩的人，一定是一个善良的人、一个聪明的人。

一个懂得感恩的人，才能得到幸福和满足。

一个懂得感恩的人，才能培养出懂得感恩的孩子。

你也是我，我也是你，珍爱家人的共生性

中华家文化不会只停留在"我是我，你是你"这一差异性的层次上，而是同时达到"你中有我，我中有你"的交互性层次，更进一步上升到"你也是我，我也是你"的共生性层次，并用夫妻有敬、夫妻有恩、夫妻有责的方式来对待夫妻间的差异性、交互性和共生性，以营造和而不同的生命共同体。

一、有一种责，叫无限责任

有这样一则真实的新闻报道：山东济宁的张鹏怎么也没有想到，命运会跟自己开这么大的玩笑——一向健康的妻子突发脑出血，经过医生的全力抢救，虽然保住了性命，却成了植物人。

家中长辈已经上了年纪，孩子还在上学，为了能更好地照顾妻子，

张鹏只能关掉夫妻两人共同经营的化肥店，当起了妻子的"保姆"和"医生"。张鹏从一个连饭都不会做的大男人变成了全能型男人，家中没有能难倒他的家务了。当别人问，是什么支撑着张鹏这么多年勤勤恳恳地照顾妻子时，张鹏说道："和妻子结婚20多年，没有吵过，没有闹过。得了这个病，家庭这一块我得承担起来。照顾她呢，也只有我能承担起来。照顾她，我无怨无悔。"

张鹏每天5点起床包办所有家务，照顾妻子起居并进行康复治疗。为了促进妻子的血循环，张鹏每天给妻子泡完脚后还给妻子全身按摩一遍，从脚到小腿、大腿，从腰到胳膊。

每当身体不舒服时，他就自己给自己按摩，休息片刻，缓一缓。为了不让妻子担心，他会在妻子面前装作若无其事的样子。

张鹏经常挂在嘴边的话就是："既然是夫妻，就要一辈子不离不弃。"

在生活中，他也做到了这一点。在张鹏八年如一日的悉心照顾下，妻子终于站了起来，已经能够行走了。医生说，这是奇迹。

被这则消息感动之余，我开始思考这样一个问题：夫妻之间，亲人之间有没有彼此自愿担负的"无限责任"？如果张鹏的故事发生在我们身上，您的爱人躺在病床上，您会这样默默无悔地为爱人无条件付出吗？如果遭遇不测的是我们自己，我们会希望自己的伴侣无条件地爱自己，为自己负责到底吗？

一位朋友回答："我不会奢求对方为我负责，我会选择离婚，不拖累对方！"我问："您是真的内心不需要、不渴望，还是不敢奢求？"朋友沉默了许久说："不是我不想，谁不想呢？是这样的伴侣很难遇到，我不敢奢求。"

其实，希望得到伴侣无条件的负责是每对在婚姻关系里的夫妻的渴望。愿意为对方无条件地付出，也是每一对夫妻结婚的初心。是什么让我们把原本真爱的初心变成了"奢求"？是一种有限责任的思维，而这思维的背后，是对自己内在需求的漠视。

"家庭是一个有限责任公司"，这样的话语我不止一次地从一些家庭教育从业人员那里听到，这种观念似乎也引起了相当多的共鸣。然而，我依然要质疑：家庭到底是有限责任公司还是无限责任公司？当你从腹中的胎儿成为落地的婴儿时，当你从蹒跚学步到长大成人时，当你遇到难以排解的困难时，当你事业上受到打击时，当你蒙受冤屈、遇到麻烦时，当你得了重病卧倒在床时，当你年迈体弱到最后离开这个世界时，你需不需要有人不离不弃地为你负无限责任？反之，当你真正深深地爱着一个人时，你会不会全身心地奉献自己？

我曾经听过一位痴情女子这样描述她正在追求的男生："我希望他真的病倒在床，然后我去永久地伺候他，做饭、洗衣、端屎端尿，让他知道我对他有多爱！"这种爱的表达似乎残酷了些，但确是真情流露。其实每个人心头都会有为爱而奉献的冲动和需要，所以我们会看到古往今来一对对夫妻患难相依、生死相随的真实故事。因为在这种时候，夫妻已经不分你我、分不清你我了！你就是我、我就是你，我心甘情愿为你付出所有。

他自愿负起这责任的动力是什么，是因为爱，还是因为责任？是爱凝成了责任，责任又撑起了爱。

人生无常，每个人都难免会有意外。你不愿意为人负无限责任，也就不会有人为你负无限责任。即使在正常的日子里，当你心里知道这个世界上有着为你负无限责任，你也愿意负无限责任的家，你就有了内心深处的安全和幸福。这是家对于个体生命最为深切、最为根本的意义。

理想婚姻是需要夫妻双方来共同经营的。如果经营不善，又无法调和，就会出现各种各样的婚姻灾情，甚至家暴一类的灾祸，也可能"破产"，就是离婚。但毕竟我们是怀着白头到老、同甘共苦、不离不弃的初心开始经营婚姻的。不忘这个初心,是婚姻面对风雨和考验的根基。

事实上,古往今来绝大多数的男女是带着"无限责任公司"的理想走进婚姻殿堂的。

婚姻经营如何,需要双方共同努力!尽量不让它破产,尽量让这个"公司"经营得越来越好,尽量让这个"公司"能够成为我们生命中最温暖的港湾。这是何等的幸福啊!

二、有一种约,叫神圣婚约

《关雎》是《诗经》的开篇,讲述的是一个男子追求一个女子时热烈、欢喜而忐忑的心情:尽管思慕心切、辗转反侧,却不失礼。他"琴瑟友之、钟鼓乐之"。夫妻之道是天地之大礼,是人伦之开端,也是人生的神圣性所在。

所以,《中庸》这样描述夫妻之道的位置:"君子之道,造端乎夫妇;及其至也,察乎天地。"

所以,《诗经》的开篇便是一首听得见钟鼓、闻得见琴瑟、观得见真情、看得见天地,到今天仍能打动人心的情诗。这也是表达男女之情的《关雎》作为《诗经》首章的意义所在。

世上有各种各样的盟约,然而最深厚、最朴实的盟约就是男女之间的婚约!

婚礼更是男女间最神圣的盟约仪式。

中国传统婚礼的仪式首先是"三拜":第一拜是拜天地,敬畏天地、感恩天地、告拜天地,是夫妻间最隆重的"对天发誓"。第二拜是拜高堂,就是拜双方的父母,感谢父母的养育之恩。新人为双方父母敬茶,并称呼对方的父母为父亲、母亲,这一称呼会拉近彼此的距离。结婚不仅仅是两个人的事,更是两个家族的事,婚礼仪式也起到认祖归宗、增强家族认同感的作用。第三拜是夫妻对拜,代表夫妻俩相敬如宾。新娘感谢新郎为她提供一个安养生息、实现自己人生价值的家庭,新郎也要感谢新娘为自己的家族传承命脉,这是相互的,不是一个人的事情。

传统婚礼中还有一个不能省略的环节,叫"同牢合卺（jīn,音紧）"。"同牢"是指当一个人遇到绝境的时候,还有人不离不弃,始终陪伴着你,与你"同牢而食"。这个仪式很简单,就是一张小桌子上放着简单的食物,新人对坐、相互喂食,以恭敬的态度请对方食用。这是双方的一份诚意,是建立婚姻的纽带,也是夫妻双方愿意同甘共苦的象征。

"合卺"就是用一分为二的两只小葫芦瓢喝水。葫芦没有成熟的时候是苦的,可一分为二当容器,里面的水可以当作甘露喝,这也叫"同甘共苦"。这个仪式是很庄重、很神圣、很珍贵、很重要的。

传统婚礼中第三个不能省的环节是"解缨结发"。将夫妻双方的头发各剪一缕下来,把两股头发缠在一起放到一个锦盒里面,然后再压到箱底。这是一对新人结婚时最有代表性的见证——他们感情的信物。在未来的生活中,如果夫妻发生口角,这个信物告诉夫妻双方,要真心走完一辈子。这样一来,忠贞不渝的感情就奠基了。

这三个环节作为婚姻的基本价值观,就这样在婚礼中奠基,成为夫妻共同生活的共识和准则,这是神圣婚约仪式。

失掉神圣性的恋爱,就会成为短暂的男欢女爱的游戏。

失去神圣性的婚姻,就会成为纯粹的生活程序。

在日常生活中自觉意识到并维护婚姻的神圣性,是夫妻和睦的功课,也是拥有信仰的功夫。

三、有一种财,叫感情储蓄

让我们回到古老的"和"字,那是左边的"龠"与右边的"禾"的组合。禾苗和乐器放在一起,我们看到了什么?粮食有了,乐器也有了。粮食和乐器是不同的，但是对于人类生命、对于夫妻的世界与孩子的健康成长都是不可缺少的。

精神是一个无形的世界，那是仁爱、信义、礼乐存在的地方，是创造力、想象力、生命力生长的地方，是一个家庭最宝贵的财富。

家庭可以是个人理想实现的加油站，也可以是个人理想的泄气阀。在奢侈品成为时尚的年代，夫妻间往往忽略了身边最重要的奢侈品，那就是夫妻之间对于对方的理想的认同和支持，以及对于夫妻间共同理想的共情和协力。

一个人立身行事，需要来自家庭成员，尤其是夫妻之间的认可与支持。关心对方的事业、分担忧愁、分享喜悦，都是给个体生命加油打气；而家庭生活共同的追求、共同的目标、共同的理想，更是凝聚心力、提升心气的情感储蓄。

感情的储蓄常常是一点一滴积攒起来的。比如给对方肯定、认可和赞扬，对于不同意见的尊重和接纳，彼此对于抗挫的鼓励和对于错误的包容。这些都是精神营养的储蓄。

家庭最宝贵的财富是感情银行。感情银行怎么存款呢？靠一点一滴的相互关爱，为这个家付出，爱彼此。

杨绛先生说："真正让一个人感动的，从来都不是耳边的情话，昂贵的礼物，而是彼此下意识的惦念。其实，语气里的温柔和满眼的在乎，陪伴与懂得比爱情更重要。厚爱无须多言，情深不及久伴。"

婚姻就是一场相互扶持、相互成全、相互圆满的一生的旅程，彼此要以对方为重去经营。

感情不仅仅是在物质生活层面表达，它还在看不见摸不着的无形世界，被称为情怀、理想、志向、品位、情趣、格调、诗和远方。请不要让关于婚姻的梦想幻灭在柴米油盐的日常中；请不要剪掉我们隐形的翅膀，让我们比翼飞翔……

四、有一种爱，叫共同成长

有一对爆火的冰上情侣，青梅竹马十六年，他们在冰上的舞蹈优美默契，让人羡叹。他俩各有自己的舞姿，更有彼此的应和与成就。如果一方老跟对方过不去，处处拧着来，大家都得摔个鼻青脸肿。如果双方都觉得自己很牛，你不听我的你就有问题，你说东我偏要说西，互相指责，谁都不肯让一下、随一下，夫妻的冰上双人舞能跳起来吗？

这对冰上情侣给人印象深刻的，不只是宛若一体的舞姿，还有彼此欣赏和爱慕的眼神。也许在双方眼里，他们都是最美的存在。这样的眼神在每一对恋人眼里都有过吧！所谓"情人眼里出西施"，什么时候"西施"成"稀屎"了呢？

作为引起离婚的家庭琐事，包括了夫妻之间的拌嘴、抬杠。确实，如果夫妻双方一个特别喜欢抬杠，另一个人又特别较真儿，或者两个人都喜欢抬杠以至于"顶牛"，日积月累，这日子也不好过。那么，除了抬杠、顶牛、拌嘴、吵架，就没有其他可选择的方式了吗？

以前，人们形容夫妻恩爱时会说"没红过脸"；形容夫妻琴瑟相和的百姓话语，是"夫唱妇和"或"妇唱夫和"。其中的和谐美好，是让夫妻双方受益、孩子受益、老人受益的，是一种阴阳和谐的共生模式，在过程中协调彼此，就像活泼泼的"二人转"或暖融融的"双人舞"。

我们在《诗经》里读到了许多关于夫妻和谐的诗句，例如《女曰鸡鸣》：

> 女曰鸡鸣，士曰昧旦。
> 子兴视夜，明星有烂。
> 将翱将翔，弋凫与雁。
> 弋言加之，与子宜之。
> 宜言饮酒，与子偕老。

琴瑟在御，莫不静好。
知子之来之，杂佩以赠之。
知子之顺之，杂佩以问之。
知子之好之，杂佩以报之。

再如《棠棣》里描述的：

棠棣之华，鄂不韡韡，凡今之人，莫如兄弟。
死丧之威，兄弟孔怀，原隰裒矣，兄弟求矣。
脊令在原，兄弟急难，每有良朋，况也永叹。
兄弟阋于墙，外御其务，每有良朋，烝也无戎。
丧乱既平，既安且宁，虽有兄弟，不如友生。
傧尔笾豆，饮酒之饫，兄弟既具，和乐且孺。
妻子好合，如鼓琴瑟，兄弟既翕，和乐且湛。
宜尔家室，乐尔妻帑，是究是图，亶其然乎。

这些诗句无不表明，只有夫妻琴瑟相和，才有其乐无穷的幸福生活。

世俗婚姻的神圣，在于家庭命运共同体的担当——彼此圆满、养育孩子、孝敬老人、祭祀祖先、互相照顾、共同成长……

当你遭遇不测，当你需要臂膀，你真的会需要一个人，为你不计得失、超越功利地担当。夫妻就是一个无限责任公司——一生之盟，执子之手，与子偕老。婚姻是这一世的扶持，正如汉乐府《上邪》中所唱：山无棱，江水为竭，冬雷震震，夏雨雪，天地合，乃敢与君绝！

很喜欢一首小诗，我觉得这是对夫妻唱和的最高境界的表达：

你高，我便退去，绝不淹没你的优点。

你低，我便涌来，绝不暴露你的缺陷。
你动，我便随行，绝不撇下你的孤单。
你静，我便常守，绝不打扰你的安宁。
你热，我便沸腾，绝不妨碍你的热情。
你冷，我便凝固，绝不漠视你的寒冷。

如果有人问你，夫妻之间有没有对错？要不要讲道理？在我看来，所有这些问题的回答，就是家的"道"。

家道有三个根本原则：第一是差异原则，"你是你，我是我"；第二是互补原则，"我中有你、你中有我"；第三是共生原则，"我就是你，你就是我"。这三个原则要求三个基本品质：敬意、感恩和奉献。

差异、互补、共生不仅是处好关系之道，更是领悟人生幸福之路，在差异中领悟不可替代的幸福，在依存中领悟互相依存的幸福，在共生中领悟家庭共同体无限责任的幸福！

一个家庭能不能建立这样的共识，是能不能"家和万事兴"的关键。西方人靠神谕来维系共识，中国人靠道理来滋养共识。因为道理不是谁的凭空想象，也不是外来创造，而是植根于生命、生活、生态的真谛。历代的中华家庭形成的差异、互补、共生的共同体之道，以及和、孝、勤、俭、仁、义、礼、智、信的共同价值，就是家庭能成为休戚与共的命运共同体的基础，也是家庭的情理基石。而这些共识，就是中国家风家教的命脉！

人的个体生命的幸福之根来自家庭，为人子女有父母的爱，为人妻、为人夫有丈夫或妻子的爱，为人父或为人母有孩子的爱。夫妻双方如果能够以敬重、感恩和奉献之心来践行差异互补共生的阴阳之道，不失敬，不忘恩，不推责，便可以享受和创造爱的幸福，并以此育儿养老，营造家庭共同体，构建生命共同体，实现真正的"家和万事兴"！

第二章　孝——以孝传家，传承家族的脉

"孝"字从字源上看，上面是"老"下面是"子"，其字形本身就体现着孝是自身从小到老的生命全程。从家庭关系上说，孝是侧重子亲关系即孩子与原生家庭的关系的。但从生命格局而言，孝是一个从小自我到大人格的第一步，也是满足归属感的精神内需的第一步。

孝道很容易只从利他的角度来解释，而本章则着力分析孝文化对于个体生命自身的深刻意义。

孝爱是自爱之本。作为生命和精神的双重脐带，孝是自身生命的延绵，解释了一个人为什么要爱"自己的源头"，所以"孝能通道"的意义不止于子亲关系，不止于家庭原则，还须从心性着眼，洞悉以孝"通道"，感悟生命永恒，领悟生命真相。

孝是互爱之根。通过个体生命的全程，理解互爱关系的演变。家长们在亲强子弱的阶段，应珍惜孩子的依恋；在亲子平衡的阶段，尊重孩子的独立；在亲弱子强阶段，应做好善待父母的榜样。

孝是大爱之源。孝是从娘胎里"长出来的"为他人着想的天性，是对自私病毒的天然免疫。家国情怀始于孝道，天地良心源于孝道。现代人可以通过寻根问祖回归孝道，重拾家谱联结孝道，让个体生命走出小自我的茧房，走向大人格的天地。

孝是立身之基。在子亲关系中，如何正确看待自己与原生家庭的关系？在亲子关系里，如何找到独立性和依存性的中道？如何让孝文化成为从业做事的铺路石？如何在陪伴老人的过程中唤醒自己？如何从人生的初始处形成亲和思维，提升生命的联结能力？也许您可以从本章的分享中受到启发。

孝是中华民族最基本的共同价值。子曰，"弟子入则孝，出则弟，谨而信，泛爱众，而亲仁，行有余力，则以学文"，勾勒出从孝开始的做人轨迹；"百善孝为先"更是妇孺皆知的常识。孝文化是人之初的善良、公序良俗的土壤、官员任免的条件、人格评价的尺度，是中华文明的基石。现代化的生活方式快速地改变着传统的家庭结构，但依然有很多家庭、很多人士努力维系着孝文化的根脉。

今天，如何来认识孝文化的本义和价值，如何对古老的孝文化进行"创造性转化、创新性发展"，是关系到每个个体、每个家庭乃至整个民族的重大课题。

什么是孝？人们可能会习惯性地从社会伦理或者老人赡养等角度来阐述；但在这里，我们不妨换一个角度，从个体生命的角度看看"孝"对于个人究竟有着什么样的意义。

孝是自爱之本

一、孝是生命的脐带

作为一个有着西方哲学背景的哲学工作者，曾经的我对孝文化的认识非常模糊和浅显，甚至带有偏见。后来，有几件事深深触动了我，促成了我的思想转变。

其中有一件事发生在美国，我和同住在留学生村的一位邻居聊天。她有个十多岁的女儿，学习成绩很好，口齿伶俐，在学校的活动中也很活跃。我夸她家的孩子怎么这么优秀，谁知她长叹一口气，给我讲了她的苦楚，说她女儿如何不懂事！

她试图让孩子明白，妈妈又要上班打工又要做家务是何等辛苦，希望她孝顺一些，结果被女儿劈头盖脸、振振有词地教训了一顿。她女儿说："我问了我们的老师。老师说了，我不懂你们中国人讲的什么孝心，我也不关心你们所说的孝心，请回去告诉你的妈妈，她养你是她该做的。你是一个公民，她也是一个公民，她养你是一个公民对另一个公民的责任，母女之间不就这点关系吗？"

当时还在美国准备回国的我，正在为要不要把六岁的女儿带回国而犹豫。这位邻居诉苦的这番话让我想了许多，也让我坚定了把孩子带回国的决心。虽然当时我还是个西方哲学的追随者，但是做母亲的本能告诉我，我要的首先是一个孝亲的女儿。

我不知道那位邻居和她的女儿后来怎样了，但她女儿转述的那位美国教师说的话一直留在我的脑海里。确实，英文里找不到一个与"孝"对应的单词，因为西方哲学的出发点是孤立的人，很少去思考关系中的人。西方文化的根是个体，西方心理学作为西方文化的分支，过去从来都是以个体生命的孤立存在作为研究对象的。这些年，西方人也发现个体生命并不是孤立存在的，很多心理问题与原生家庭及祖先相关。他们通过家族系统排列的方法来让案主看到自己的家庭场域，并由此得到疗愈。

西行东归的经历也让我从个体生命的角度去思考"孝"字的真谛。但我对这个问题的真正领悟，是由一张照片触发的。

这是一位临死的年轻母亲和她的小婴儿最后告别的照片。照片下面有这样一行文字：

"在尼泊尔地震中，救援人员救出一个奄奄一息的妇女，她说她想给孩子再喂一次奶。就在婴儿吸吮乳汁的时候，这位年轻的母亲安静地离开了这个世界。"

她的面庞安静而祥和。在她的脸上看不到抱怨——抱怨这死难为什么降临在自己身上；看不到焦虑——担心不到半岁的孩子怎么活下去；

看不到恐惧——害怕那个叫作死亡的世界是不是充满危险和寒冷。

这张照片给我很大的震撼，因为它猝不及防地解开了我封藏心底30年的一个谜。

那是在1988年10月的一个下午，我生孩子的时候大出血，导致失血性休克。我躺在手术台上，模模糊糊地只听见忙着给我输血、输氧的医生护士紧张地交流："快点，快点。不行了！不行了！"然后我就什么也听不到了，仿佛在一片白茫茫的世界里飘，像一片雪花或者一片羽毛那样飘。

那时候，我跟上述那位母亲一样，没有抱怨、没有焦虑、没有恐惧，反而有一点淡淡的喜悦，那就是：我生了一个孩子。

以后很多年里，我都不敢说这是濒死体验，因为我记得自己是有意识的——生了个孩子；但又不像是有意识，因为完全没有对这个孩子的担心。当时是突然临产，孩子的父亲还在国外，身边婆家、娘家的人都不在，这孩子该怎么办？再者，如果有意识，多多少少会有对人间的留恋和对死亡的恐惧吧！

当我第一次看到那张照片时，突然悟到了答案：那时候我的意识已经全然停止了，但是作为无意识或潜意识的生命意识还没有消失。那个潜意识在告诉宇宙：我生了一个孩子！我的生命，我从祖先那里延续的生命，将在这个孩子身上继续！

那位妇女在弥留之际要给孩子最后喂一次奶，在生命和生命最后的接触中完成自己的乃至祖先的生命传递！

那时我也突然明白，孝的本质是生命的联结和传递。孝爱是完整生命之必要和必然。

生命在联结和传递中可大可久，这是生命的本质、生命的真相。

看起来是一个个生命的离去和一个个生命的出生，看起来是生物的本能，但是圣贤们看到的却是人之生物本能背后的真相，由此奠定了对

"人之初，性本善"的认知。

现在，再来看汉字"孝"。"孝"从字形上看，是由一个老者的"老"和一个孩子的"子"字构成的。这是一个老与子的"亲子组合"——"子"幼时靠"亲"养育，这是亲慈或曰父慈；"亲"老了，靠"子"支撑，孩子在下面背着父母，这是子孝。

认识到每个人与生俱来的作为父母的慈爱和作为子女的孝爱之人性本善，并把这种本质揭示出来、敦厚开来，变成自觉的文明和文化，这就是以"亲亲"为根基的孝的文化和爱的文明。

从"孝"的造字本义，可以看到"孝"字本身是全程的生命：每个人都从娘胎里出来成为襁褓中的婴儿，由父母养育，渐渐长大成人，之后养儿育女，变成那个老者，由儿女们关照。这个互爱互养的过程造就了一个人全程的生命，并经由这个生命的传递而成为全长的生命——上有历代祖宗，下有代代后人——自己的生命因此而变得绵长。

一头是最原始、最基本的个体生命的存在，另一头是博大、永恒的宇宙生命本源。孝的真谛就是发现并完成个体与本源的联结，为我们看起来渺小脆弱的生命之树找到可久可大的生命之根，找到可久可大的生命本质。

在父母对子女的慈爱和子女对父母的孝爱中成长的个体，会意识到自己的生命是如此宝贵、如此高贵、如此珍贵、如此华贵！这就是爱自己的理由！

二、孝是自身生命的延绵

中华文化尤其是儒家文化，特别朴实而又十分深刻的就是把"天与个人"的关系首先理解为"天与家人"的关系，通过孝爱来实现个体与家庭、家族、家乡、家国乃至天地家园的联结。儒家文化不去预设一个孤立存在的个人，而是发现从娘胎里生出来，在父母的怀抱里、在家人的呵护下长大的家人。孩子睁开双眼，直接看到的乾坤就是父母的眼光和怀抱。自强不息的乾道，从父亲的刚毅顽强中领教；厚德载物的坤德，从母亲的柔韧慈爱中体会。

西方心理学的发展趋势也不再强调单一个体的视角，而是更多地去考量原生家庭的背景。海灵格就特别强调有心理问题的孩子的心灵康复必须从修复其与母亲的关系开始。优秀的心理咨询师给孩子做咨询时，往往要求父母同时参与。很多时候，病症在孩子身上，病因在家长身上，父母改变了，孩子就改变了，这就是所谓的"孩子生病，父母吃药"。孝道教育，与其说是对孩子的，不如说是对家长的。家长孝敬长辈，孩子效法父母。你希望孩子将来怎样对你，你现在就让孩子看到你怎样对待自己的父母。

中华民族为什么对于传宗接代这件事这么在意？我们不妨从个体生命的角度来解读一番。有人说，世上只有一个民族不是只为自己活，而是为前辈和后代活，这个民族就是中华民族。我觉得这话说对了一半——"我为人人"的一半；另一半是"人人为我"，这一半的真相是，自己的生命经由祖先而来，通过后代而延绵。为祖先活，活在绵长的血脉里；为后代活，活在后人的生命里。每个人身上都流淌着祖先的血脉和文脉，而孩子身上则流淌着自己的血脉和文脉。个体生命是无数代生命的结果，这也将在后代身上延续！

个体生命就这样通过家庭、家族、家乡、家国乃至地球家园与宇宙大生命的联结、扩延而博大，通过绵长的代际的孕育、传递、延续而恒久。这就是儒家文化理解的生死问题和解决生死问题的方式——从生命的绵延和扩展开始，实现生命的永恒与博大。这是中国人在祭祖敬祖的传统习俗背后对生命本质和本源的深刻理解。通过敬祖祭祖的敬意，在"暗物质、暗能量"的世界，也就是精神的世界里，与祖先的仁爱和智慧相通，与宇宙大生命，也就是被称为终极信仰的天道相通。

精致的利己主义最终害的是自己。试想，一个人如果只有这么一具肉体，前不着村、后不着店，上不连天、下不接地，有些人甚至连自己的祖先是谁都搞不清楚；这样一种只关注眼前的状态，让人看不到生命的真相，让人受到小知见的禁锢和折磨。在非常狭小的格局里生存的人是很痛苦的。

三、孝是精神的脐带

多年前，我采访过诗人吉狄马加，他有一句诗是这样的：

"一个孩子，站在山岗，

双手捧着被剪断的脐带，

充满了忧伤……"

当时，我并不理解诗人所说的"脐带"是什么，也不知道如何能够接上这根"脐带"。现在想来，"脐带"其实就是个体与本源的联结。我们每个人都有这样一根"脐带"，只要不去剪断它，就不会像那个孩子一样，被忧伤占据。当个体生命被原子化、物欲化、空心化的病毒攻陷的时候，个体与本源的精神联结也就不复存在了，这根"脐带"就被割断了。

有些父母把孩子送到国外读书的时候，可能没有想到被"文化殖民"的风险。就如我文初提到的那位尴尬的母亲和她的女儿，全盘接受了西方基于个人主义而不是家人主义的"公民"观念，摒弃了"孝"这根无形的精神脐带，从而使自己变成无源之水、无根之木。

跳楼结束自己生命的人，会认为自己的生命只是自己的，跟家人、跟祖先无关，自己可以随意支配；刻意拒绝生育的人，谁又能说他们的选择不是拒绝了自身生命的延续？数典忘祖的人，他们忘却的其实是家族能量场的存在以及祖先和亲人的护佑。

切断这种联结，是产生很多心理、生理疾病的原因。一些孤独的个人主义价值观把人禁锢在碎片的、物欲的或者一些负面的现象里，让人不认为自己处在庞大而温情的生命体系中，不愿意经由孝文化去了解生命的真相，不愿意经由现象进入本质。他们失去的其实是自爱的能力，可惜、可叹、可悲！

其实西方心理学已经在矫正人们对于孤独个体的理解，他们用家族系统排列的方法来理解个体并重建个体与家族的联结，以此实现个体的疗愈。而在中国文化里，只要我们不拒绝，家庭的场域随时存在。孝爱是一种日常的生活状态，孤立的个体是不存在的！个体的伟大恰恰在于可以和生命整体进行联结。这是孝文化给我们的智慧。

我的西行东归的生命历程，也是回归孝道的历程。在当下，对于个体生命来说，孝文化究竟有什么样的意义？如何从孝爱这根精神脐带的联结开始，反思人生的去向和文明的走向，从而修身、齐家、谋幸福？这是家风家教的根本。

2020年的清明，是我母亲去世后的第一个清明节。女儿转发给我一篇作文，作文的题目叫《扫墓》。

"清明节到了，小鼹鼠给去世的妈妈扫墓。她想送妈妈一朵花。她找啊找，终于找到了一朵向日葵。向日葵是妈妈生前最喜爱的花。她闻了闻，越闻越香，感觉在妈妈的怀抱中。她哭了，因为她太想妈妈了！"

这样的作文一定是有着深深孝爱的孩子才能写出来的，否则，怎么能有如此直击心扉的力量？读着这篇作文，我哭了！我也是那只小鼹鼠啊，我太想妈妈了！身边老人还健在的儿女们，好好孝亲吧！不要像我和这只小鼹鼠那样，只能在哀思中回忆妈妈怀里的味道！

孝是互爱之根

"孝"字的字形是上老下子的亲子结构，也是代际的互爱结构。《说文解字》解释篆体孝字为："善事父母者，从老省，从子，子承老也。"在这个过程中，"亲"与"子"双方彼此领受幸福、给予幸福，缔造生命、延绵生命，这就是孝爱的本义。而亲子互爱的双方有一个力量对比的变化，孝字又暗含着这种双向的、动态的、历史的过程。

理解这个过程中亲子关系的变化规律、孩子与父母的依存性和独立性的变化旋律并掌握爱的旋律，是家庭教育和生命教育的重要任务。

第一，在亲强子弱阶段，请珍惜孩子的依恋。

初为人母，当你生下宝宝的时候，有没有想过当自己还是婴儿时看到的世界？"是谁十月怀胎把我生下？张开眼睛看见菩萨妈妈。"柔弱的婴儿睁开眼睛看到的全部世界就是母亲和父亲。

在从婴幼儿长成少年儿童的这一生命早期阶段中，亲子的双向互爱关系有没有不平衡？人们通常会认为，这个阶段是上面的"亲"给予下面的"子"多一些；从生命脐带来看确实如此，因为这个时候"子"是要"亲"来养的，但是从精神联结来看却未必如此。

在我看来，幼年的子女回赠父母的爱更加浓烈、更加完整。因为对于孩子来说，父母是他/她全部的世界；而对于父母而言，孩子只是他/她们要关注的众多事物中的一部分。这个时候，孩子会观察父母的一举一动：

你发个脾气，他/她会感觉天塌了。

面对你的一个笑容和关注，他/她会觉得全世界都在爱他/她。

你的一个焦虑会让他/她也发愁。

你的一个不当批评会让他/她觉得自己不值得被爱。

他/她自己的一个小错误会让他/她难过半天。

他/她会以各种方式引起你的关注，这是他/她爱的表达，哪怕是哭闹。

你在做事，他/她跑来捣蛋，是他/她想参与到你的世界里来，想跟你成为一体。

他/她因为爱你，愿意按照你的要求去学习，背上沉重的书包……

我一直珍藏着我的女儿多年前给我写的小纸条，每次翻出来看，都能感受到她满满的爱。其中有一张1998年的小纸条，字迹工工整整，那是女儿抄的一首小诗：

> 假如妈妈是一棵树，
> 我就是树上的一只果子。
> 假如妈妈是一片森林，
> 我就是林中的一棵小树。
> 假如妈妈是一片蓝天，
> 我就是蓝天上的一朵白云。
> 假如妈妈是一片宇宙，
> 我就是其中那一颗小小的行星……

另外一张小纸条，是2001年我过生日的时候女儿送我的。上面写着：

> 妈妈，我知道您现在很生气。可是，今天毕竟是您的生日啊！所以，我希望您以后天天快乐，笑口常开！我一定要靠自己的努力考上心仪的学校，这是我给您的生日礼物！

此外，这张纸条上还有咧嘴的笑脸。最暖心的是，她画了自己的头像和妈妈的头像，并从她那里射过来一个爱心；同时，还有一个天使模样的小人儿，女儿把另外一个爱心射向它，并标注为"妈妈的事业"。

与孩子相比，父母的给予反而显得笨拙，而且很容易犯错——

比如最常见的，因为工作忙，没有给予孩子所需的关注和陪伴。

比如，没把孩子当成值得敬畏的生命给予尊重，而只是当成萌娃来对待或者溺爱。

比如，低估孩子的智慧和灵性，忽视与孩子的用心沟通，习惯发号施令。

最容易被忽略的是，家长不注意观察、体会和回馈孩子对父母的爱。

而最容易犯的毛病是拔苗助长和居高临下。

拔苗助长的典故出自《孟子·公孙丑上》：宋人有闵其苗之不长而揠之者，芒芒然归，谓其人曰："今日病矣！予助苗长矣！"其子趋而往视之，苗则槁矣。

意思是，宋国有一个农夫，担心自己田里的禾苗长不高，就天天到田边去看。可是，一天、两天、三天，禾苗好像一点儿也没有往上长。他在田边焦急地转来转去，想办法帮助它们生长。一天，他终于想出了办法，急忙奔到田里，把禾苗一棵棵地拔高，从早上一直忙到太阳落山，弄得筋疲力尽。结果到了第二天，禾苗全都枯死了。

孩子的成长有个过程，切忌用成人的眼光和标准去要求孩子。此外，还要注意心态和姿态的调整，与孩子之间要友好健康地交流，而不能以一种施恩者的姿态要求孩子对自己孝顺。父母要理解孝的双向动态的特质，感恩孩子给自己生命带来的幸福。

"谢谢你做我的孩子，谢谢你30年的陪伴。"这是女儿30岁生日时我写给她的话，是我为人母的心声。每每想起自己的过失，真的希望时光能够倒流，让我再做一次母亲。真心希望天下父母在孩子还小的时候，好好珍惜与孩子相处的时间！

如果我们已经错过了这样的阶段，也不必气馁。圣贤文化给了我们很多智慧和方法来弥补、调和。我相信孝爱是人的本性，很多后天的问题可以由父母的诚意而得到解决。用心传递的爱，无论何时都不会太晚。

第二，亲子平衡阶段，请尊重孩子的独立。

这是孩子从童年进入少年和青年的阶段，也是生物学意义上的亲子关系平衡期。孩子长大了，父母尚在壮年。从社会学意义上看，这个阶段可能使亲子间的慈孝关系成为更深厚的知心朋友关系，但是那些长期郁积的问题也可能在这个时期爆发。

在这个阶段，"亲"发现"子"渐渐长大了。"子"可能还记得父母之怀，也可能淡忘了那种爱。如果家长不去有意识地维护亲子关系，即儒家所谓的"亲亲"，尤其是在第一阶段时，当孩子用他/她全部的爱对待父母，但是父母没有给予应有的回馈，那么就不要责怪孩子的叛逆。

父母之爱本来应该是无条件、无掌控、无分别的爱，但是由于受到社会上一些不良风气的影响，被各种"病毒"牵跑了。在第一个阶段，因为孩子很弱小，家长会不自觉地把孩子当成可以掌控的工具甚至出气筒。孩子因为弱小，没有办法反抗，或者因为爱家长而习惯性顺从。

如果家长给孩子第一阶段的是爱，孩子在第二阶段就拥有了一座爱的银行。

如果家长给孩子的是不当的控制和指责，那么到了第二阶段孩子就会拥有一个巨大的垃圾桶，甚至可能是炸药库。

这时父母可能会很诧异，我的孩子怎么不像小时候那样听话了？殊不知，孩子长大了，力量增强了，小时候闷在心里的很多问题总是会爆发出来的。这个阶段，父母最好做反省和调整，反省前一阶段的缺位，调整自己居高临下的惯性。其实这时反而是解决问题的好时机。如果不去弥补对孩子幼年造成的缺失，继续指责孩子，无异于火上浇油，很难再和孩子建立起很好的沟通和交互情感的渠道，甚至孝爱的脐带也会被剪断。

与反省和调整相应的，是"放低"和"站高"。

"放低"是指父母与孩子交流的时候要采用平等的姿态，不要摆自己的老资格，更不要用自己固有的观念来逼迫子女。

"站高"并不是要在孩子面前站得很高，而是要学习和修行。"志于道、据于德、依于仁、游于艺"，会使你成为孩子心目中的榜样。这样一来，孩子就会真心崇拜你、尊敬你。

第三，亲弱子强阶段，请孝敬自己的父母。

这个阶段的"子"进入了上有老下有小的阶段。"亲"渐渐老去，"子"在养育自己孩子的过程中，可能很难注意到父母垂垂老矣的事实。也许有一天，当你在悲哀中把父母送走，才会强烈地感受到"子欲养而亲不待"的懊丧。而你现在怎样对待老人，孩子将来就会怎样对待你。

中国人往往将"孝"与"敬"连读为"孝敬"。确实，"孝"的一个重要尺度就是"敬"。

《论语》里有一个"子由问孝"的场景。子曰："今之孝者，是谓能养。至于犬马，皆能有养。不敬，何以别乎？"孔子说，人们认为，能够赡养父母就是孝。那么即便是对于狗和马，人们都能够饲养。如果对父母没有"敬"，跟养狗和养马有什么区别呢？

在另一个"子夏问孝"的场合里，子曰："色难。有事，弟子服其劳；有酒食，先生馔。曾是以为孝乎？"孔子说："难在脸色。有事，晚辈去操劳；有酒饭，长辈先用。（可是如果脸色不好），这还能算孝吗？"

孝敬孝敬，无敬便不孝。两千多年前，夫子就这样告诫弟子；两千多年后的今天，对于很多家庭来说，种种不敬的情况比起当时，有过之而无不及。而这种种的后果，一是辜负父母的爱，让家庭关系不和谐；更重要的是，会给下一代作出错误的示范，甚至有可能在将来自尝苦果。因为孩子在看着你、模仿你。

某天，我走在社区公园里，看到一个老人带着孙子在沙坑边玩耍。老人看孩子出汗了，就要上前帮孩子擦。孩子玩得正酣，拒绝了老人。拉拉扯扯的时候，孩子青筋暴露，向老人吼叫："都说了不擦了，你耳朵聋吗？"老人一时怔在那里，等回过神来，眼神里全是无奈和失落。

我在想，这个孩子怎么敢这么对老人吼叫？这时候，一个年轻的妈妈走了过来，叫孩子的名字。孩子置若罔闻，径自玩沙。妈妈走近，看到孩子背上全是汗，就责怪一旁站着的老人："妈，你怎么不给孩子擦汗？"老人委屈地说："我刚才要给他擦，他不让。"话音未落，年轻的妈妈大声说："他不让擦，你就不擦吗？都跟你说过多少遍了，出汗了要给擦掉！你记不住吗？"

这样的场景，全部发生在5分钟内，让我唏嘘不已！孩子才四五岁，就敢那么大声地跟奶奶/姥姥说话，原因很简单，因为妈妈就是这么跟老人说话的。

所有的家长都希望孩子能孝顺自己，尊敬自己。那么，怎样才能让孩子真正孝敬自己呢？这取决于你怎样对待自己的父母。

我们在重庆的社区家长课堂上，引导家长回顾平日里与老人的沟通习惯，思考哪些语言是老人听了之后会不开心的。"好了，好了，知道了，真啰唆！没事挂了啊！""说了你也不懂，别问了！""你们那一套，早就过时了。""我要吃什么我知道，别夹了！"

这些语言，通过接力朗诵的方式呈现在课堂上。刚开始，家长们觉得很好玩，有些家长还飙起了重庆话。随着这些"不耐烦语录"密集地出现，生活场景仿佛真实地再现于眼前，那些话语似乎变成了一根根箭矢，刺入家长们的心。

大家陷入了沉思，有个家长还抽泣起来。

整个场景里是有爱的，但是这种爱因为沟通方式无法流动起来，也无法抵达。问题的关键正是在于没有"敬"。

那么在生活中，该如何进行正确的亲子沟通呢？

当你无意中伤了父母的心、让他们担心生气时，请对他们说："对不起！"

当父母帮助你的时候，请对他们说："谢谢！"

当父母忙前忙后的时候，请问他们："有没有需要帮忙的？"

当你和父母在一起的时候，请对他们说："跟你在一起的感觉真好！"

当父母身体不适的时候，请对他们说："别担心，有我在！"

当父母提出建议的时候，请对他们说："这个主意很好，你是怎么想出来的？"

当父母希望尝试新事物的时候，请对他们说："我相信你！"

当父母完成了他们想要做的事，请对他们说："做得好，你真棒！"

曾仕强先生还特别强调，不要过多地给父母讲道理，因为那样会让父母没有尊严，让父母感觉不如你。要在与家人、与父母相处的过程中学会体谅别人的感受和别人的难处。

有一位年轻的男主播这样劝导那些因为轻视甚至蔑视母亲而出言不逊的儿女："你的妈妈也许温柔，也许软弱，也许不讲理，但不管她认识你多久，她不懂你，都是正常的。

"因为她一辈子都生活在她的圈子和社交群体里，没有机会去见你见过的世界，没有机会去体验你有幸体验过的人生。所以你应该努力变优秀，并且对她有耐心，然后带她去见识更大的世界，而不是站在她有限的认知外面指责她的无知、狭隘。"

总之，子亲互动在于上行下效。你希望孩子怎样对待你，你就怎样对待自己的父母。

孝是大爱之源

我对于孝爱的认识曾经是模糊的、淡漠的，由此错过了太多与父母、与孩子相处的美好时光。直到西行东归，绕了一大圈，回到中华家文化的根处，我才明白，什么是孝爱的力量——孝爱中长出来的仁爱的力量，以及从仁爱中长出来的博爱的力量。

一、寻根问祖，回归孝道

这个世界上的一切事物都是有情、有爱、有仁、有义的。这博大的仁爱是从哪里来的？是从孝爱的根上长出来的。

只有体会过这种从娘胎里生出来的、从妈妈的怀里长出来的最真实的爱、最真切的爱、最真诚的爱、生命根本处的爱，才能将爱推己及人、大爱无疆。

女儿15岁的时候，我带她一起回到我母亲的家乡重庆南川区，祭奠了久违的祖先，找到了失佚的族谱，认识了失联的亲戚，熟悉了古老的字辈。

2008年，我们母女一起参与汶川地震的紧急救援，在极重灾区大坪村的废墟上、帐篷里，和村民商量灾后重建的计划，在尚存的木屋里了解中堂的文化。之后两年里，每个寒暑假女儿都上山来参与我们的乡村建设活动。

在她21岁的时候，我们母女在我父亲的家乡重庆巫溪县的大宁河边，和乡亲们一起感受家人、社会的温情，和亲戚们一起翻阅自己参与续编的卢姓家谱（我本姓卢，后随母姓廖）。

而在对这片山川的触摸中、与祖先和乡亲们的联结中，我们母女的心也贴得更近了。无论女儿选择什么样的职业和事业，我都相信这些经历对她成长的原生意义，相信中华家文化"根"的力量会滋养她。

而我也在这个寻根问祖的过程中，深深体会到孝爱之于仁爱和博爱的意义，感受到"以孝通道"的力量。当经由家谱回到家族的场域时，我发现自己不再是一座孤岛，前面有世代的先祖，后面有延绵的后代。事实上，我们每个中国人不论是否认真想过，都肩负着家族繁衍的责任，都承载着先祖立身行道的期望……

二、重识家谱，联结孝道

在我们的家风家教社区活动中有一个重要内容，就是画"家族树"，以此联结家族的脉和家国的根。

"民之有谱，如国之有史、县之有志。"家谱是记录家族历史的重要载体，可以从中看到一个家族从哪里来、向哪里去。

个人作为家族的一分子，在寻找家谱、联结祖脉的时候，会深刻地感受到家族的繁衍就像一棵根系庞大、枝繁叶茂的树，而个人只是这棵树上的一片叶子，身上有着家族的所有基因，受整棵树的滋养，同时又独立而完整，是独一无二的生命体。

在画家族树和寻找家谱的活动中，我们也提示大家回溯自家的"昭穆诗"，也就是通常说的"字辈"或"字派"的排序诗。

比如，我随母亲的廖姓，昭穆诗是"登必文光，尚其世泽，进以宣天，永昌大德"。在母姓系统中，我的字辈是"天"。我父亲的卢姓昭穆诗是"国年映金远，立言光祖崇，贤良方正在，应辅本朝隆"。在父姓系统中，我的字辈是"祖"。

当我让自己的字辈回归到父系和母系的昭穆诗中，真切地感受到生命的厚度、长度和亮度时，也感受到了中华民族姓氏字辈的巨大能量。

一字一辈，一首昭穆诗就是一个家族十几代人或几十代人代代相传的理想和精神！

"祖宗虽远，祭祀不可不诚；子孙虽愚，经书不可不读。"找字派诗，画家族树，续家谱家训，是一个人承载自己先祖期望的起点。

我们每个人的祖先，历经世代生存繁衍，历经缥缈变迁中的筚路蓝缕、功名繁华、悲欢离散，历经蛮荒、战乱、饥馑、瘟疫……黄尘埋骨，湮没徙迁，是他们如此坚韧地延续着这份血脉，还有这血脉中流淌的爱与力量，才有了今天的我们。

"君子务本，本立而道生。孝弟也者，其为人之本与？"（《论语·学而》）无论是血脉还是文脉，都要通过孝爱来联结。孝爱是家道、家教和家风的根本。

三、家国情怀，始于孝道

《孝经》开宗明义第一章有言："身体发肤，受之父母，不敢毁伤，孝之始也。立身行道，扬名于后世，以显父母，孝之终也。夫孝，始于事亲，中于事君，终于立身。"

赡养父母、令父母愉悦是孝；自己把人做好，把孩子培养好，承接祖先的功德与成就，传递下去，是孝，是更大的孝。

一个生命由另一个生命的延绵而融入永恒。

一个生命为更多生命付出而实现博大。

所以，岳飞的母亲会给儿子刺字，愿儿精忠报国，哪怕战死沙场。

所以，慈父会给战场的孝子赠"死"字旗，励志抗日。

我们在曲阜参与"学儒家文化、建乐和家园"的过程中，有一个常态活动，就是在居民、村民中推广手语舞"礼运大同"——"大道之行也，天下为公。选贤与能，讲信修睦，故人不独亲其亲，不独子其子，使老

有所终、壮有所用、幼有所长……"(《礼记·礼运》)

有人问,什么叫"不独亲其亲、不独子其子"?村民们用非常朴素的话语解释说,就是对待别人家的老人跟对待自家的老人一样,对待别人家的孩子也要像对自家孩子一样。这也是对孟子讲的"老吾老以及人之老,幼吾幼以及人之幼"的解释,从爱父母、爱家人开始,爱家乡、爱家国、爱家园。这是儒家思想,也是儒商精神。

说到这里,可以举几个徽商的例子。徽商汪廷讷花重金请艺术家到徽州,留下珍贵的歌词曲赋;徽商巨贾汪授甲与当地德高望重的教育家汪以文共同修建宏村的南湖书院;胡开文取徽州孔庙的"天开文苑"金匾中间两字,打出"胡开文墨庄"店号,在制墨行业中独占鳌头,获得厚利,成为乡里巨富,后来他在乡里多行善事,独资修建乡里大路以及观阁与岭亭……叶落归根,回馈家乡,回报家乡,是刻在中国人骨子里的文化。

我认识一位年轻的"90后"企业家。他说,无论多忙,每年春节和清明节他都会回老家祭祖。他和外出的长辈们一样,挣了钱都要回馈家乡。由此,我给了他一个很高的评价——有根的人。我相信,他一定是自幼就感受到了父母之爱。从横向来说,他把这份爱传递给家乡;从纵向来讲,他把这份爱传递给后人。这位青年也会给他的孩子做出榜样。

孝文化是一种日常的"祭祀"——通过孝敬父母来孝敬祖先,走出小自我的茧房。很多人不缺钱,就缺幸福,因为幸福被三种"病毒"给绑架了——自卑、自私和自蔽。因为自卑,只看到自己的肉身,看不到"明明德"的自主;因为自私,只看到一己之私,看不到滋养支撑生命的家人、家族、家园;因为自蔽,看不到生命整体的、全息的历史感、归宿感和归属感。这三种"病毒"让个体如孤岛般存在,成为一种空心化、原子化的存在;而在孝敬父母、报效家国的过程中,个体生命"茧房"的门被打开了……

四、天地信仰，源于孝道

中国人为什么不需要西方那样的宗教？因为中国人有着超越宗教的归属感和归宿感。换句话说，是因为我们不仅有信仰，而且有维系信仰的祭祀，有留住信仰的生活。

那么，这信仰究竟是什么？我在西行东归的几十年中，特别是在乡村实践二十年来的求索中，终于明白了中国人的根本信仰就是"道"——中国人知"道"、行"道"、传"道"、乐"道"，讲理要讲"道"的理，立德要立"道"的德，行事都要行"道"的路，因为"道"是宇宙规律和法则，是所有生命的本源。

那么，这套道统文化是怎样成为普通中国人的信仰的呢？

我在四川彭州通济人坪村，找到了答案——孝亲敬祖，以孝通道。

我在一座木质结构的老房子的正中间墙壁上，看到了"天地君亲师"几个字。天是什么？是生生不息供养地球上所有生命的力量。地是什么？是滋养生命的万物。君是什么？是从轩辕黄帝、周文王、周武王一直到孔子的上古14位先圣，是中国人理想中的有德之君，承载着中国人对先圣的敬畏（"君"在民国时期被改成了"国"，有学者主张让"君"回归本意的"圣"，即"天地圣亲师"）。师是什么？是为圣贤智慧传道授业的慧命开启者。亲，这个生命的传递者，亦在中国人敬畏供奉之列。中国人的生命哲学就是如此朴实而博大。

因为中国人正视每个生命，知道每个生命都来自天生、地养、国佑、亲育、师教这样一个基本的生命事实和生命真相，所以中国人有着从生命来处这个初始原点建立信仰的智慧。

"道不远人"——作为中国人终极信仰的天道，并不是脱离人之外的存在；它在人的心中、在人的身上、在人的家里，所以"人能弘道"。

对于个体而言，"道"的理首先在联结我们生命来处的父精母血里；"道"的德首先在我们对待赋予我们生命的生命的态度里；"道"的路首先在先祖和后人之间的关系和生命行程里。

孝亲是对父母的孝，敬祖是对祖先的孝。沿着这条生命的来路，个体生命通过孝亲、尊师、报国、法地、敬天来通达自己生命的源头和归宿——道。

儒家的爱从亲亲开始，亲亲，仁民，爱物，民胞物与，天人合一。所以人们会把孝亲、尊师、报国、法地、敬天放在中堂最重要的位置。除了孝敬堂上父母，还要孝敬"头上父母"，孝敬身边的土地灶台，孝敬头上的三尺神明。传统婚礼先拜天地，再拜高堂，然后夫妻对拜。天地良心作为中国人的信仰，源于其脱胎而来的生命、生活和生态。所以，如果没有对父母的孝爱，其他的爱便如同无源之水、无本之木。

四川彭州大坪山的那个农舍堂屋里还挂着"祀先祖如在其上，佑后人焕乎维新"的对联。"祀先祖"是自己生命长度的追溯，"佑后人"是自己生命的延绵。祀先祖、佑后人，不仅是家人的责任，更是个体生命的内在需求与延续。中国人是如此真实朴实而又深刻睿智地成就个体生命的长度和厚度，如此真实朴实而又深刻睿智地解决个体生命的生死问题！

孝是立身之基

一、绕不开的原生家庭

研究个人与原生家庭的关系是必要的自我认知，但是不能无视或否认原生的父母之爱的根本价值，更不能变成个人对父母祖宗的问责和甩锅。

千百年来，中国家庭的孝爱亲情作为一种自然而然的、日用而不知的存在，并没有因为家人共同体内不可避免的分歧与和解、冲突与磨合而解体。但在近些年里，却有一种貌似科学的原生家庭心理学理论，像一把暗剑，悄然舞动，斩断子亲之间天然的感恩之心，切断亲子之间天赋的血脉之情。

现代社会孝文化衰微，原因不仅在于个人主义对家人主义的冲击，不仅在于物欲、私心、算计、抱怨等病毒的侵蚀，还在于一些个人主义、工具主义的心理学方法，把个人从家庭共同体中抽离出来，比如问责原生家庭的学说，似乎个体所有的问题都要原生家庭担责。

李中莹老师在《原生家庭：一个自欺的游戏》一文中这样说道："原生家庭的概念只源于一个'失败者'的头脑。因为失败，而你又习惯从外面找原因，从来不会向内去了解。你在苦闷中思考原因，'大师'出现了，告诉你：那是因为过去，源于你无法选择也无法抗拒的父母家庭。于是你幡然醒悟……原生家庭只是一个解释，一个对现在状况的责任归结，是一个逃避。它可以把'我'保护起来，它可以继续使我们不面对真相，不面对自己。"

如此下去，岂不是要让在千难万险中延绵生命长河的历代祖先给今天傲慢又无知的子孙"集体谢罪"？

如果我们换一种思维，换一种态度——不失敬、不忘恩、不推责的态度，我们就会明白如何公允地对待原生家庭：

请勿以现代的标准要求历史！

请勿以自我中心的尺度苛责父母！

请勿以同质化的人造标准衡量千差万别的亲子关系！

请勿以亲子摩擦的现象否认亲子之爱的本质！

请勿为自己成长过程的甩锅推责寻找理论根据！

如此，才是有着敬畏、感恩和尽责健全人格的打开方式，是自我反省、自我担当和自我超越的人生成长方式，是冲破小自我的茧房，与历代祖先及古圣先贤的联结方式，也是对身边的父母温情以待的孝亲方式。

也许某天你突然发现，当年叱咤风云的父母变成了弱弱的老者。要知道，这个时候你的父母对于孝爱有着最为深切和强烈的渴望，儿女的一个问候都会让他们高兴半天。也许他们会后悔，当你幼小的时候，因为忙于工作对你付出得不够，于是他们想要尽力弥补，甚至会把所有的愧疚加倍地倾注在你的孩子身上。

在我们开展工作的重庆某社区有一个霜叶艺术团。这个艺术团的成员基本上是一些退休的老人，平均年龄在60岁以上，都是含饴弄孙的年纪。他们平日里喜欢唱歌、跳舞、旅游，有计划地组团聘请老师，参与社区公共事务，提升自己的文化品位。他们在言谈玩笑间，总会说谁谁谁这次活动来不了是因为在读"研究生"，说谁谁谁"研究生"已经毕业了。

经过询问才知道，他们说的"研究生"是指"研究孙"。在重庆方言里，"生"和"孙"谐音。所谓"研究孙"，就是指退休以后为子女带孩子。现在的孩子比以前的孩子难带，这是老人们的共识。带孙子的3—5年，被老人们戏称为"研究孙（生）"阶段。

养儿方知父母恩，此时的"孝"是互动的。这种互动存在于三代人中间。但是这个时候，你可能对父母的苦心无动于衷，你可能认为这一切都是理所当然的。你会对父母不耐烦甚至不尊重。要知道，这样不仅会伤害父母的心，而且会在无形中给孩子形成坏榜样，到头来自己也会承受这不孝的苦果。

毕竟，你也会老。

记得在一次家教课上，一位家长提出这样的困惑，她说她的儿子满十三岁的时候，突然跟她宣布：从今天起，没有我的允许，不准进入我的房间，同时还宣布了很多的"不许"。她说自己付出十三年的心血养育孩子却得到这样的待遇，很是纠结。这位家长遇到的是家庭教育中一个常见的基本问题，就是如何处理亲子的独立性和依存性的问题，可以说这是父母考卷中共有的一道难题。

有人说，妈妈应该有"八次退出"，以成就孩子的一生。三岁退出餐桌，让孩子掌握自主吃饭的技巧；五岁退出卧室，让孩子独自休息，减少依赖；六岁退出浴室，尊重隐私，从孩子独立洗浴开始；八岁退出私人空间，再亲密的关系也要留出一定空间；十二岁退出厨房，让孩子学会做饭，体谅父母的辛苦；十三岁适当退出家务，父母越是"懒惰"，孩子越早独立；十八岁退出选择，让孩子遵从自己的内心；孩子结婚后退出他的家庭，这时孩子已经长大了，懂得守护自己的幸福。虽然人们对于父母"退出"的理解各有不同，但很多人都会认同"退出"的必要。也许，那位十三岁孩子家长的纠结只是因为母亲还不能接受儿子独立的现实。我们看到更多的是那些对孩子不愿放手或不忍放手的父母，让孩子对自己的依存变成了依赖，让孩子变成了"妈宝男""妈宝女"；不少父母备尝"巨婴""啃老""躺平族"的苦果。

但是，如果把独立性当成父母唯一要做的功课，那就失之偏颇了。以某种颇为流行的西方心理学观点来看，家庭就是为了培养和放飞孩子的独立性而存在的。有人说："孩子并不是你的孩子，他/她只是借了你的肚子来到世界上。"如果你认同了这个观点，认为只要努力完成孩子与父母、与家庭的"剥离"，问题就解决了。请问，养孩子的最终结果就是让他/她与家庭剥离，成为彻底独立的个体吗？那么孩子与父母还有什么关系？与父母、与家庭剥离了的孩子，没有人格的欠缺吗？

中华家文化在亲子关系方面最难得的地方就是独立性和依存性的中道——一方面用责任意识培养孩子的独立担当，另一方面用父慈子孝的精神脐带维系着亲子间的依存。此道除了日常生活中的言传身教，还用一系列有仪式感的常礼和大礼来熏陶，如此成就生命的完美、人格的完整。今天，家庭关系的种种乱象，恰恰是中华家文化的衰微所造成的。

二、找到独立性和依存性的中道

如何既培养孩子的独立性，又不使其失去对父母的感情依存？从中华家文化的视角来看，独立与依存本来就是孝道的完整内容。"孝"这个字由"老"和"子"组成，二者是独立的，又是依存的。孩子生理的成长是与父母渐行渐远的过程，但是孝的精神脐带使得亲子之间有着不断的依存。随着孩子自己成为父母，"养儿方知父母恩"，这时孩子与父母在生命的深处又是一个渐行渐近的过程。

完全独立的个人是不存在的，任何人都是在家庭、家族、家乡、家国和地球家园中存在的家人，从家庭剥离出去的独立性和过度依赖父母故而独立性得不到应有的发展一样，体现的都是不健全的人格。父母的责任是既要尊重、培养孩子的独立性，又要滋养其依存性；既要以适当的"退出"培养孩子的独立性，又要以"慈孝"的不衰延续孩子的依存性。

实现独立性与依存性的融合与中道，不只是家学家谱的义理，还是家规家训的功夫。中华家文化中的礼文化为此提供了很多实践方法，比如通过日常生活的"常礼"，即日常生活中感情与规则并存的熏染，以及成长阶段的"大礼"，让长大的孩子既懂规矩，又有感情，让孝爱之情慢慢地陪伴孩子成长的全程。

例如，孩子六七岁时的"开笔礼"，让孩子从依存性为主的玩童进入独立性发育的学童阶段；十二岁时的"成童礼"，旨在引导孩子立志与感恩——立志是增强独立意识，感恩是深化依存性自觉；及至十八岁，男女行"成人礼"，责己自立，宣告成年。成人礼要行"三加"礼：一加家服，礼父母，承接家命，诵《成人章》成人；二加祖服，礼文化，承接文命，诵《成士章》成士；三加国冠，礼公众，承接公职公命，诵《君子章》成君子。这样一来，十八岁的孩子不仅强化了完整的独立意识，而且深化了与父母和祖先的依存情愫。这份独立与依存构成了中国人不负家庭、报效家国的责任感。

独立性与依存性的中道并不是古董，北京乐和社会工作服务中心就在有关专家指导下进行了多年的社区和家庭礼仪服务，实践最多的当数生日礼。

与时下的生日会吃个蛋糕、点根蜡烛、唱一首生日歌不同，传统生日礼的核心在于引导孩子回归孝道，敦厚与父母、祖先的联结，培养孩子的敬畏心、感恩心和责任心。

生日礼的第一项为"明孝"，开宗明义地为整个仪式定调；第二项是为历代祖先上香，让孩子在父母的带领下回到家庭的场域，接上祖先的脉；第三项是分享成长故事，家长回顾孩子成长历程中难忘的点滴，让孩子意识到自己的生命来之不易，自己身上寄托着全家人的期望；第四项是跪拜和奉茶，孩子向父母行跪拜大礼，切分蛋糕后，行三推三让礼，孩子要用三个来回，将第一口蛋糕奉给母亲。

生日礼中分享成长故事的环节，是为子女和父母设立的相互隆重表达敬意与感恩的机会。当父母回忆孩子的爱时，当孩子回忆父母给自己的爱时，有一种特别打动人的力量。父母总是眼含泪花，有时候甚至还没说话就已经泪如泉涌。这个时候，再调皮的孩子也会乖乖地像只小绵羊一样依偎在父母身边，泪珠止不住地往下落。我常常想，这个环节究竟有什么魔力，为什么能让两代人像过电一样迅速地联结在一起？后来我想明白了，其实在生日礼这一郑重又温馨的场合中，祖先福荫，亲子连心，爱充盈其间，两代人无需太多言语即能心心相印。这个时候，孩子不是用大脑在思考，而是用心在联结、在感受，他们可以直接解锁亘古流传的祖先之爱。而父母在斯时斯刻最容易发现孩子的灵性。双方在受到震撼的同时，互动产生了，这个时候的表达往往感人肺腑。

我们还给三个同月同日生的中年人举办过一次集体生日礼。其中一位六十岁的寿星是第一代打工者，因年纪大了返回村里，成为第一代返乡者之一。他的子女在外打工，是第二代打工者。那次生日礼，一家人都在场。因为子女已经是成年人了，前期沟通不深入，因此跪拜礼改成了奉茶礼。当儿子双手捧着清茶，奉至老人面前时，老人浑浊的眼睛里全是泪花。对于两代打工者来说，疏离的亲子关系、互相抱怨的相处方式会让两代人产生隔阂。然而，一个生日礼带来了和解，迎来了改变，这是孝文化的力量，也是儒家礼仪的独到之处。

传统中国人有"人生十礼"，生命中的每一个重要阶段是通过"礼"来赋予意义的。现在很多孩子出现"空心化"、抑郁等问题，找不到活着的意义，很大程度上也许是因为没有与祖先建立联结，没有意识到自己不是一座孤岛，背后有着无数爱自己的祖先，身上背负着家族的使命。

三、孝是从业之基

中国的各种历史书乃至古典小说、戏剧都特别强调一个共同价值观——孝。即使是黑帮土匪，如果不讲孝道，也会被弟兄们看不起。小时候看《水浒传》，对里面的一个场景印象很深。李逵好不容易抓住那个干了太多坏事、冒名顶替的李鬼，要杀他。李鬼求饶，说家有八旬老母，李逵居然放了他。

中国古代的官员选拔也看重孝道，这是一种政治传统。不孝敬父母就不可能善待家人和外人。孝是一个最简单、最朴实，几乎也是最可靠的用人标准。因为孝不只是德行，也是能力。

《论语·为政》记载了这样一个场景，有人对孔子说："子奚不为政？"你为什么不从事政务呢？孔子答曰："《书》云，孝乎惟孝，友于兄弟，施于有政。是亦为政，奚其为为政？"从行孝开始，友于兄弟，这也是政务啊，为什么非要出仕才是为政呢？

无论是从政、经商还是务农、从军，无论是就业还是创业，都需要从孝亲开始。治家理家，协调家庭关系，处理家庭事务，建立家庭规矩、规则，和睦邻里，参与村社公共事务……这些是训练一个人的管理能力、处事能力的基本功。

"百善孝为先。"如果一个人对自己的父母祖先都没有孝敬之心，基本的人格都成问题，那么怎么能做好人、做好官呢？史书上的帝王，不管如何气派，都要像普通百姓那样给母亲下跪，用跪拜来表达对三年不离父母之怀的感恩和养育生命的敬意。

新冠疫情肆虐的那段时间，一位驰援武汉的护士回到家乡，她的90岁老母亲亲自到机场迎接。女儿以"壮士离别"的心情离开后，又能够回到母亲身边，想想她会用什么方式表达此刻的心情？她情不自禁地"扑通"一声就给老母亲跪下了，当着那么多人的面。直到现在，我想起那个场景，依然觉得那一跪真是感天动地。我们对于养育自己双亲的感激有很多种表达方式，跪拜本是非常自然、非常正常的，但是却因历史上的诸多曲解和误解蒙上了阴影。

曾经，某个教授下跪的事情闹得满城风雨。他是一位大学校长，给父母下跪，引发了各种议论。人们说他是老朽、封建迷信，觉得有辱一个知识分子的独立性。我对此表示深深的忧虑。跪拜父母只是我们最自然地对给予自己生命的亲人的一种爱的表达。一百多年来，传统文化的断层和失落让我们给这一行为贴上怪异的标签，泼了很多脏水。我们倡导文化自信，真的应该用心、用智慧去分辨哪些是我们必须正名和传承的。

传统生日礼上会有跪拜环节。无论是年幼的孩童给年轻的父母下跪，还是已为人父母的年轻人给自己的双亲下跪，当那一声长长的"跪"字一说出来，双膝一着地，场内立马泪奔。那一跪，仿佛一个开关，瞬间可以让当事人联结到最为浓烈的亲情，在场的人也会受到极大的触动而泪湿眼眶。

我亲身体会过一幕又一幕感人的场景。在这里不是说一定要倡导跪拜父母，只是不希望世人把给双亲跪拜这件事情说成是不好的行为。我们对父母表达敬意是很自然的事情。我们随时要思考，何为敬意，何来敬意。这些都是滋养我们生命的、让自己不至于麻木和冷漠的力量和温度。我们孝敬父母的时候，就是在延绵自己的生命，也是在滋养我们生命的温度。

在中国，老人的权利不是这个群体去集体抗议争取来的，而是由文化，特别是传承几千年的儒家文化及其相应的礼制来保证的。这个文化用一个字表达，就是孝。孝文化植根于天地良心的精神信仰，内化于敬畏、感恩和奉献的精神品质，是安顿人生的宝典。

当然我们也要看到，在重拾孝文化的过程中有一些偏颇的行为引起了孩子的反感。家长的掌控式教育和分数至上的取向挤压了孩子的自由空间，破坏了亲子之间天然的孝爱之情。有些家长因为自身的孝文化缺失，只擅长培养巨婴、啃老族和目无尊长的利己主义者，结果自己备尝苦果，苦不堪言。我们迫切地需要正视这些问题，共同探讨新时代孝文化的复兴之路。

四、陪伴老人，唤醒自己

我有一位多年的老朋友，他告别"亮丽"的科技部门而创办民间公益组织"十方缘"，为老人提供心灵呵护。他用自己对父母的孝爱之心去唤起志愿者的共鸣，并将"亲其亲"的孝爱扩展为"不独亲其亲"的博爱，以孝道文化助力今天的公序良俗。更难得的是，他又以这种倡行孝道的方式来"固本强根"，疗愈现代人的精神疾患。

他说，中华民族最精髓的东西就是孝道文化，在任何朝代都没有断层。孝道文化不仅仅是道德上的要求，更是提升我们自身生命品质的通道。在他们眼中，最大的受益者却是自己。他反复提及这样一个思想：

我们去陪伴老人，真正的底层逻辑不是我们在帮老人，而是老人用生命陪伴我们。当一个人的生命走到最后的时候，如果让他重新活一生，每个人都可以成为伟人，因为他活明白了。陪伴老人的时候，仿佛你的生命也到了那种暮年的状态，突然一瞬间就知道了自己的生命该怎么过才会更有意义。"你陪伴了老人，以后还有几十年可以重新活。所以我们不是单方面陪伴老人，而是老人在用生命启迪我们。"

他们将呵护老人的方法总结为"十大技术"，分别是"祥和注视"、"用心倾听"、"同频呼吸"、"音乐沟通"、"经典诵读"、"抚触沟通"、"动态沟通"、"零极限"、"三不"和"同频共振"。

其中，"零极限"技术说的是四句话："对不起，请原谅，谢谢你，我爱你。"这四句话可以面对老人说，也可以面向自己说，在自省、感恩的状态中说；在说的过程中，把自己所有的情绪和意识全然放下，慢慢地生出智慧，接纳所有的生命，达到至善的状态。

"三不"技术是指"不分析、不评判、不下定义"，让家里人放下对自己父母的分析、评判、下定义，给予全然的接纳和包容，成为一种"无念"和至善。当一个人带着全然的爱意时，内在的智慧会生起，很多原来不能够解决的问题，自然就会在其中化解。这就是爱的力量。

"同频共振"技术则是用自己积极的爱的能量、温暖的能量，与老人的爱同频，实现两个生命之间的全然的爱，感受彼此的感情和内心。这是一种"快乐着你的快乐，悲伤着你的悲伤"，彼此完全联结在一起的感觉。

我们看到，这"十大技术"不只是服务老人的沟通方法，也是子亲关系即孩子和父母的沟通方法。更广义地说，不只是子亲关系的沟通方法，也是诸多人际关系的沟通方法；不仅可以用于改善人际关系，更为根本的是可用于自我修身。诸多陪伴的体验让"十方缘"的义工听到这样一个心声：我们每一个生命、每个义工，都需要通过爱与陪伴这么一件事来成就自己、成长自己，让自己的生活变得更加美好。这就是爱与陪伴的意义。

他说："有的人说中国传统文化流失了，孝道文化没有了，要靠什么法律规定才能做下去。但当你真正深入生活的方方面面，会发现其实每一个年轻人内心深处都有那种孝的DNA。那么多义工在做这件事，就证明我们国家的这种传统，这种DNA不会流失，就在那里。只要我们去分享，我相信，我们就会形成这种孝文化，代代相传！"

第三章 勤——以勤养家，传创家业的艺

"勤"字篇的重心是人和自己的关系，讨论的是人的存在感从何而来、生命力从何而来的问题。

"勤"的字源是"堇"。其最初的字形，上面是"革"，下面是"火"，也就是用火把牛皮烤干的意思，因而这是朝内收紧而不是向外膨胀的过程。如此一来，"堇"字右边的"力"就不是外力而是内功，不是外索而是内求，不是外看而是内省，不是责人而是修己。勤字的要点是树立自立向上的独立人格，发现和实现更好的自己。

每个生命都有着被称为个性的独立性、内生性、多样性、自主性和创造性，没有这些个性便没有内生动力，也没有真正的存在感。而启发每个人走出自卑的阴影、摆脱权贵的束缚、彰明君子的明德，正是孔子所倡导的最早的思想解放和个性解放。如果父母用包办、命令、压抑以及分数导向等强制的方式，让孩子丢失了这样的个性而陷入依附性、外在性、单一性、被动性的状态，就不要责怪孩子为什么会自卑或者懒惰，为什么厌学甚至厌生。

一个人的勤，还来自责任。一个人有没有责任和担当，是衡量家庭教育成败的重要标准。强烈的家庭责任感，方能产生强大的生命动力；反之，很容易内卷和"躺平"。中国人代代相袭的勤奋，在很大程度上源于中国人代代相传的敬先祖、佑后人的家庭责任感，以及由此而生的家族、家乡、家国的责任和责任后面的志向。一个人越是志存高远，就越是生气勃勃，因为这样的向上之心和家国情怀会调动心力、愿力，与宇宙能量同频共振，获得天道规律的赋能与激励。

本章围绕"勤从哪里来"的问题，分享了如何排除自卑的病毒，如何提升生命力、内驱力。

说到"勤"字,家长们可能马上会想到勤学,以及怎么让孩子从懒学变成勤学、从厌学变成好学。但是圣贤教育所关注的勤、中华民族秉承的勤,却远不止这些。

勤劳是全世界公认的中国人的特质,是中华民族祖辈相传的品质。有人说,这跟中国的农耕文明有关——不勤劳,种不出庄稼,养不活自己。那么,为何历史上有那么多衣食无忧的中国人并没有因为衣食无忧而懒惰?有人说,这与家业传承、追求富贵有关。那么,为什么在中国人的传统家训里,最忌讳穷奢极欲、玩物丧志呢?

在当今中国人从温饱进入小康的时代,在"躺平"这个词语和现象悄然进入现代生活的时候,传承"勤"的家训家风有什么现实意义?

"勤"是中国人对生命意义的探索、对生命能量的洞悉、对生命动力的追问,它解决的是人为什么活着、怎样活着的问题。用现代话语来说,"勤"回答的是"力量从哪里来"的问题。中国人谙熟天道酬勤的道理,并把这些道理变成言传身教的家教,变成世代相传的家风,变成源远流长的家业,变成家国天下的责任;更重要的是,变成了自我修身的精进。

勤从内在来

一、勤是内力

我们来看看"勤"的最初字形。根据汉字学家白双法先生的解释,"堇"字下面的"土"原本是"火",整个字是皮革的"革"与"火"的组合,是指通过火烧牛皮以去除水分的方法使得皮面收紧,所以与"紧"字读音一致,侧重"烤皮收紧"的意思。我们知道,收紧和膨胀是两个方向,分别为朝内和朝外。"勤"作为堇与力的组合,显然有向内用力的含义。后世在"勤"的书写过程中,"火"变形成了"土",使得"勤"字的本义变得模糊。

曾听过一位女士的演讲,题目是"力量从哪里来",给我留下了深刻的印象。她说,她最初的力量来自上司对她的认可,之后是内心的渴求去做公益的事。再之后,她发现力量来自对生命智慧的感悟。我的历程与之相似,只是我记得自己最初的动力来自幼年时妈妈给我的那个赞许的眼神。

人在成长初期,力量往往来自他人的认可,所以孩子在这个世界上最需要的是父母和老师的认可。然而,如果生命动力仅仅诉诸他人的认可,从深处来说,还是一种自卑。

当人类走出丛林,试图创造各种文明的时候,伴随生命的卑微和消逝,对未知的世界是恐惧的。历史的轴心时代出现了一些智者,通过创立各种宗教来解决这些问题。偏偏有一个中国人不愿诉诸宗教,他相信伏羲、周公、尧、舜的先圣之学,相信人能够通过自己的明德和理性力量来自我醒悟,可以通过教育让"小人"发现自己的精神力量从而绽放生命成为君子。

他说的"小人"绝没有骂人或者歧视的意思,是指出于各种原因,包括教育资源不足等,人生格局变得比较小而已。那个时候,君子代表的是王公贵族的特权,因为只有他们有机会接受教育。而这位智者认为,任何人只要通过"学而时习",皆可为君子。他告诉普通人,可以通过勤谨来告别自卑,看见自身的内在光芒与力量!

这位智者就是孔子。孔子不仅用他的学问,更是用自己的生命告诉后人,每一个人的生命都不是卑微的!他出身孤苦贫寒,没有像样的原生家庭可以依靠。幼年丧父,少年丧母,但是他没有丧志,因而也没有丧气。他通过自己的勤谨,自学成才,在勤谨中找到了内在的能量和生命的动力,并致力于把这生命的真相传递给更多的人。于是,不到30岁的他自主创业,办了中国历史上首个"民办学校",自己做老师兼校长。那时大概也没有执照,好在权贵们睁只眼闭只眼,甚至还有人把自家的孩子送来给他当弟子。

如果我们穿越到当年的鲁国,可以想象这些来自不同家庭背景的人席地而坐的求学场景和如饥似渴的眼神。那时还没有小板凳,学生们只席地而坐。他们有着和我们一样作为人的基本问题——我眼中的世界到底是什么?我来到这个世界是为什么?我在这个世界上该做什么?因为他们心中有人生的各种疑难问题,也有社会的各种疑难杂症,他们相信有人能够传道授业解惑,而孔夫子就是专门解答这些问题的。

孔夫子在周游列国14年后,68岁时回到他的故里曲阜,在洙水和泗水之间继续讲学。后人在他讲学之处修建了儒家祖庭洙泗书院。从孔夫子"民办学校"毕业的学生们成了各地大大小小的栋梁,在这一代代栋梁们的努力推动下,中华民族在各种战乱和灾难中延续了一个文明——一个世上唯一没有中断的文明,一个以敬天法地的道统、以道为宗的学统和唯道是从的政统构成的文明。我们身上流淌着的,就是这个文明的血脉。

勤谨让人告别自卑、活出光亮。今天,对孩子们乃至对我们每个人来讲,最重要的是找到自己的内驱力。所以,要用发现"勤"的内力来"看见自己",看见我们每个生命内在的价值和准则,看见我们内在的光明之德;当然,也要看见我们的内心有时也会蒙尘,因而要勤于"修己",让内心的明德彰显出来,此即所谓"明明德"。这个自明其德的过程就是发现生命动力与活力的过程,是告别自卑、发现自信的过程,而此过程是需要通过"朝内用力"的勤来实现的。

勤是唤醒自己、安顿自己的力量。

二、勤是内省

勤的字根"堇",表达的是下面的火使得上面的牛皮紧缩内收的意思。"堇"与"力"结合成为"勤",侧重人的行为;"堇"与"言"结合变成"谨",侧重人的言语,强调言语思维之"内收""内敛"的重要性。"勤""谨"二字都基于"堇",所以二者的发音和意义十分相近,有时也被连用,比如有的地方不讲"勤劳"而说"勤谨"。无论是"堇""谨",还是"勤",我们都能从中窥见生命动力的奥妙和激发生命动力的秘密,这就是内收内省、谨言勤行。

有一位学者将其几十年做心理咨询和心理辅导的经验归为一条,就是唤醒孩子的自省能力。凡是走出心理阴影、焕发学习活力的孩子,都是焕发了自身内省能力的孩子,能够自己安排自己,自己拿自己有办法。

人就像一粒种子,本身是有向上的张力的,这是内生的力量。种子不努力,没法儿长成一棵树。白颊黑雁出生 3 天,就要跳下 150 米高的悬崖,如果不努力,等待自己的就只有死亡。从某种意义上说,人如果不努力,就缺少了作为人的意义。当意义消解,人就会变得消极,不知道自己身在何处、去向何方。

勤谨本是人的天性,好学本来也是孩子的天性,就像一粒种子埋在土里,条件成熟,就会自动"想办法"发芽。在这个过程中,它会遭受一些外来因素的阻碍,例如头上的石块、一次大降温、一辆车碾过……但是,这粒种子绕过石头、躲过降温、重振身体,终究要从土里钻出来去看外面的世界——因为这粒种子的内在是一棵树。在现在的"我"和将来的"我"中间,有一个内在的张力。这种张力会助推它克服困难,勇往直前。

正如小说《海鸥乔纳森》里描写的海鸥乔纳森,它与一群海鸟生活在一起,发现海鸟们对生活的选择是盲目的、懒散的,生命的状态是萎靡的，并且正在逐渐失去自我。于是，乔纳森腾空而起，经历了一场场艰险，最终超越了自我，把生命内部真实的声音尽情地传达出来。飞翔的目的并不是自由，而是飞翔本身的快乐；生命的成长并不是为了一个远方，而是为了满足生命本身内在的向上需求。

勤的内省、内力和内功其实是孩子身上原本具备的，但很多时候是被家长不当的言行关闭了、抑制了，甚至摧毁了。过分的操心和不当的干预，包括"正确的废话"、无用的唠叨，不仅占据孩子用来自我思考、自我成长的时间，而且干扰孩子用自己的脑子想问题；不仅浪费亲子双方的生命时间，而且损害了孩子的自省能力。

"好心的"父母可能并没有意识到，我们一不小心就会走进这样的误区：我们把孩子的时间占用了，还怪他不努力；扰乱了他的注意力，还怪他不专心；把他发动机的引擎关掉了，还怨他学习没动力；把他的内在摧毁了，还担心他智力有问题。

要培养孩子的内省能力，关键在于家长要养成内省的习惯，也就是修己的习惯；换句话说，时时用"勤"字所蕴含的内力来提醒自己，养成反求诸己的习惯，以此身教培养孩子的内省能力。

三、勤是内功

当我们回到"堇"的本义，即"烤皮收紧"的意思，便能更深地理解"勤"字的智慧——这就是内力或内在的力量。特别值得一提的是，"堇"还是"勤"的古体字，后加"力"，表示出力的劳作。与"堇"组合的力，一定有内力的含义。内力是一种内收的力量、内驱的力量，中国功夫特别强调的就是这种内在的力量，即对于自己言行的自觉。

《后汉书》记载了这样一个故事。东汉有个人叫杨震，他做过荆州刺史，后调任东莱太守。他去东莱上任的时候，路过冒邑。冒邑县令王密是他在荆州刺史任内举荐的官员。听说杨震到来，王密晚上悄悄去拜访杨震，并带了十斤黄金作为礼物。王密送这样的重礼的目的，一是对杨震过去的荐举表示感谢，二是想贿赂这位老上司，请他以后多加关照。结果，杨震当场拒绝了这份礼物，说："故人知君，君不知故人，何也？"王密以为杨震假装客气，便说："暮夜无知者。"意思是说，晚上又有谁能知道呢？杨震立即生气了，说："天知、地知、你知、我知，怎说无知？"王密十分羞愧，只得带着礼物狼狈而回。

《大学》有言："诚于中，形于外，故君子必慎其独也。"人真实的内心一定会通过外表表现出来。"谨"是人的内在要求和自我修养，而不是外力强加的。天知、地知、你知、我知，这个天知、地知的存在，是儒家君子"慎独"的前提，也是中国人"头上三尺有神明"的信仰所在。

王顺友，从事邮递行业32年，始终如一，被誉为中国邮政"马班邮路"的忠诚信使。有人曾对王顺友说，你走的邮路罕有人烟，只有你一个人行走。你可以不用天天上班，让自己那么辛苦，反正也不会有人看到。王顺友说，别人不知道，我自己知道！

他的回答令人动容，他的行为让人感动。他去世以后，很多人怀念他，把他称为"最美邮递员"。可以说，王顺友勤谨的工作态度正是君子慎独精神的完美体现。

谨是说话的时候朝内看，勤是行动的时候用内力。祖先给我们留下那么多精湛的手艺，三百六十行，行行出状元，哪一行不是靠着勤谨、靠着内力做出来的？无论是思想产品还是物质产品，乃至艺术品，两眼向外不知内收、没有内省内力，难免偏、浅、乱、错，思想散乱，做出来的难免是赝品、次品、废品。中国的匠人精神，功夫在勤谨；家业传承，秘籍在勤谨。

勤谨让人不乱方寸、从容沉着。所以君子无论是在人前还是独处，内心都有准则，也因此而有强大的抗挫能力，不会被外力带走，能在各种乱象中守住自己,不乱方寸。勤谨还包含言谈举止的教养,比如惜时、衣着得体、适度饮食、洒扫应对进退等。

勤谨是人生的内视镜。当我们两眼向外不知归途的时候,勤谨帮助我们回到内心、照见自己;当现代人被自己过分发达的左脑束缚,被外在信息牵绊的时候,勤谨是提高自我觉察、提升右脑的慎独能力,激发自身内在力量的关键,也是自我反省、自我修身的前提。"谨"字功不是外力的要求,而是自己对自己的要求,是自己和上天的联结,是需要经常练习才能具备的功夫。

四、孩子的勤与父母的谨

《论语》名句"弟子入则孝,出则弟,谨而信,泛爱众",其中"谨而信"的"谨"字,就是在揭示言语思维中"堇"的重要性。"君子讷于言而敏于行",索性用"讷"来强化"堇"字朝内和收紧的意义。

做父母的,需要的"谨言""讷言"并不是少说话,更不是不说话,恰恰相反,特别是当孩子在婴儿时期,妈妈和孩子之间的叨叨如同抚摸拥抱一样,是非常必要的。但是这些叨叨不是负面的、消极的冷眼冷语,而是欣赏的、关切的、温暖的爱语绵绵。

当孩子在父母怀中慢慢长大,父母对孩子的要求也渐渐增多的时候,谨言更是父母的必修课。一句话说出去前,需要认真掂量一下,这些言语对孩子的动力会产生何种影响。最好能给那颗非常渴望你肯定的小种子多一点赞许和鼓励,而不要去做毁掉孩子的五件事——无视、贬低、迁怒、威胁以及控制。

大约是10年前的春晚,有一个儿童类节目令我印象很深,以至于到现在我还能背出那段歌词:"如果你爱我,就陪陪我、陪陪我;如果你爱我,就亲亲我、亲亲我;如果你爱我,就夸夸我、夸夸我;如果你爱我,就抱抱我、抱抱我。"这几句话确实表达了孩子的心声。

有人说，好孩子是"夸"大的，这话不无道理。但是，夸孩子不等于泛泛地表扬，或动不动就翘起大拇指说"你真棒"。因为泛泛地表扬只会让你的夸奖不断贬值，失去鼓励孩子成长的效果，而且会助长孩子的脆弱——只能接受表扬不能接受批评，说不得、碰不得。

表扬不等于鼓励，鼓励是要非常细致地指出孩子哪些具体的事情做得好，值得被表扬，并提出有助于发扬其优点的具体建议。给孩子肯定、认可和赞扬也是有方法的，比如要及时、有细节、有过程地描述。用描述性的语言陈述事实，表达父母的感受和欣赏，配合肢体语言、表情、眼神，以及充满爱意的提醒等。

但是，孩子是不是只需要赞许和鼓励呢？在他成长的过程中，身边不可能都是赞许和肯定，那时候他会不会失望甚至绝望呢？让孩子在家里锻炼出接受批评的能力，是家教的必要课程。

表扬孩子不等于父母放弃批评，只是要注意和改进批评的方式。比如对于孩子多样性和个性的尊重、无条件的爱与接纳、批评的时候不能发泄情绪、只批评事而不是批评人、语气温和而坚定、语言上的批评和肢体上的爱意同在，等等。这样操作可以让孩子在认识到错误的同时，感受到接纳和爱。

无论妥当的夸奖，还是适当的批评，都是为了启发孩子的内省、内力和内功，也就是增强自我管理和自我成长的能力，这是给孩子最珍贵的人生礼物。而父母的反求诸己、以身作则，更是启发孩子这种自我管理和自我成长的最好做法。

"勤谨"对于孩子的成长是非常关键的，但孩子在幼年时期不容易做到"谨"，他会察言观色，看周围的大人带给他什么。他接受到这些信息，然后慢慢形成习惯，成为自己最初的行为特征。

家里经常吵吵嚷嚷，粗言粗语，孩子慢慢也会加入这个队伍。如果父母发现孩子的言行不得当，动辄给他讲大道理，拿他和别人家的孩子进行比较，孩子当然听不进去，甚至还会抗拒和反击。孩子几乎是父母的复印件。当孩子弱势、父母强势的时候，孩子会忍着、闷着，等他长大，强弱对比发生变化，孩子也会用嚷嚷吼吼的方式来"回敬"父母，那时可能就太晚了。

有个妈妈，一旦谈起孩子写作业，就会声调高亢、情绪激动。孩子只有一年级，他对妈妈说："跟我说话之前，你需要平静下来。"言外之意就是，我愿意听你说的话，但是需要你正常表达。

家长的情绪发泄，不仅不能起到教育孩子的效果，反而会让孩子因为害怕而隐藏自己，严重时还会把自己封闭起来。在年幼的孩子心里，最大的权威就是父母。等他年纪稍微大一点，进入所谓的"青春期"，自己的力量增强了，父母的权威感自然也就减轻了。这个阶段的孩子往往让父母头疼，感觉没办法交流，一不小心就会擦枪走火，一发不可收拾。很多厌学甚至弃学的孩子也多在这个阶段表现出问题，父母是毫无办法的。

这个时候，父母应该反思孩子年幼时自己对待孩子的方式。以前对孩子说了什么，是怎么说的；做了什么，是怎么做的，从这些过往中寻找解题之道，然后坦诚地与孩子交流，"过，则无惮改"。

要改善亲子关系有多难？《论语》里说"讷言敏行"，一用就灵！孩子做不到"谨言勤行"，父母要从自己身上找原因，这是父母要修的"谨"字功。想要孩子"勤"吗？首先自己要"勤"，更要"谨"。父母的"谨"会成就孩子的"勤"。

勤从责任来

一、"一壶老酒"的力量

我接触的不少外国朋友羡慕中国人身上的人情与活力，但很少人像芝加哥大学的历史学家艾恺教授那样，看到这人情与活力背后的家的力量。艾恺教授在与我研讨生命动力的问题时说，西方人的生命动力基于"现在的我"与"将来的我"之间的张力，之后加上基督教的宗教动力。中国人除了对于天道的信仰，还有另外一个动力源，就是对家庭的责任。这个动力源是如此强大，令人赞叹。

陆树铭唱的《一壶老酒》，把游子离家的情愫唱尽了："喝一壶老酒哇，让我回回头，回头哇望见妈妈的泪在流……喝上这壶老酒哇，我壮志未酬，喝上这壶老酒，我忠孝两难求，喝上这壶老酒，那是妈妈你酿的酒。千折百回不回首啊，我大步地往前走哇。"那种牵肠挂肚的亲情，以及千折百回不改壮志的决绝，深深地打动人心。

有人说，中国人不是只为自己活的，还要为祖宗和后代活。"身体发肤，受之父母，不敢毁伤，孝之始也。立身行道，扬名于后世，以显父母，孝之终也。"《孝经》开篇的这句话，古往今来的读书人都以此为圭臬。句中的"以显父母"，说出了中国人努力奋斗的一个重要原因。很多中国人努力奋斗的巨大动力来自家庭和家族，这样的责任感自然延伸，也会成为保卫家乡、报效家国的力量。

"每一次我离家走，妈妈送儿出家门口。每一回我离家走，一步三回头。喝一壶老酒，让我回回头，回头望见妈妈你还没走。"（《一壶老酒》）

这让我想起我们从 2013 年开始在重庆巫溪、酉阳和黔江三个区县开展的"光彩爱心家园——乐和之家"项目。这个项目的服务对象是

3000个留守儿童。在服务的过程中，我们接触了大量进城打工的父母。他们每年春节前集中返回家乡，跟老人和子女相处短暂的一个月或者半个月，等年一过完又离开，一年又一年都是这样度过的。他们返回打工地的时候，老人和孩子会在村头相送，泪水涟涟。妈妈酿的老酒，是送行，是牵挂，强烈而醇厚。因为一份对家人的责任，打工者才背井离乡。

奥运冠军全红婵，直言自己的奋斗是为了挣钱给妈妈治病。较之为国争光，这是一种更基本更直接的力量。如果眼里只有自己，不去承担家庭的责任，她是否吃得了那样的苦？能否得到从家乡到家国的能量反哺？

但我们也看到，这份对家庭、家族的责任正随着现代化和城镇化慢慢地衰变，为什么不少现代人缺乏学习的动力和生命的动力？很大的一个原因是他们活成了"纸片人"、"碎片人"和"切片人"。

二、走出小自我的"茧房"

艾恺教授和许多西方学者一样，看到了个人主义的价值观对生命动力的局限，它很难解决责任的来源问题，以致告别物质匮乏时代以后，只靠自我成长作为动力的个人奋斗者无所依傍。一些人要么胡来瞎干寻找刺激，要么丧气躺平了此一生。不少西方学者哀叹这个时代"责任的落寞"。

从认识论的角度来看，西方哲学的"茧房思维"关于人性的假设，假设了个体是可以离开整体而独立存在的。试想，一个在观念和情感上没有家庭、家族、家乡、家国的人是什么人？"纸片人"、"碎片人"和"切片人"。"纸片人"是什么？没有精神，只被物质左右、被身体驱动的人，逐利的文化培养出的就是纸片人。"碎片人"，觉得自己就是一切，和谁都没有关系，和祖先更没有关系，上不接天，下不着地。"切片人"是没有时间维度的人,脑袋里装不下跟宇宙万物有关的信息,连看个有点长度和深度的电影都没有耐性。生命的动感没有了,变成了"切片"。如此一来,人怎么可能不丧呢?

老年的梁漱溟先生在一次会议上留下视频:"我是一个要拼命干的人,我一生都是拼命干的!"说这话的时候他已经92岁了!谁能想到说这话的老人,年轻时曾几度自杀未遂,直到他找到孔门儒学的生命智慧和力量,才有了拼命干的活力。这活力,用他自己的话语来表达,"只是系于责任一念"。责任,与其说是利他的,不如说是利己的——担负起了责任,就给自己装上了生命的引擎,接上了能量的源头!

三、扔掉小自我的"空杯"

与"茧房"思维相应的还有另一个似是而非的假设——"空杯理论":责任是单向的奉献,就像一个杯子里的水,倒给别人的越多,自己存留的越少,直到耗尽,所以得省着点用、算计着用、舍不得用。"空杯理论"就是这种让自私的小自我心安理得的心理学根据。

这个理论让个体的能量越来越干瘪。其实责任并不是单向地付出,它可以同时获得能量的注入,如一位家风家教专家所说:"世间的道理很简单,你想着班级,你的事班级替你想;你想着学校,你的事学校替你想;你想着社会,你的事社会替你想;你想着全心全意为人民服务,你的事人民会全心全意地为你想。"所谓"爱人人爱,敬天天敬",天敬人爱,何事不成?这就是每个人都能够接通的大人格的能量"活水"。要接通这样的活水,最好扔掉小自我的"空杯"。

电影《我和我的祖国》里有一则取自现实生活的故事,那位患有严重恐高症的工程师居然能够独自爬到高高的旗杆顶部完成安装国旗的操作,那是因为第二天20万人会集结在天安门广场参加开国大典的责任。这庄严的责任赋予了他奇迹般的力量。

个体对家人与家族的责任、信念、感情，熔铸成了勤勉的动力。扩大到家国天下，个体获得的勤勉的能量会越来越大。反之，当人生变得"碎片化"，个体像一片叶子，离开了家庭、家族、家乡、家国的大树，个体和整体发生了剥离，既得不到营养，也得不到动力，感受不到来自共同体的爱意、美意和善意，也没办法激发自己的回馈之情，"丧志""丧气"的"丧"便难以避免。

如果你希望孩子的人生充满活力，最起码不要有厌生的情绪，那么就请把责任感的培养当成家庭教育的重点。

勤从志向来

"勤"不仅是内省的力量、担当的力量，亦是一种超越的力量。这力量从哪里来？从志向来。

立志是古往今来高深而又朴实、神圣而又世俗的方法。在幼儿养性、童蒙养正、少年养志、成年养德的教育过程中，养性和养正都是养志的基础。

一、生命、使命与天命

在孩子十来岁的时候，传统的中国家庭会为之举办一个隆重的仪式，就是成童礼，内容是感恩和立志。仪式会引导孩子观察父母的手、观察自己的面容，反思过去的岁月，思考自己身份的转变和可以承担的责任，进一步激发孩子立志。

对于个体而言，立志是一个发现"天命"的过程。当你的志向不仅仅是关乎个体的富贵荣辱，而是关乎家庭、家族、家乡、家国这样一个更宏大的命运共同体的时候，你就有可能寻找到自己的"使命"。孔子，为大同世界而治学；孟子，为平治天下而勤学；孙中山、毛泽东、周恩来，为拯救中华、振兴中华而读书；袁隆平，为天下人没有饥荒而学习……这些著名的人物，志向都非常远大。当你立志的出发点不是为了自己，甚至不仅仅是为了自己那个小家，而是为了更多人、更多家庭的时候，你的志向会凝聚成一股强大的力量。

二、职业、事业和志业

那么，要立什么志呢？找一份工作，做一份营生？此志是基础，没有生存的技能何谈其他；立志干一番事业？此志很重要，最简单的行业也有事业可为，所谓行行出状元；立志实现一份理想？此志很根本，因为这是志业。理想越是远大，越能够将手中的小事与大道相通，和宇宙生命的正能量同频共振，从而获得勇气，开启智慧。这样的志业不只是做事，更是做人，因为只有把人做好，才能把事做好。无论一个人从事什么职业，立志的根本处都是一样的，都要走出小自我，成就大人格。

家长需要反省，自己是否将孩子的志向矮化了？父母"望子成龙""望女成凤"，是人之常情，但仅仅满足一己之私，比如考个好学校、找个好工作，等等，这是你或者孩子真正期待的"志向"吗？在现实生活中，很多大学生一毕业就陷入迷茫，自嘲为"社畜"，经不起外界的任何风浪。因为在此之前他的整个人生目标就是考上一个好大学。大学考上了，然后呢？找工作？工作又是为了什么？你是否能吃工作的苦，战胜工作中出现的种种困难？是哪里来的动力让你去战胜困难呢？这些一定都需要一个远大的志向。家长要善于帮助孩子从小树立远大的志向，或者说远大的理想。有了目标，孩子自己就会向着这个方向努力。

美国学者安乐哲说，西方社会的意识形态就是个人主义。这种意识形态也影响到了中国。从这个视角来看，有人会问，立志只是利他吗？

跟我有什么关系？这让我想起徐特立老先生说的："一个人有了远大的理想，就是在最艰苦困难的时候，也会感到幸福。"这涉及为何立志的根本问题，也就是生命意义的根本问题——幸福。人生在世，首先要谋生或者谋职，解决所谓的温饱问题；然后呢，谋这谋那、谋利、谋权、谋眼球；但也许，我们会忘记另一个更需要谋求的东西，这就是"幸福"。

也许，我们会突然发现，生计有了，财富有了，权力有了，却把幸福感弄丢了。其实，这个被叫作"幸福"的东西只是藏起来了，它会时不时跳出来拷问你的灵魂：你，幸福吗？这个问题可以换一种问法：你，有理想吗？理想志向给人带来幸福。换句话说，没有理想的人生很难有幸福。记得一位朋友最喜欢唱的歌是《真心英雄》，有一次他说要把这首歌送给有理想的人，"有理想的人是多么幸福"！说这话的时候，他的眼中闪着小男孩儿般的兴奋和光亮。

三、明志、立志与持志

如何明志、立志？可以学史、可以拜师、可以苦思，也可以问路，而从古至今立大志、成大事的人都有一个共同的经验，就是学经典，因为经典是古圣先贤的智慧，也是成就自己的指南。

孔子的学问就是帮助一个人自谋幸福。怎么才有幸福感呢？子曰："知者不惑，仁者不忧，勇者不惧。"孔夫子的教诲无非要告诉我们如何成为智者、仁者、勇者，从而让生命不惑、不忧、不惧。怎么成为智者、仁者、勇者呢？子曰："好学近乎知，力行近乎仁，知耻近乎勇。"通过读经典，你的力量和家国天下连接了，和宇宙连接了，这股巨大的力量会支撑着你一路勇往直前、披荆斩棘，在职业和事业中实现志业。

很多父母一辈子辛辛苦苦为儿女奔忙，如果愿意把为儿女奔忙的精力用在刀刃上——我想这个刀刃就是帮助孩子明志、立志和持志！这样可以从根本处开启生命的动力和学习的动力。因为立志，才有生命的动力,也才有学习的动力;因为立志,才能吃得了苦、抗得了挫;因为立志,才能担得起责任。因为立志不是空洞的愿望,而是实在的愿力,让自己接通能源、拥有能量,并且终身充满活力。因为立志,才能让孩子拥有比金钱、权力更宝贵的财富——幸福,在为他人谋幸福的过程中为自己谋幸福!

与立大志相应的,是立规矩。在信息爆炸以及各种不良诱惑充斥世间的环境下,父母当然不能放弃管教的责任。管教不是管控,后者是控制性管理,前者是教化性管理、内生性管理。教育学中有一个重要的学科就是教育管理学,即通过教育来管理,可以说这是中国式管理的特色,目的是通过教化,培育孩子的自我管理能力。

正面管教,即立规矩。不给孩子立规矩,就谈不上管教。换句话说,不懂规矩的孩子,就是缺少管教、缺少家教的孩子。中国人对于不懂规矩的孩子的说法常常是"缺家教"或"没家教"。

有人这样来总结规矩的重要:"没有规矩没准绳,就好像树不修剪苗不正,结个葫芦歪着腚;规矩就是高压线,逾越它就像触电;规矩就是定海针,让你身正站得稳;规矩就是紧箍咒,想做坏事没自由;规矩就是护身符,坏的毛病都止步;规矩就是矫正器,身子歪了给捋捋。如果不给它捋正,头歪眼斜脖子拧。从小做事讲规矩,长大必然会自律。严是爱,松是害,不管不问就变坏。家没规矩就会败,国没规矩就会衰。哪怕我是孙悟空,心中也要有明灯。规矩就是五指山,就算我上天入地七十二变,也得老老实实在五指山里打转转。"

规矩还有一个重要的功能,就是让勤谨、勤劳、勤奋成为习惯。规矩体现的是育人目标里集内省、责任和志向于一体的勤谨。把勤谨当成规矩而成为习惯,这是能够给孩子赋能的生命动力。中华家文化能够给予家长的不只是疗愈,更有培养好孩子的管教良方。

记得幼年时期母亲给我所有的教诲中,印象最深的就是要有志向,而且要有大的志向。她还经常给我讲"取乎其上，得乎其中；取乎其中，得乎其下；取乎其下，则无所得矣"的道理，这样的家教家训给童年的我留下了深刻的印象，时间长了，"志存高远"成了我几十年来的人生座右铭，并且养成了习惯。如今已过七旬，还是干劲儿十足，这与少年立志不无关系。

中国有千千万万个平凡而伟大的母亲，我的母亲也是其中一员。母亲给了我生命，也给了我无愧无悔的人生。

在此，我谨将安葬母亲时的祭文摘录如下，作为志向与家风的一例实证：

> 敬爱的母亲大人，今天，在壬寅端午的日子里，您的儿子和孙女、重孙，因疫情无法亲临现场的女儿和外孙，以及南川和巫溪的亲人们，聚集在地面和云端，举行这个隆重的安葬仪式。
>
> 记得您为了少占地，在生前颤颤巍巍写下树葬遗嘱的场景。今天，我们将您的骨灰安放在这长江之滨、绿树之下，愿这棵生命之树长青，您的精神长在！
>
> 子曰："祭如在。"今天的祭奠现场，我们仿佛再次感受到您的音容笑貌。我们从小就记得您的言传身教：一个人活着要有价值、有情怀、有志向！我作为您的长女，无论是九十年代放弃美国绿卡回国搞环保，还是在事业有成时离开城市助乡村，您对我的人生选择从没有微词，从没有怨言。虽然我忙于工作未能常在您身边尽孝，但您从不抱怨，总是说："你去忙，我很好！"
>
> 无论是在风云变幻的年代您独自抚养了三个幼小的儿女，还是在改革开放的时候您倾情陪伴了年幼的孙女、外孙，您永远是我们慈爱的妈妈、慈祥的奶奶和外婆。"子欲养而亲不待"，多希望时光能够倒流，让我们能弥补未能尽心尽孝的遗憾，重享在您膝下久违

的天伦！

《孝经》曰："身体发肤，受之父母，不敢毁伤，孝之始也；立身行世，扬名于后世，孝之终也。"面对您这样一位胸有大志的母亲、奶奶和外婆，我们应是立身行道的后人。您的血液在我们身上流淌，您的理想在我们身上继续，您的精神在我们身上延绵。无论人间还是天堂，我们永远为您这样的母亲骄傲，相信您也会永远为我们这样的后代自豪！

我们每个人都不是孤立存在的个人，而是在家庭、家族、家乡、家国和地球家园中生存的家人。由于时代的变迁，我们的名字并没有按照字辈取名，但我们记得廖、卢两家字辈里的家族精神与先祖期待：廖家的"登必文光，尚其世泽，进以宣天，永昌大德"，您是宣字辈；卢家的"国年映金远，立言光祖崇，贤良方正在，应辅本朝隆"，父亲是光字辈。愿这字辈让来自重庆南川和巫溪、北京和青岛的后辈一起，立身行道，祖德流芳！我相信，这是对您和父亲、对祖辈先人最好的祭奠，也是对后代子孙最好的福荫！

最后重温2019年7月12日在您的葬礼上的悼词，以志哀明志：
农家女儿，降生南川。廖父以成，一方乡贤。
敏行讷言，耕读勤勉。人品敦厚，学业拔尖。
抗联先锋，学社骨干。地下入党，挑战黑暗。
历任公职，克勤克俭。五七风雨，步履维艰。
独木担当，不惧困难。理想不灭，初心不变。
教子育孙，立身垂范。道义人家，血脉延绵。
九十躬耕，生命圆满。精神不亡，魂兮永在！

勤从行动来

一、勤从独立思考来

"勤"字是"堇"与"力"的结合,在本章的第一节"勤从内在来"中着重强调内力、内省、内驱、内功,这一节则强调"力行"的重要。

孔子特别重视力行,说"力行近乎仁",就是说,仁还是不仁,要看是否力行,还有句话说得更直接:"行有余力,则以学文。"行是第一位的,行有余力,再去学文。前面谈到的内在、责任和志向,都要落实到行动上。

从知行合一的意义上看,广义的行动当然内在地包括了勤学习、勤动脑。"勤"字功当然要用在勤学、勤思的能力上。如果没有独立思考,脑子被动地或者填鸭式地接受就是违背了勤字的内力和本意。

专家研究表明,孩子1岁时最需要的是安全感,哭闹代表需要家长的怀抱。2岁时,孩子主要发展的是运动协调能力,亦是勤的发端,需要家长的鼓励赞许。3岁是培养孩子创造力最关键的一年,孩子喜欢涂鸦、喜欢提好奇的问题,在成人眼中也许是破坏的行为或让自己不胜其烦的问题,但对孩子而言是创造力和勤学的开启,家长应有足够的包容和耐心。4岁是孩子发展语言能力最关键的时期,5岁是培养亲情、共情能力最关键的年份,家长与孩子的语言交流和情感交流尤其重要。6岁及以后,孩子进入思维能力发展时期,此时的孩子经常会有内心的纠结,但会热心于思考。作为家长应细心观察,和孩子一起分析身边的问题,带着孩子勤动脑、勤动手来解决问题。或者家长可以用主动提问的方式启发孩子勤于思考、独立思考的能力。

现在的孩子们,勤奋不够有很多原因,其中致命的一条就是独立思考能力不足,这在很大程度上是因为被动的、外在的、知识性的脑力劳动挤占了孩子独立思考的空间，过度刻板的标准答案同时限制了孩子的想象和创造。

作为家长，也许无力改变和改进教育界的一些应该被改革的内容，但是在家庭里就不应该再"雪上加霜"，而应该培养孩子独立思考的能力，还有想象力和创造力。家长主动向孩子提问，或鼓励孩子向家长提问，鼓励孩子发表不同意见，鼓励孩子质疑，鼓励孩子凡事自己想办法、有主见，创造各种聊天的环境让孩子参与和家长的讨论……如此才能唤醒和滋养孩子的内驱力，而家长也会因此和孩子共同成长。

二、勤从体育锻炼来

小时候学的一首歌《勤俭是咱们的传家宝》，我到现在都能唱"我们要勤动手，哎嗨勤动脑"。勤动手是放在勤动脑前面的，动手能力是不能忽视的。身体不动，只有脑子动嘴动，身体的惰性必然会使整体生命状态"勤"不起来。所以行动，更是指体力劳动、体育运动和社会活动，正是现在的孩子，无论幼年、童年还是少年乃至青年，所普遍不足的。

很多孩子的体质堪忧，学校经常把体育课让位给知识课。有的学校连课间十分钟去操场奔跑的时间都不给学生。学生身体素质下滑，精神又能好到哪里？孩子的抑郁，在相当程度上是身体的抗议。

按照中医思维，人的身、心、脑是一个整体。没有身体的动作而单纯用脑，便会出现用脑过度、身心失衡的状况，轻则"亚健康"，重则致病甚至猝死。一个健康而充满活力的人，一定是身体劳动与大脑思考能够协调平衡的人。

三、勤从家务劳动来

有这样一位学生，从初中一年级开始，自愿申请包干家里洗碗的活儿，不管学习如何紧张，每天三顿饭后的洗碗都雷打不动。高考前一天，父母劝她："今天的洗碗就免了吧！"但女儿坚持要洗碗，还说："换换脑子不好吗？"这位考生在第二天考出了好成绩。

然而洗碗这样的小事，有多少家庭愿意交给孩子去做呢？"换换脑子"的时间都不肯给，全部时间都被安排用来"学习"。远离劳动的孩子，"勤"从何来？

曾国藩的家训中最重要的有三条：早起、读圣贤书、做家务。这三条家训在强调良好的作息、健康的心智和适量的劳动；从生命动力的角度来看，早起、读圣贤书、做家务都是在培养一个人的勤奋、勤勉和勤劳。

有人说，废掉一个孩子的方法就是让他远离劳动，成为考试机器。让我们反过来说，救活一个孩子的方法就是让他在劳动中强健身体，比如分担家里的清洁卫生工作，比如在厨房搭手做饭或学着掌勺，比如在阳台小菜园干活儿。家务事可以让孩子在作业的重压下获得一段减压的时光、一个活动身体的机会。孩子也能在劳动中提高动手能力和心脑协调能力，增加对家庭的责任感，何乐而不为呢？

近年来，教育部的文件强调了劳动课的重要性，一些学校也增设了专门的田野劳动课。然而有识之士指出，最大的劳动课教师群体是家长，最日常的劳动课课堂就在家里！我所认识的教育专家，无论是心理教育、自然教育还是教育管理领域的专家，都在呼吁让孩子参与家务劳动。这与中华家文化的传统一脉相承。无论是古代还是民国，乃至我们这一代人的幼年，几乎没有不做家务的。

四、勤从整洁习惯来

洗衣、搞卫生是我们的生活日常，脏、乱、差被认为是坏习惯，在小伙伴中会感到不好意思，而纠正脏、乱、差的习惯，更是家教的重要内容。当所有这些家务被父母包办的时候，社会上无形中会出现很多很多啃老族和巨婴。

有一个二宝家庭，一家四口加上一个老人生活在一起。家里有两层房子，大宝是个男孩子，一直跟着奶奶睡觉，住在楼上。二宝是个女孩子，一直跟着妈妈睡觉，住在楼下，但吃饭、学习都是在楼上奶奶的房间进行。两层房子靠走廊里的楼梯连通。

大宝6岁，二宝4岁，每天至少有12个小时是在一起生活的，却表现出截然不同的卫生习惯。大宝的东西都是乱扔，总在找袜子、找玩具、找铅笔。东西就在屋里，但是没有固定的地方。二宝呢，所有的物品都放得整整齐齐，自己的衣服从来都是干干净净的，不把自己收拾妥当不出门。

妈妈总是纳闷儿，两个孩子都是自己生的，怎么差异这么大呢？最后得出的结论是：这是天生的。

奶奶不怎么爱收拾房间，加上年纪大了精力也有限，照顾了一家人吃饭和孩子的基本生活后，几乎没有时间和力气再去做整理房间的工作了。而妈妈有大把的时间打扫房间、做家务，屋里从来都是窗明几净、井井有条。在这样两个相对独立，但是彼此交叉的生活空间里，两个孩子养成了截然不同的卫生习惯。妈妈总是在教育大宝，让他收拾自己的书桌、书包，放好自己的物品，但是孩子很难做到。妈妈也因此经常发脾气，跟其他人表达自己的困惑。

其实，答案显而易见，这不是天生的，而是后天教育的结果。如果要改变大宝的习惯，讲道理是没用的，唯一有用的做法是，妈妈从自己身上找原因，思考一下为什么不把大宝也带在自己身边？为什么不主动帮忙收拾老人的房间？

当然也有人会说，让孩子在一个乱哄哄的环境中置之不理，有利于培养其自由放松的天性。其实，乱一阵子是可以的，但是孩子自己弄乱东西之后是应该收拾的,要将其放回原处,否则他长大以后可能不能适应集体生活,或者不能适应公共秩序,做父母的应珍惜让孩子从小变得勤快的机会。

五、勤从历史故事来

我们自幼养成的勤劳的习惯,有很多是从历史故事,特别是民间故事中学来的。

比如鲁班学艺的故事。鲁班小时候去终南山学艺,老师傅对他说:"向我学艺,就得使用我的家伙。可这家伙,我已经五百年没使唤了,你拿去磨磨吧。"

鲁班挽起袖子就在磨刀石上磨起来,磨了七天七夜,直到磨得闪闪发亮。后来,鲁班在老师傅的指引下,用12天砍倒一棵巨大的树,又用12天把这棵大树砍成一根大椽,刨平树干上的节疤,把大椽刨得又圆又光。后来,他用凿子在大椽上凿出两千四百个眼儿,把一堆楼阁桥塔、桌椅箱柜的模型认真拆了三遍又安了三遍。

经过三年苦学,鲁班把所有的手艺都学会了,后世的人尊他为"木工的祖师"。鲁班学艺的故事,充分说明了勤于艺的精神特质。

中国古代的民间故事很有教育意义,比如《哥哥与弟弟》——有一户人家,老夫妇有两个儿子,老大好吃懒做,弟弟憨厚老实。老夫妇因病先后离世。临终前,母亲含泪叮嘱老大:"弟弟年幼,尔已成家,在弟未娶妻成家之前,不可分家,一定要好生照顾他!"老大是个懒汉,老大媳妇刻薄小气,两个人却天天吃酒作乐。他们觉得弟弟碍眼,就想着和弟弟分家单过。

有一天,老大找来弟弟分家,他分给自己很多财产,却只分了一头老牛和一块最贫瘠的山地给弟弟。弟弟也不去分辩争吵,牵上老牛,在山地旁搭起一个草棚,与老牛相依为命,每日进山砍柴,然后换米过日子。某日，老牛突然口吐人言，说："我将不久于世。你是个心地善良的孩子，待我很好，我有心帮你。当年你父亲将一坛子金银珠宝埋在这山地之下，你慢慢找出来，就能过上好日子。此外，等我死后，你可将我埋在山地之北，日后自有道理。"弟弟见老牛能吐人言，先是一惊，听完老牛所言，又为老牛即将离开自己而感到悲伤，流着泪答应了，老牛就去世了。

弟弟将老牛葬于山地之北，之后每日在山上翻地挖宝，将山地挖了个遍，却未找到一样宝物。弟弟思量着，肯定是宝物埋在较深之处，便再往下深挖三尺，细细翻了个遍，仍然没有找到珠宝，却把荒山开垦成了良地。他就去赊了些种子，将山地全部种上了粮食。弟弟全心全意地照管着这片山地，这一年风调雨顺，到了年底，家中居然有了些盈余。如此年复一年，弟弟有了积蓄，娶上了一房媳妇，日子过得有滋有味。

而老大虽然拥有很多财产，但夫妻两人好吃懒做，坐吃山空。老大又染上了赌博的恶习，日子越过越艰难。有一年闹灾荒，二人卖田度日，甚至沦落到乞讨的地步。一日，老大夫妇乞讨至一大户人家，这家的主人正是自家弟弟。弟弟是个忠厚仁爱之人，将兄嫂安置在府中居住。

弟弟与哥哥提起老牛说的金银珠宝一事，哥哥才懂得"勤劳俭朴"才是最大的财富。

还有一个"勤哥""俭弟"的故事。

有一个叫吴成的农户，育有二子。他一生克勤克俭，生活幸福。临终时，他把一块写有"勤俭"二字的横匾交给兄弟俩，希望两人按照这两个字的精神去生活。兄弟二人分家时，将匾一锯两半，哥哥分到了"勤"字，弟弟分到"俭"字。

哥哥日出而作，日落而息，勤劳工作，但是他的老婆却花钱如流水，家中依然不富裕。弟弟生活节俭，却不够勤劳，日子也过不下去。有一天，忽然从窗外飞进一张小纸条，兄弟二人赶忙捡起来看，上边写道："只勤不俭，碗里盛不满；只俭不勤，坐吃山空。"兄弟两人明白过来，只有"克勤克俭"才能过上幸福美满的生活。

六、别丢了勤劳的家风

劳动、运动与"勤"字组合的词组很多，如勤奋、勤勉、勤政、勤学、勤快等，"勤劳"也许是最基本的组合了。劳是勤的身体基础，勤是劳的生命状态。世世代代的中国人都知道勤不能离开劳动，懒则是因为脱离劳动或不想劳动。

小时候的一首歌我现在都没忘记："太阳光，金亮亮，雄鸡唱三唱，花儿醒来了，鸟儿忙梳妆。小喜鹊，盖新房，小蜜蜂，采蜜糖，幸福的生活从哪里来？要靠劳动来创造！"幼年印象最深的家训就是以勤劳为荣，以懒惰为耻。

勤俭持家一直是中国家庭的优良传统。比如《朱子家训》曰：黎明即起，洒扫庭除，要内外整洁。既昏便息，关锁门户，必亲自检点。一粥一饭，当思来处不易；半丝半缕，恒念物力维艰。

《诗经》里赞美劳动的诗句则充满了诗意。如《魏风·十亩之间》曰："十亩之间兮，桑者闲闲兮，行与子还兮。十亩之外兮，桑者泄泄兮，行与子逝兮。"《周南·芣苢》："采采芣苢，薄言采之。采采芣苢，薄言有之。采采芣苢，薄言掇之。采采芣苢，薄言捋之。采采芣苢，薄言袺之。采采芣苢，薄言襭之。"

我们很难不被这些劳动场景打动。

然而，勤与劳的关系在现代家庭中出现了脱节的状况，大多时候，勤劳被勤学给淹没或者替代了。除了写作业，家长不让孩子参加家务劳动，不让他们下厨房、做清洁、养花养草，似乎勤就是勤学，勤奋就是勤学，不再需要劳。孩子的"勤"因为失去了"劳"的身体支持而变得衰弱，还被抱怨懒散和笨。至于身心脑失衡引起的心理疾患更是影响到孩子的身心健康、健全人格以及与父母的子亲关系。

不少家长一方面希望孩子勤奋，另一方面却舍不得让孩子勤劳。

曾经有媒体做过一个随机调查，调查对象是街上的老人，问他们：人生最大的遗憾是什么？结果出人意料，位居"遗憾"排行榜第一位的竟然是：我本可以！

人生没有如果，在我们还有能力的时候，多一点勤奋，多一点努力吧！即使到了老年，我们依然可以保持"学而时习"的童心和"天道酬勤"的风采，与儿女孙辈一起，吟诵幼时谙熟的古诗《长歌行》：

青青园中葵，朝露待日晞。
阳春布德泽，万物生光辉。
常恐秋节至，焜黄华叶衰。
百川东到海，何时复西归？
少壮不努力，老大徒伤悲！

不知是谁说过这样的话："人生之败，非傲即堕，二者必居其一，所以勤则百病皆除。"一语道尽"勤"的功效。

"天行健，君子以自强不息。"让"克勤""自强不息"和天道的"健"运行在一个频率上，让勤成为一种习惯，自然能够得到上天的回应，这就是"天道酬勤"。这"勤"的方向一定要遵乎"道"、合乎"德"，否则只会南辕北辙。

中华家文化不仅有着"天道酬勤"的信念和信仰，而且给了我们勤的方法，让我们从内心、责任、志向和劳动中找到力量的源头。起心要正，立意要诚，立志要明，行愿要实，由此激发自己的生命力，找到自己的存在感。

孩子从出生开始的整个成长过程都是发展"勤"的能力和养成"勤"的习惯的过程,"天道酬勤"是需要父母来发现、引导和培育的。

第四章　俭——以俭持家，营造家园的安

从常用字的字义上看，宁俭勿奢是物质层面的节俭概念；然而从精神层面上看，俭字则是个体生命与天地之间的关系格局。如果说"勤"字侧重人和自身的关系、"孝"字侧重人和社会的关系，那么"俭"字则侧重人和天地的关系。

"俭"的繁体字"儉"的右半部分是"人"下面加一横，像个三角形。这个形象在汉字里通常有集中、汇集的意思。它的下面是两个口，两个口下面有两个人，表示把大家的意见由多到少、由博到约、由繁归一地集合概括起来，也有简约减少的意思，即"为道日损，损之又损，以至于无为"。

俭，不仅是对有形世界的看得见的事物的节俭与情感，更是对那种看不见的暗物质、暗能量的无形世界的敬畏与感恩。俭字体现的全息思维让中国人拥有了天地人的三才视角和敬天惜物的价值取向。

由于认知的自蔽而导致全息思维的缺失，是信仰缺失的重要原因，其结果则是生态的失衡、身体的衰弱和精神的焦虑。

俭与减同音也连意——减少的另一面是增加。俭字帮助人们减少物欲的困扰，增加无形的智慧；减少人为的造作，增加无为的智慧；减轻超速的焦虑，增加自然的节律。减少的是对自然的损耗，增加的是心性的安宁、身体的健康和对自然的情感和修复。所以，历来的古训是——俭以养德。

俭是一种思维方式，是对物质主义的超越，对自我中心的超越，乃至对于人类中心主义的超越。

俭是一种生活方式，减少对物质无节制地消耗，同时发现作为健康来源的体能和作为幸福来源的心能的意义。这样一种"另类"的生活是可能的。

本章围绕俭字蕴含的全息思维，探索如何开启高维智慧、培养自然情怀、注重生命健康的持家之路。

在中华家文化的话语里，勤和俭往往是连在一起的，比如"勤俭持家"。这里的"家"并不只是现代人理解的搭伙过日子的家那么简单，而是有着敬天惜物的宇宙意识和生活方式。

如果说"勤"让我们回到身体内在的家，找到存在感；"孝"让我们回到家庭家国的家，找到归属感；那么"俭"则让我们回归更大的家园——天地之家，在这个更大的家园里找到归宿感。

子曰："奢则不孙（逊），俭则固。与其不孙也，宁固。"意思是奢侈的人容易傲慢，节俭的人容易固陋，与其傲慢，宁可固陋。"俭"与"奢"对持家和败家的影响是显而易见的。"奢"引起的傲慢会让人失去恭敬忠恕的态度，这也是不言而喻的事实。物质层面的奢华和傲慢还会造成更麻烦的后果，就是堵住人们感受无形世界、进入全息思维的通道，从而影响我们的生命观和宇宙观。

每个人本来是生存于天地中的。人是与脚下的地、头上的天、身边的植物、动物等自然环境以及其中看不见的神明世界不可分离的。

在这个物欲横流的时代，"俭"对我们的生命和生活又有怎样的意义呢？

法天则地，开启宇宙大智慧

诸葛亮《诫子书》中说："夫君子之行，静以修身，俭以养德。非淡泊无以明志，非宁静无以致远。夫学须静也，才须学也，非学无以广才，非志无以成学。淫慢则不能励精，险躁则不能冶性。年与时驰，意与日去，遂成枯落，多不接世，悲守穷庐，将复何及？"

八十六个字的《诫子书》想必是不少家长所向往的家训家书。其中的内容丰富，特别是对于"俭"字的精到解读。俭有减少的意思。减少的另一面必然是增多，故而减与建同音。人如果能减少一些物欲，就会增多一些智慧；减少一些冷漠，就会增加一些仁爱；减少了懦弱，就会增长勇气。所以说"俭以养德"。

一、减物欲，开启无形的智慧

量子力学告诉我们，只有5%的宇宙是由看得见的普通物质组成的，剩下25%是暗物质，70%是暗能量。"俭"能够帮助我们减少物欲的堵塞，让我们进入看不见的全息世界，发现和拥有无形的精神财富。

"俭"与"检"、"减"同音。一方面，"俭"让我们"检查"是不是被一种叫"自蔽"的病毒侵袭了，这病毒能让自我捆绑在那个5%的物质世界，看不见那95%的宇宙空间的其他价值。如果检查出感染了"自蔽"的病毒，就应该自觉"减少"这样的病毒，减少自己过度的物欲，减少自己留在地球上的生态脚印。"俭"是一种自我约束。约束自己过度的消费欲望，或者改变满足感，不贪图暂时的安逸，重新设置人生快乐与痛苦的程序。

古往今来成大器者都懂得俭朴之道。古代一些士大夫或王公贵族都以俭朴的家风传世。五代时期吴越国王钱镠留给子孙的《钱氏家训》曰："勤俭为本，自必丰亨，忠厚传家，乃能长久。"司马光《训俭示康》中说："俭，德之共也；侈，恶之大也。共，同也。"说的是有德者皆由俭来。孔子说得更直白："士志于道，而耻恶衣恶食者，未足与议。"孔子说："读书人立志求道，追求真理，但又以旧衫陋衣和粗茶淡饭为耻，这种人就不值得与之交谈了。"

《朱子家训》里说："一粥一饭，当思来处不易；半丝半缕，恒念物力维艰。宜未雨而绸缪，毋临渴而掘井。自奉必须俭约，宴客切勿流连。器具质而洁，瓦缶胜金玉。饮食约而精，园蔬胜珍馐。"只有懂得感恩，敬天惜物，我们才能真正地强大起来。

一味贪图物质享受，被物欲控制，心灵缺少"道"的指引和"义"的约束，失去的是对精神生命的追求和不惑不忧不惧的人生体悟，还可能导致生命意义的丧失，甚至走上利欲熏心、不择手段的道路，这才是得不偿失。

俭，不仅帮助我们超越物欲的羁绊，联结宇宙的智慧，而且帮助我们超越自身思维的局限。每个人都受着自身时空经验的限制，德国哲学家康德把这个像监狱或者围墙的经验限制比喻为"眼罩"。这个眼罩往往是各种欲望和想法构成的。而人的想法太多，会屏障天性，看不清事情的本质，看不到事物的规律，难免以偏概全，舍本逐末。当人们摘下物欲的眼罩，就会开启用直觉洞悉事物本相的能力。那个看不见的世界，恰恰就是生命力、创造力、想象力生长的地方。

俭，减的是对物能的无节制的消耗，增的是体能的健康和心能的幸福。物能、体能和心能三能的平衡才能实现身心的平衡，也才能实现地球的平衡。

二、减焦虑，开启无为的智慧

有一次做家教节目，一位年轻的家长问，怎样才能减少焦虑？我请这位家长想一想，是不是因为自己做了本该孩子做的事情？比如孩子的作业、孩子自己该做的家务……减少焦虑的办法之一，就是不要做家长不该做的事情。

俭，告诉我们一个最简单又深刻的路径，就是"无为"。无为不是"不为"，而是不妄为，"无为"是"无之为"。日出日落是"无之为"；五脏六腑呼吸吐纳，没有大脑的命令却有条不紊地运作，是"无之为"。"无之为"便是无不为，不是不作为，而是顺应天道的作为。

无为而无不为，就是遵照天道的规律，减少人为的干预，以最大限度发挥生命的潜能。下述三条路径，有助于我们达到这种状态：

其一，温柔而有原则的大爱。

学习大自然无分别、无掌控、无条件的大爱。孩子对这种最温柔最自然最真实的爱，感受是最敏感的。父母的言谈举止、表情动作，是敷衍还是真爱，孩子是最明白的。深深体会到这份爱的孩子，不会因为几句批评而抑郁，更不会因为几句斥责就跳楼。

这样的大爱本来是父母对孩子的天性，但是在现代社会却很容易受到功利主义、工具主义的扭曲，表现在不少父母按照自己的欲望和期待，给孩子强加了许多违反生命成长规律的重负。明明是你让孩子的引擎熄了火，还怪孩子不主动；明明是你用铁钩钩豆腐，还怪豆腐不成块；明明本应该成为园丁的父母，偏偏去做了木匠，想把一株幼苗打造成自己心目中的家具，还怪孩子不成器。

没有哪个家长不爱孩子，但是这种爱很容易被各种世俗的偏见、功利的浅薄、雷同的标准所绑架，被各种人为的病毒侵袭而变形、变质，从而扭曲了孩子生命之树的生长。缺了爱的雨露阳光的苗本来已经变质了，还要加上控制、苛求、负面的评价，家庭对于这株幼苗来说，已经不是给予生命的动力，而是不得不承受的外在压力。

在这种情况下，家长怎么能要求孩子有学习的主动性、有抗挫的耐受性呢？他连活着的意义都被遮蔽了，生活的动力也被抑制了，还怎么愿意背着沉重的书包去学习？

动植物会因为大自然无条件、无掌控、无分别的爱而自然生长，孩子会因为父母无掌控、无分别、无条件的爱而获得生命的动力和意义。如果家长被外在的、人为家具式的、功利式的、碎片式的标准绑架，如此控制和苛求孩子，便是直接扼杀了纯然的亲子之爱。

当然，父母的大爱不是没有原则的，最基本的原则就是"无为而治"的智慧，让孩子能够明白宇宙和生命的原则，遵守天道的自然法则，不违背、不脱离。这一法则的核心是"万物尊道而贵德"，以及根据宇宙法则而立的社会规则，培养孩子的敬畏心、感恩心和奉献心。

明道理、懂规矩、担责任，否则无法立身行事。

其二，独立而有榜样的空间。

无为的智慧来自对生命的自主本质和成长规律的认知和尊重。一粒种子从破土、吐芽到长成参天大树，都要靠自己的生命力去完成。蝴蝶也是要靠自己破茧化蝶而飞舞的，所以一定要给孩子自主成长的空间。

如果我们过分地占用孩子的成长空间，把孩子安排得密不透风，就像给一个自然生长、积蓄力量、准备破茧化蝶的蛹裹了一层膜、筑了一层壳，令人窒息。何况我们所谓"关爱"孩子的这些膜与壳，掺杂了父母自身有限的自卑、自私、自蔽的认知偏见，最多让孩子成为认知偏见的复制品，或者成为离开父母就无法生存的"巨婴"。

不妨和孩子商量商量，列一个清单，看看哪些是应该由父母去做的，哪些是应该由孩子自己做的，哪些时间是必须留给孩子的，哪些"过失"是孩子自我成长的时间空间里必然会发生而需要父母接纳的。这一切都是为了一个目标：调动激发孩子自我成长的内在力量，给孩子增能，给父母减负。

与其花时间去包办甚至代替本该由孩子自己做的事情，不如教给孩子做事的方法和规矩，所谓授人以鱼，不如授人以渔。

给孩子独立空间不意味着父母无事可做。我们在动物世界可以看到，小动物的生存能力是靠模仿父母行为而形成的。人类幼年时的行为更是对朝夕相处的父母自发模仿而形成的，所以父母自身的行为决定着孩子的行为。

在孩子的幼年时期，父母的行为在很大程度上决定着孩子对自己的认知和评价。如果家庭关系不好，成天"硝烟弥漫"，孩子会胆战心惊，也会在潜意识里留下印象而形成自己未来的行为模式。

父母崇拜什么样的人，孩子也会以什么样的人为榜样。

父母想做什么样的人，孩子也会在耳濡目染中成为什么样的人。

孩子需要独立的空间，也需要身边的榜样。

其三，顺时而有方向的引导。

川渝地区有一些颇有哲理的俗语，比如说违背规律的作为是"造孽"；错误的行为是"背时"，即违背事物发展的过程和节律。顺时还是背时，亦是无为还是妄为的分水岭。

我们都知道拔苗助长的故事，觉得好笑，但我们多少人在做着这样可笑和可悲的事情而不自知呢？拔苗助长的结果往往是被拔的苗子死了，拔苗的人疯了，对于这种两败俱伤的行为，能不焦虑，能不累吗？比拔苗助长更甚的是无视孩子的自然生长规律，恨不能把孩子变成生产线上的产品，恨不得用机器速度代替生物速度。

现在，早教、幼教、小教各个环节都出现的超速超负荷的过度教育现象，就是忽视甚至无视生命的自然成长过程。人为地打乱自然过程，会对孩子造成难以弥补的伤害。我们不妨了解一下：

心理学中有一个特别有名的儿童心理学的研究实验，叫格塞尔爬梯实验。有人发现孩子到了八个月左右就会爬，便尝试将这个能力提前训练，在孩子五六个月的时候进行双胞胎训练。对其中的一个孩子天天训练。孩子爬楼梯的能力就变得越来越强。这个孩子到六七个月的时候就已经会爬了，而且爬得不错。但是等到孩子八个月的时候，另外一个孩子没人教，自己也会了。但他们再去比赛的时候，发现经过提前训练和未经提前训练的两个孩子并没有差别。提前训练，当下是有效果的，但从持久看，没有效果。

有专家指出孩子上初中时有个很重要的任务叫社交，不少家长认为这个阶段只要好好学习就行了。殊不知孩子错过了这个社交的时期，接下来等他上大学了，或者大学毕业了，你就会发现这个问题有多严重。

为什么现在社恐越来越多、宅男宅女越来越多啊？因为他们在社交的关键期没有去社交，没有完成人生的基本任务。

在这个连等电梯都嫌慢的社会里，在工业化的人工速度、机器速度中被驯化的大人已经习惯了以人工速度要求自然速度，又用机器速度要求人工速度的生活。请在孩子身上保留一点自然速度的痕迹吧！对于天地运行、万物生长的自然速度保持一份尊重和敬畏吧！至少不要用人工速度乃至机器速度去过度干预孩子的自然速度。

无为是遵照生命本身的过程规律去为，否则就是瞎为、妄为，其结果则是抑制孩子的自驱力和创造力，以及发展的"后劲"，同时也会造成家长的焦虑。

俭，是无为的智慧，这智慧可以帮助我们从人为的标准中解放出来，回归大自然本身的尺度，也就是孩子生命内在的尺度；可以帮助我们从工业化的生产线速度中解放出来，回到天地孕育生命的自然速度，让家长反思和调整自己的心理速度；可以帮助我们当好一个智慧的园丁，尊重生命成长的时间进度，观察和引导生命健康成长的方向。

三、减困惑，开启无忧的智慧

俭字不仅告诉我们怎样开启无形的智慧，怎样行道，还告诉我们何以乐道，开启无忧的智慧，去掉尘世的干扰，安顿自己的身心。

读过《论语》的朋友都会记得"不亦乐乎"的孔子，以及孔子的自画像："其为人也，发愤忘食，乐以忘忧，不知老之将至。"颜回也乐，"一箪食，一瓢饮，在陋巷，人不堪其忧，回也不改其乐"。这师生俩到底乐啥呀？现代人拥有比那个时候多得多的物质财富，怎么就乐不起来呢？

多少年来，人们总是寻找孔颜之乐，而"俭"字透露了其中的秘密，那就是在看似贫寒的生命里打开通向宇宙智慧的大门。或者说，正因为贫寒的俭，减少了物欲的干扰和牵绊，才有能量推开那扇通向宇宙智慧的大门，建立以天道为准则的生命系统。

为什么要俭以乐道？因为俭能够帮助个体生命去除那些负面的信息和物欲的牵绊，让人获得一种清净安宁的心态，这样才能够建立起和宇宙能量的联结并与之同频共振。这种联结让人能够明辨是非、站稳脚跟，知道何为正当、何以自由，能够独与天地精神往来。

有一则流传甚广的短视频，一个孩子上学的时候，被路边一个小提琴艺人吸引，每次总想多听一会儿，可是他父亲总是把他拉回到学习课桌上。孩子自己画了画给父亲看，也被父亲放在一边。孩子满心委屈，但是也只能屈服于爸爸，脸上没有一丝笑容。一天天过去，父亲接送孩子时孩子也没有了往日的活蹦乱跳。

后来这位父亲意识到孩子的笑容与活力比学习更加重要，于是主动带孩子来到那位小提琴手拉小提琴的树下，但是树下已经没有了人影。这时候，父亲走到树下，用手势比画着为儿子演奏。从此以后，父亲的观念和态度都改变了，笑容和喜悦又重新回到了这对父子身上。

这位父亲看到了孩子无形的翅膀在那个看不见的世界里飞翔。然而有多少家长，难道不是正拿着剪刀，剪掉孩子精神的翅膀，还整天埋怨孩子没有创造力和想象力吗？为什么挥舞剪刀？是因为家长自己戴上了眼罩，看不见那个无形的世界；而"俭"就是帮助我们摘下眼罩，恢复天然的和宇宙联结的能力。

古往今来不乏仁人志士，不仅在世俗社会里坚守正道，也在山林中放飞自我。在山林中，他们不仅获得慰藉，更能够体会和汲取精神的力量。俭，帮助人们建立和强化对天地的信仰，如此，就不会被社会的偏见牵绊、被生活的贫寒干扰，反而会因为俭朴带来的清明而知道、通道，又因知道、通道而喜悦、乐道。

有一位慈善家，说他此生是为 60 亿人服务的。这样的情怀已经非常可贵了，但是再想一想，人毕竟只是三千万个物种之一，家国后面还有地球家园，在人类的维度上面还有天地的维度。

俭就是让我们减去所有人类的私欲和偏见，跳出人类的认知，进入更高的维度，天地的维度。

孟子说："有天民者，达可行于天下而后行之者也。"是说天下有一种人，虽没有官职爵位，但因为他们所学所行与天理相通而可被称为天民。他们的使命便是将此道行于天下。良心与天道合一，固内省不忧不惧，所以不在乎世人怎么看、怎么说，所以"三军可以夺帅也，匹夫不可夺志也"，所以天人合一、乐在其中也！

敬天惜物，培养自然大情怀

2021 年末，听到茶季杨写的好歌《给你》中有这样几句歌词：
"你想要什么？给你，森林和山谷可不可以？
你想要什么？给你，飞翔的鸟儿可不可以？
可不可以，都给你，清晨和露水可不可以？
可不可以，都给你，跳动的心儿可不可以？
可不可以，都给你，微笑的眼睛可不可以？
可不可以，都给你，拉紧的手儿可不可以？
……"

这首歌好像天地在温柔地发问，让人感受家人、友人乃至宇宙的温柔、温润和温暖。宇宙有多少智慧多少爱给咱们了，咱们看到了吗？

送给咱们了，咱们接着了吗？领悟才能回馈，接受才能给予，人的烦恼分明是因为不知足啊！解决精神饥饿的营养大餐，通过"看到""感到""悟到"，便可"得到"。

有些歌、有些话，是通过"听到"来"解蔽"的。解除看不到、感不到、悟不到的遮蔽，促成分离感的瓦解，即开悟。当然，前提是心要静下来，能够真正"听到"。

一、俭养仁爱之心，观之以情

我们都很熟悉辛弃疾《贺新郎》中的名句："我见青山多妩媚，料青山见我应如是。"这句诗十分细腻地表达着中华文化的天人关系，即相知以情的关系。中华文化中最有感染力的，是它的情——情义、情理、情操、情怀、情志，这些情中的温情、柔情和豪情不只给人类，还会倾注于山野自然。人把情义洒给自然，自然又反过来陶冶这份真情。

白居易有一首题名为《鸟》的诗："谁道群生性命微，一般骨肉一般皮。劝君莫打枝头鸟，子在巢中望母归。"人与自然之间的这份情义是宇宙中最动人的诗篇，也是每个孩子最不能缺的营养。

随着现代文明特别是西方工业文明的演进，人类的偏见、贪欲和傲慢渐涨，逐渐丧失了与自然的原生情感。人和自然的关系变得恶劣，各种环境问题愈演愈烈。人类不仅毁坏着自己的生存根基，也损害着自己感受自然、从天地间汲取智慧的能力。

幸运的是，以"俭"为旗帜的中华生态文化还没有泯灭，这是中华民族为我们人类文明保存的一份母乳。

俭，减去的是各种人为的偏见和人类的高傲，让人回归自然。

一个人在幼年时代，对于自然万物的理解没有成年人的各种附加判断。记得一个孩子不愿画"羊吃草"，因为"小草会疼"。老师说小草不会疼，孩子带着哭腔说："小草会疼的，小草会疼的。"这份原生的情感在一些少数民族中还存在。普米族的姑娘会给一棵大树唱歌，一连唱上三天都不够。藏族汉子索南达吉会像保护自己的兄弟姐妹一样保护藏羚羊，与偷猎者拼死作战，甚至牺牲自己的生命。

我曾与索南达吉生前的战友扎西多杰谈到生物多样性保护的话题，他说："我不习惯用生物多样性来表述这些野生动植物，因为它们是我们的兄弟姐妹。"此话让我汗颜，也让我更自觉地意识到人类要解决环境保护的问题最关键的是修复人类对于自然的原生情感。而"俭"的意识会帮助我们去除人类文明太多的添加，让现代文明洗尽铅华，回归生命的自然。

俭的力量不仅帮助人与自然修复感情，还能帮助我们疗愈创伤。

> 重庆观鸟会有一个姓童的会员，年轻人叫他童叔叔。他曾给观鸟的年轻人分享自己拍摄鸟儿的经历。他在很多年前就查出了癌症，刚开始心情很焦虑，担心癌症扩散，抱怨上天不公。后来，喜欢摄影的他爱上了拍摄鸟儿，就到全国各地去拍。拍到的鸟的种类、数量越来越多，身体机能竟然渐渐变好。癌症似乎已经成了童叔叔的一个老朋友，他也学会了与癌症和解。他说，在新疆拍鸟的时候，遇到一只猛禽，从很高的天空俯冲下来，"我就躺在地上，用照相机对着它，看它越来越近。就在快接触到我的时候，它从旁边飞走了！"童叔叔乐此不疲地分享着这一深度体验自然的忘情时刻。正是因为怡情于自然，他才得到了大自然的疗愈。

无论在社会上受到多大委屈，天地父母还爱着你，大自然这个永恒的情人还爱着你。与其说自然界在帮我们平复创伤，不如说是人们在大自然的怀抱里洗涤尘垢，找寻到自己的价值。

在生活中，许多事情让人想不开、放不下，是因为人为成见的束缚。

俭可以为我们减去这些束缚，还给身心一个更高远、更权威、更巨大的自然疗愈场，像赤子回到母亲的怀抱，感受无微不至、无掌控、无条件、无分别的爱，并在爱中成长。所以古代很多失意之人喜欢回归山林，从自然中获得安慰。

除了上述意识里的增和减，我们还应该有行动上的减和增，就是减少在钢筋水泥、电脑手机上的时间，增加亲近大自然的时间。"有的人能感受雨，而其他人只能被淋湿。"感受雨，是对雨多一份自然之感、自然之情，让大自然本身的力量开启人的智慧和仁爱，让孩子和我们自己的生命变得更加温润。家长应带着孩子学会在自然中疗愈自己，只有去掉人为的杂念，才能宠辱不惊。

二、俭养是非之心，待之以义

我在这里分享自己亲身经历的三个故事，让大家体会一下什么是对自然"待之以义"。

还记得大约20年前，一位环保志愿者给我讲她和她的儿子养鸟的故事。一天，她兴冲冲地提了一只鸟笼回家，笼中有一只十分珍贵的小鸟，是她花了快半个月的工资买回来的。她把鸟笼放在靠窗的地方，就去厨房做饭了。当她经过门口时，听到她读小学的儿子正压低声音急促地对小鸟说话："快飞！快飞！一会儿我妈要进来了，快飞走吧！"儿子把鸟笼打开，把小鸟放走了！

下一幕会发生什么？各位家长朋友可能猜测，是母亲把孩子训斥了一顿，告诉他这只鸟是花了多少钱买来的，或者是孩子谎称鸟笼门没有关好，小鸟自己飞出去了。事实是，这位母亲发怔地站在门口，抹去了眼角的泪水，然后回到厨房。她被儿子感动了！讲完这个故事，她告诉我："从此以后再也不养鸟了！"

还有另外一个关于鸟的故事。那是在2016年，我的团队社工在武陵山区的乡村做留守儿童关爱项目。其中有一位社工是重庆观鸟协会会员，她在学校组织了观鸟兴趣小组，利用课余时间带领孩子们观鸟。孩子们之前对鸟是比较不友好的，因为很多大人这么做，遇到鸟窝直接破坏掉，看到小鸟也会不假思索地干扰取乐。

村里的孩子们见多了这种现象，他们不觉得小鸟有什么好保护的。于是，社工就带着孩子们认真观察平日里总被忽略的鸟儿。孩子们慢慢发现，原来自己身边有这么多鸟儿，每种鸟儿样子都不一样，每只鸟儿都有它动人的一面。

有一次，孩子抱着一只已经死掉的猫头鹰去找社工。这是一只可怜的斑头鸺鹠，是孩子们在河边捡到的。社工带着孩子们仔细观察猫头鹰的头、眼睛、嘴巴的形状和一级一级的飞羽。孩子们围着社工，非常认真专注地聆听。

社工说："这只鸟死了，我们是不是应该把它埋了？"孩子们纷纷响应，于是找了一个干干净净的小盒子，把猫头鹰放在里面，埋在了学校围墙下面。第二天早晨，社工听到外面有动静，透过窗户看到一个胆小的孩子正趴在围墙下偷偷做着什么。当社工下楼后，他慌张地翻过围墙溜掉了。社工看到，昨天埋猫头鹰的那个地方，多了很多新鲜的黄色小花。

孩子通过这样的方式表达对生命的惋惜，释放自己的善意。每当想起这件事，我都非常感动。我在想，自然体验真的可以让孩子珍惜生命、懂得爱和表达爱。

再讲另外一个故事，是关于于娟母亲的。于娟是复旦大学的青年教师，2011年因乳腺癌去世。于娟去世前写下一本日记，那是她临终前用血泪写下的感悟，震撼了很多人的心。对于天下所有的父母来说，白发人送黑发人，是怎样的折磨？痛不欲生的于娟母亲——舒平，在送走爱女之后，转而去了山东。舒平要在那里做什么呢？

2011年，饱受癌症折磨的女儿离世后，舒平带着家人筹集的30多万元回到山东济宁老家，在九仙山包了一片荒山。6年间，舒平将全部心思放在了九仙山，她要完成女儿于娟生前的一个遗愿："妈妈，我想在家乡建一片公益林，在绿荫环抱之中长眠。"

在女儿生前校友的提议下，舒平决定将公益林命名为"挪威森林"。因为女儿留学挪威时，有个科研项目和挪威的森林相关。种植的树种是楷树，因为楷木质地坚韧、生生不息，与笑对病魔、乐观坚强的女儿很像。

种树听起来简单做起来难。楷树栽了死，死了再栽……但舒平从未放弃。坚韧、执着的舒平感动了附近村民。他们在农闲之余，开始自发地跟着舒平到山上打理树苗。村民们明白，舒平是在做一件造福子孙的好事。然而，令他们不明白的是，原本不宽裕的舒平只送树不卖树，对索要树苗的人总是慷慨赠送，不论多少。

对此，舒平坦然一笑，说："每一棵树苗都是女儿生命的延续。大家帮助我照料树苗，让它们在另一个环境里茁壮成长，不是更好吗？"

多年来，"挪威森林"公益林通过网络、校友群、读书会等形式广泛传播，志愿者、义工团、校友会、网友团队等纷纷加入"挪威森林"的共建中。如今，"挪威森林"已达1万余亩。

"等我去世，我想把挪威森林无偿捐出去。"舒平说，这不仅是她自己的想法，也是女儿的心愿。

她的故事就讲到这里。作为父母，可能没有比丧子之痛更痛彻心扉的了。她是怎样从这样的痛苦中走出来的，又是从哪里获得这份勇气？听完这个故事，想必大家心里都有了答案。

三、俭养惜物之心，取之有度

节俭在过去几千年里始终是中华民族的一种美德。一个家庭最怕培养出小懒虫或败家子。家长是否该重新反思要怎么对待孩子的物质需求，怎么看待老一辈的节俭习惯？

在家庭生活中，年青一代与父辈总会为家里的旧物而争吵：扔了，扔了！留着，留着！为什么要留着？因为对旧物有感情！

有这样一对夫妇，老两口节衣缩食一辈子，住在乡下的老宅子里，子女全都成家立业，住在城市。为了照顾老人，子女希望老两口跟着他们住，但是老两口说："老房子里的东西虽然旧了，但是用了一辈子，都有感情了，只有在这里才觉得踏实。"

几年前，我回到自己的第二故乡，西双版纳那个古旧的宿舍区，碰上了居住在那里的一位老邻居，她是一位著名舞蹈演员的母亲。我很惊讶："您怎么还住在这里，不去女儿那里享清福啊？"她说女儿也再三邀请她去同住，但是她实在舍不得这座老房子里的东西。是啊，她和这些东西有感情了！这感情又和自己的生命经历连在了一起，也和那个时代的人与事连在了一起。"再说，扔掉了好可惜！"

是啊，扔掉了好可惜！这种牵绊不就是一代代的老人和自然的一种联结吗？

那一刻，我真想对天下的子女说一声：请不要以消费者的眼光来看待父母的旧东西！请用一种更为人文、更为历史、更为自然、更为全息的视角来理解它们。这些老人并不是没有钱去买新物件，而是旧物件中承载着丰富的记忆信息。这些信息让老人喜悦、自在、内心丰满，这是新物品无法带来的。

小到一个家庭，大到世间万物，其实都是巧妙地关联在一起的。通过一颗黄豆，能够联系到天地滋养、农民耕耘、种子孕育破土而出、风霜雨雪、硕果累累、喜悦采摘、快车运输、集约分配采购……可以连通这颗黄豆背后的万千信息。这已经不是一颗小小的可以随意丢弃的黄豆，而是有生命密码、有使命、融入了许许多多汗水的一份滋养人生命的食物。

知道了为什么要节约物能，自然就会去做增加体能的事情。"一粒种子，勃勃生机，茁壮生长；初升的太阳，光芒万丈；水晶世界，晶莹剔透；茫茫大海，宽广无垠；海中的一滴小水珠。"这是地球村社会公益组织多年前开发的《易行养生操》中的内容，是通过冥想体会并达到惜物能、增体能、蓄心能的状态。

有人也许会质疑，就这么"减"下去，物质生活会不会没法保证？关于什么是过度索取，以及什么是"取之有度"，每个人的良知都很清楚。

"一粥一饭，当思来处不易；半丝半缕，恒念物力维艰"，当我们把所有的物品当作随手可扔的消费品时，当我们把所有的艺术品当作没有温度的东西时，我们剪断的是与万物以及生产这些物品的人之间的那一份情愫。这情愫本是我们与自然、与人间的一份温情。

四、俭养敬畏之心，处之有道

几千年来，天道一直是中国人的信仰。天道的人文表达就是天命，而这天道的信仰是伴随着生命的全过程在家庭里建构的。

以前的"天地国（君）亲师"是放在家里的堂屋，也就是中堂的。谁不是天生、地养、国佑、亲育、师教的？中国人会通过尊师、孝亲、报国、法地、敬天来完成天命的闭环，这种日用伦常的世俗生活本身就体现着天人合一的神圣性本质。可以说，信仰支撑了生活，生活留住了信仰。

现代文明给了个体生命改变世界的科技资本，让我们中的许多人两眼向外，一路狂奔，却发现不知从什么时候起，人变成了物质化的存在和空心化的存在。人拥有了物质财富，却失去了健康和幸福。我们被"外求"鞭笞着不能自已，越是"空心化"越是要用财富的成功来证明和填充自己，甚至不惜以健康为代价，不惜以生命为代价。连自己的身体健康都在所不惜，哪里还顾得上自然环境、植物、动物？可越是这样外求，越是焦虑、困惑甚至恐惧，以至于找不到生命的意义和活着的理由。自卑、自私、自欺、自蔽的病毒，让我们精神贫乏，灵魂缺氧，变成纸片一样的存在。

俭，是对于人类过度索取的行为的一种节制，是对人类滥用科技的一种警惕；俭，是对人类中心主义的提醒；俭，是对"道"——天地宇宙规律的尊重和敬畏。

俭的智慧，让我们以如实如是的眼光、以历史的眼光、以变化的眼光、以过程的眼光来书写自己的人生剧本、修正自己的人生历程、感受斗转星移、观察万物盛衰、体悟四时行焉、复苏心灵的天地格局。

俭的智慧，是让我们做一个立体的、精神性的人，做整体的、与万物相连的人，做生生不息的、生态的宇宙人。

顺天应时，注重家庭大健康

我曾与一位从事自然教育的老师对谈关于家庭，自然教育的话题。她提出，今天这个时代，全人类都面临的一个问题就是"自然缺失症"。美国作家理查德·洛夫也强调，自然缺失症是当今社会的一种危险的现象。人一旦与自然长时间完全割裂，就很容易出现各种各样的生理、心理问题,例如孤独、焦躁、易怒等。

在我看来,与自然缺失症并行的还有健康遗忘症。而中国的俭文化,就是帮助我们和我们的孩子返璞归真,走上自然和健康的回归之路。

一、以俭强身,强健身体机能

"俭"可以帮助我们减少对机器的依赖,发挥人体自身的机能。记得我在刚刚能读书的年纪,就被一部童话小说《大林和小林》深深吸引。大林和小林是双胞胎。小林勇敢、正直、勤劳,成长为一个有出息的好孩子;而大林好吃懒做,变成了一个寄生虫,连吃饭都需要机器掰开嘴巴送进嘴里,最后饿死在金子堆里。

中国人是多么幸福,因为有几千年积淀的中医智慧以及康养常识;中国人又是多么遗憾,因为太多人不懂也不愿学习中医智慧以及康养常识。

我对于健康的认识是从环保开始的。最初我倡导"五R生活方式"(Reduce,减少污染,Re-evaluate,环保选购,Resue,重复使用,Recycle,循环回收,Rescue,保护自然),但这只是生活环保的领域;后来因为西行东归转向国学,结缘了几位中医先生,才终于进入生命环保和心灵环保的世界,意识到减少环境压力最重要的方式是减轻身体和心灵的压力,将向外攫取物质资源的时间用来关心身体和心灵的健康,于是从当初的"五R"转向"三能":蓄心能,检测和清除那些带来焦虑、恐惧的精神病毒而获得精神的健康和精神的富足;增体能,启动身体的智慧、身体的神奇从而获得身体能量的充足;惜物能,体悟人与自然万物之间爱的交流而获得幸福的满足。

顺天应时的健康教育,是天下父母最应该补习的家庭教育课程。

2020年大年初三，乐和团队为亲子家庭启动了"一家四亲"云列车服务。"一家"是家庭礼约，"四亲"是亲子健身、亲子家务、亲子共读和亲子同乐。家长和孩子一起做饭切磋厨艺，一起健身彼此按摩，一起读书学习经典，还自编自演家庭小剧。很多家长说，之前从未这样和孩子全方位地共处和交流。

在这个过程中，孩子的心理健康和身体健康得到了家庭的保障，又学到了做饭理家的基本技能和知识，为孩子长大成人以及日后为人父母积累了常识，这不正是家长送给孩子的今天与未来的厚礼吗？

被这样的经验鼓舞，我们再接再厉研发了一系列课程和活动方案，希望这样的"一家四亲"模式也能够成为家庭常态。

家人的身体健康与整个家庭的作息时间、饮食习惯和健身活动密切相关，有没有一项全家参与、老少咸宜、简单易行的亲子健身方法呢？张明亮老师的一分钟导引术值得推荐。

一分钟伸展操，以炼形为主。舒筋活络、滑利关节、矫正脊椎，有助于释放紧张，调塑身形。它的重点是伸展全身，使脊椎及颈、肩、腰、腿等各类疾病可以得到大大的改善，并帮助纠正不良姿势。

一分钟呼吸法，以炼气为主。通过呼吸吐纳，促进体内气血运行，有助于减少浮躁，蓄积能量。传统医学和现代医学都认为，通过调整呼吸可以放松身体和精神！简单的呼吸法是一种不需要特定场地和特定设施就可以放松身心的方式，我们推荐给大家的正是这样一套简单易行的呼吸法，以便于每个人日常练习。

一分钟冥想术，以炼神为主。通过对木、火、土、金、水"五行"的观想，提高精神意识的自我控制能力，有助于清除污染、净化心灵。一分钟冥想术，就是运用这种冥想的方法，把中国传统文化中古老的五行学说作为冥想的对象。

一分钟拍打功，以疏通经络为主。通过拍打这种简易的自我按摩方式，使淤者散之、虚者补之，有助于清除体内垃圾，排除毒素，调畅气血。拍打功是根据中医经络理论中经络的循行路线和规律而编排的。具体拍打路线是足三阳经→足三阴经→手三阴经→手三阳经，形成一个循环。

一分钟五禽拳，以整合形、气、神、力的综合功能为主。通过手、眼、身法、步法的协同配合，促进肝、心、脾、肺、肾五大系统之间的生态平衡，还可以训练和增进思考力、注意力、平衡力、毅力及耐力等。动作中包含了旋转、开合、缩放、侧屈、前俯、后仰等各种不同的姿势，对全身各个部位都可以进行有效的锻炼，并注重手指、脚趾的运动，以此达到促进末梢循环的目的。

这五分钟养生操，对场地要求不高，普通的客厅、卧室、书房都可以，适合家庭练习，而且特别适合家庭成员一起练习。

那么，让我们远离喧嚣、静下心来、调匀呼吸，听着空灵而悠扬的"五脏音符"，身心如同沐浴在晨光之中，把我们的心情和意识收回来，在导引行气、呼吸吐纳中体会感悟我们身体内部小宇宙的"万般妙境"吧。

二、以俭清心，保障心理健康

南京一中有一位受人敬重的教师，她有着令人心碎的经历。她的女儿在国外留学期间以自杀的方式结束了如花的生命。这位教师为了让更多的家长和孩子珍爱生命，用这个催人泪下的悲剧作为开学的第一课，并反省自己对女儿的心理健康关心不够、觉察不细的疏忽。多数父母听到类似的悲剧，常常感慨，只要孩子健康，比什么都强，但是回到学业的赛道上，健康往往又成了最容易被忽视、被挤压的选项。

一位从业 20 年的心理咨询师说他有一次给满屋子的家长讲授心理健康课，这些家长的孩子都有不同程度的心理疾患。讲课后的提问环节，家长问的几乎都是："什么时候孩子可以回到正常的学习状态？"孩子都这样了，父母关心的还是如何让孩子尽快回到学习的跑道！

  按照中医的智慧，心理健康与身体健康密不可分。北京中医药大学一位教授给大家讲述过"恐伤肾"的事例。中国台湾"9·21"地震后，一个养鸡场里有一群半大的鸡，地震之后没有一个继续长大和下蛋。美国佛罗里达州的一次龙卷风，卷走了一群小猪崽，这群猪崽在几英里以外的地方落下来并存活了，但是停止了发育生长，同一个猪场其他小猪则发育正常。

  一位听课的女学生当场就哭了，被问及缘由，她说她终于明白自己为什么卵巢发育不良，几乎没有排卵，不来月经。她想起小时候父母天天吵架，她惊恐万分，这对幼年的孩子不可能没有影响。这样的环境对于孩子的发育和智力的影响真是不容小视的。父母要想孩子有健康的身心，不仅要真切地过问、观察、关心孩子的心理状况，还需要反省自己、管理好自己的情绪，千万别让孩子成为父母不良情绪的出气筒和垃圾桶。

心理健康的根本路径是修身。中华文化中的儒、释、道，都为我们提供了冲出物欲私心的束缚的路径，只有减少自我的杂念从而洞见天地规律，才能有健康的身心。"人能常清净，天地悉皆归。"俭，提醒人们减去人为的干预，顺应身体发育的自然规律，让自身无为而治的系统发生作用。

与心理建设同步的是体育运动和体力劳动。有一种整体论的观点，认为抑郁症的产生是现代社会体力劳动和脑力劳动失衡造成的，用脑过度让这部分脑神经不堪重负，而体力劳动和体育运动过少让身体这部分功能长期闲置和衰退，这样的失衡造成抑郁的情绪，增加脑力的负担。增强体力，加上回归自然接受大自然的疗愈，是防治抑郁和其他心理疾患的有效处方。

与心理建设同步的还有一个重要方面，就是让孩子多参与社会活动。国内外的教育专家都非常重视孩子的社会化能力。从某种意义上说，家庭教育最基本的任务就是要让孩子从生物性的胎儿变成社会性的家人。家庭关系和社会关系的品质，直接关系到孩子的心理素质。

我女儿三岁时，我把她带到美国，进了一家幼儿园。也许是语言交流的原因，她不爱说话，即使回到中国留学生居住的环境里也不爱出门和小朋友玩。好心的邻居们提醒我，这孩子可能有自闭症。1995年女儿6岁时被我带回国，周围的阿姨们也担心这孩子不合群。

那时候我刚创办公益组织"北京地球村"，没地方落脚，住在朋友家中。这一住就是一年半。那段时间，晚上我要去"蹭机房"，为在央视开播的环保专栏编片子，白天要跑社区推广垃圾分类，没有时间照顾女儿。幸运的是我的朋友们、邻居们为我女儿营造了一个温暖的大家庭氛围，让她在这种"吃百家饭"的环境中、在叫着"曲妈妈""关妈妈""方妈妈""宋妈妈"的温情中长大。

而我基本上不管女儿的作业，但会很有兴趣地听她讲学校里老师同学的故事，也会带她参加朋友的一些活动，比如观鸟之类。在我们的周末环保活动中，她学着给路人讲垃圾怎么分类、废电池怎么回收，很快就变得活泼开朗、妙语连珠，还获得了北京小学生演讲比赛的第一名。如果我把她关在家里成天写作业，没准儿她还真会成为一个自闭症患者。

有一次，女儿的"关妈妈"给我描述了这么一个场景：我女儿在她家写作业时，关妈妈给她饼干吃。饼干渣掉到地板上了，女儿捡起来就往嘴里塞。"关妈妈"说："别捡了！看你这小可怜样儿！"女儿抬起头望着她，满脸欢愉地说："可怜什么呀？这么幸福的生活！"这件小事让我印象很深，我庆幸我们母女遇到这么好的一群热心人；庆幸女儿在良好的言传身教氛围中拥有了领悟幸福的能力，领悟到亲情友情营造的"这么幸福的生活"！

三、以俭护绿，在自然天地中强身健体

早年的人类以大自然为自己的居所，随着文明的发展，高楼和电器这些现代设施和设备给人类带来了便利，同时也抑制了人作为自然之子的生存能力。

现在的很多孩子与自然剥离了，因为父母没有时间带她们去亲近自然。殊不知，人的感官，特别是孩子的感官，一定是在自然界里被开启的；人的智慧一定是被天地赋能的。

我的小学时代是在一间大工厂的子弟学校里度过的。一放学我的弟弟们就和其他男孩子一起到住房后面的小山坡去打仗，我就和别的女孩子到小山坡照顾各自的小菜园，还比谁的辣椒、茄子长得好。幼小的生命就这样自然快乐地健康成长。

蕾切尔·卡森是当代环保运动的先锋。《万物皆奇迹》是蕾切尔在50岁时创作的一部自然散文集。书中有一段话：事实是知识和智慧的种子，但情感和印象才是这种子生发的沃土。童年是培育这沃土的时期，一旦孩子的情感被激发起来，他就会对新奇、未知感到美丽和振奋，会感受到同情、珍惜、羡慕和挚爱，并由此去探知激发我们这些感情的事物。一旦有所知晓，那意义必会久久留存。

这些在本书的"勤"字篇和"智"字篇里有着比较详细的描述。我们相信，向"自然宗师"学习是克服惰性、开启智慧的必经之路。要紧的是，我们要为孩子的求知铺好路，而非在尚未激起他们求知欲的时候，用乏味的事实来填鸭。

因此，要让他们在自然界里奔跑、呼吸，让身体的机能得到最好的锻炼和发育。

可以让厨房成为环境保护的教育空间，在这里让孩子学习节能节水、垃圾分类、用厨余垃圾制作酵素等技能。如果家里房间比较大，可以考虑"一米菜园"。用木箱拼起来一个小菜园，在阳台上也可以种菜。如果家里房间有限，可以像一位国际环保人士倡导的一种新的种菜方式，叫 Window farm——"窗口农场"，只要有阳光透进来就可以做小微菜园。这些小微菜园，可以成为孩子的另一个学而时习的空间。孩子们放学回来，可以和小动物和植物交流，可以学着种葱蒜小菜，了解种子的生长过程，这也是孩子格物致知、长知识、减压力、健身体、开智慧的境教。

1998年，我创办的公益组织"北京地球村"与当时的国家环保总局共同审定出版了《儿童环保行为规范》，这里不妨将《儿童环保行为规范》的全文摘抄如下（序号有改动）：

1. 学习环保知识

· 像学习其他文化课一样认真、自觉地学习环保知识，把在自然、常识、手工等课程中学到的知识与实际的环境问题联系起来。

· 根据国家教育部门和环保部门的"绿色学校评估指标"，衡量自己所在学校及班级的环境状况。

· 关心环境问题，积极参加学校组织的各种环保活动，宣传环保知识。

· 互相监督、互相检查，随时杜绝不符合环保规范的行为，如：浪费水、电、纸张或破坏绿化等。

2. 节水光荣

·洗手擦肥皂时一定要关上水龙头。

·每次洗完手,别匆匆忙忙走掉,看一看水龙头是否关紧了。如果在学校、家里或别的地方看到水龙头没关紧,一定要赶快关上它。

·如果水龙头关不紧,有滴漏现象,可以先在滴漏的水龙头下面放一个容器,把滴水接下来,以便利用。然后赶快告诉家长或老师,请人来维修。

·在家帮家长做家务或在学校打扫卫生时,用盆去接水,不用长流水。

·一水可以多用:洗菜、洗米的水可以浇花,洗手、洗衣服的水可以用桶接起来留着擦地、冲厕所。

·洗澡时淋浴比盆浴用水少。要注意,暂时不用水时把水龙头关上,冲洗时间也不要太长。

3. 减少水污染

·别去饮用水源地游玩。游泳、捕鱼、划船等都会给水带来污染。

·学校组织春游、秋游或跟家长一起外出游玩时,别往河里、湖里乱扔东西。

·提醒家长不要在河边、湖边倾倒垃圾。

·洗碗盘时尽量不用或少放洗涤灵。洗涤灵是化学产品,排入水源会污染水体。

·剩菜里的油腻物直接冲入下水道会造成污染,应倒入垃圾箱。

·如果你看到污染水源的现象,要及时制止,或赶快告诉老师、家长。

4. 节电

·随时关掉不用的灯，不开长明灯。白天尽量利用自然光，在自然光线充足的地方学习。

·不要同时开着不用的电器：看电视时，关掉电脑或收音机；听音乐时，别让电视和电脑等在一旁开着耗电。

·尽量用扫帚和抹布打扫卫生，减少吸尘器的使用。

·尽量不装空调或少开空调，因为空调耗电量很大。用风扇防暑降温，比空调节省几十倍的电力。要是你用普通的扇子扇凉，那就更好了。

·告诉家长要经常清洁灯管、灯泡或冰箱后面散热器上的灰尘。集中存取冰箱食品，减少开关次数，存取食品后尽快关好冰箱门。这些都可以直接或间接地起到节约能源的作用。

5. 减少尾气排放

·私家轿车虽然方便，但乘坐它出行会增加尾气的排放量。多利用公共汽车、电车、地铁等公共交通工具，既可节约汽油，又可减少汽车尾气排放带来的大气污染，还可缓解道路的堵塞。

·向家长或周围有汽车的人建议使用无铅汽油。铅会严重损害人的健康和智力。

·如果你已过了12岁，那么在外出时应该尽量骑自行车。骑自行车外出在很多国家已成为一种环保时尚。

6. 控制噪声污染

·在校园、学校教学楼及各种公共场合，不要大喊大叫，不要高声喧哗。

·养成轻开轻放、轻拿轻放和轻行轻走的文明习惯。

·使用电子发声设备时,注意不要把音量调得太大,同时也要注意时间的控制,不要打扰邻居的正常生活、休息。

·如果家里装修房屋,一定要提醒家长注意施工时间安排,也别忘了事先和邻居打好招呼。

7. 节粮

·珍惜粮食,盛饭要适量,吃多少盛多少,做到不随便剩饭、剩菜。记住,各种家禽、家畜的饲养也是需要粮食的。

·和爸爸妈妈外出吃饭时,建议他们点菜饭不要过多,如有剩余,要打包带回家。

8. 珍惜纸张

·节约使用练习本,不要随便扔掉白纸,充分利用纸的空白处。

·用过一面的纸可以翻过来作草稿纸、便条纸或自制笔记本使用;过期的挂历纸可以用来包书皮。

·不在新年期间大量送贺年卡,因为制造精美的贺年卡要砍伐树木,4000个贺卡就要牺牲一棵大树,这样会破坏环境。

·支持大学生哥哥姐姐们的"减卡救树"活动,把买贺卡的钱节省下来种树,保护大自然。

9. 认知环境标志

·宣传使用无氟冰箱和不含氟的发用摩丝、定型发胶、领洁净、空气清新剂等物品。

·宣传使用无磷洗衣粉的好处。

·宣传使用不含镉、汞的环保电池。

·宣传不购买没必要的东西及过度包装的商品,以减少垃圾量。

10. 选择绿色食品

· 中国绿色食品标志由太阳、叶片和蓓蕾三部分构成，标志着绿色食品是出自纯净、良好的生态环境的安全、无污染食品。

11. 少用一次性制品

· 自带饭盒在学校用餐，少用一次性快餐盒。

· 在商店买东西时少领取塑料袋，也劝爸爸妈妈上街购物时自带一个购物袋。

· 重复使用已有的塑料袋。

· 少用一次性筷子，外出就餐时可自备筷子。

· 外出游玩时，自带水壶装水喝，以减少塑料饮料瓶等产生的垃圾。

· 少使用纸杯、纸盘、塑料保鲜膜等。

· 少使用木杆铅笔，因为制造木杆铅笔需要大量的木材，可以选择自动铅笔。

12. 旧物巧利用

· 白色泡沫塑料可以做相框，布头或过时的衣服可以做布玩具，塑料果汁瓶可以做笔筒，废纸可以被再造为贺年片、生日卡。

· 把自己不用的书、文具、玩具、衣服等捐赠给贫困地区的孩子们。

13. 垃圾分类回收

· 不随便丢弃用过的塑料袋、废餐盒、编织袋、软包装盒等塑料制品。

· 废电池应单独收集起来，送到可以回收处理的地方。

- 把家里或学校的废纸积攒起来，送去回收。
- 用过的玻璃瓶、易拉罐等分类后都可以送去回收，重新变成资源。

14. 做动物的朋友
- 不吃野生动物做的菜肴，如熊掌、猴脑及各种珍稀鸟禽，不去那些食用野生动物的饭店就餐。
- 不穿珍稀动物皮毛服装，不使用野生动植物制品，如象牙、虎骨、红木家具等。
- 看到偷猎偷卖野生动物的现象时，要进行劝阻，或请家长、老师向有关部门报告。
- 在动物园要尊重动物们的安宁，不要恫吓它们或乱投食物。
- 遇到受伤的野生动物，要及时报告老师或有关部门，设法救护它们。

15. 做绿林卫士
- 爱护每一片绿地，积极参加绿化校园或社区的植树造林活动。每个人种下一棵树，全国12亿人就会种出40万公顷的绿荫。
- 看到毁树毁林行为要及时进行劝阻、制止或向有关部门报告。
- 去郊外游玩时，不攀折、践踏花草树木，不随便采集标本。

家长带头，大手牵小手，走出小自我，走进大自然，相信并获得大自然给我们的信任、智慧、仁爱和勇气，把我们从大自然得到的一切回馈给大自然，营造家园的安宁。我们便可以在这种双向一体的同频共振中获得身心健康，体悟人生的意义和幸福！

第五章 仁——以仁暖家,珍惜家人的恩

"仁"字无论从字形上看还是从字义上看，都是自己和"他者"的共在，仁的核心是爱。仁爱是满足自身和他人价值感的精神药膳。

中华家文化以仁为本，看到每个人都有的自我价值、社会价值和天地价值，看到每个人独一无二的个性价值、彼此依存的互助价值和万物一体的共生价值，并且指出了实现自身价值的路径，那就是亲、敬、忠、恕。

仁者亲，亲亲为大。人类之爱是有根的，根植于家庭的血脉中。人类最初始最真实的爱，是从娘胎里生出来、在家庭里长出来的。虽然仁是本自具足的，但依然需要后天的学习。儒家文化从家人的血肉之情、亲人的舐犊之情开始敦厚，然后扩延，让亲亲成为家庭的胎盘、家人的脐带和家园的母乳。

仁者敬，修己以敬。仁爱是以尊重差异和差序为基础的，所以对于父母是孝爱，夫妻之间是恩爱，兄弟姐妹之间是友爱。没有彼此尊重的爱不是真正的爱。亲人之间也有边界，很多家庭摩擦的原因是只有亲但缺了敬，解决的方式就是相敬——孝亲不失敬、夫妻不失敬、亲子不失敬。

仁者忠，讷言敏行。忠是真心、贞心和贴心构成的"真贞贴"，排除那些伤害家人之仁的病毒，比如把孩子当成考分的U盘来驱使的冷漠。仁者恕，薄责于人。恕是接纳、欣赏和包容的"接欣包"，疗愈对于亲人的任性和怒气，以及不分原则的溺爱。

亲是对共生性的自知，敬是对差异性的自省，忠恕则是对交互性的自觉，这是情理思维之理，也是万物有情之情。常言道"通情达理"，这是对中国人情理思维的凝练表达。用在家庭里，就是情不通的时候，什么理也听不进去。但如果只讲情不讲理，也无法培养出明道理、懂规矩的孩子。

人的价值感如果得不到看见、认可和实现,便找不到活着的意义,所以仁爱的重要不仅在于良好的家庭关系,更在于家庭成员的价值感的满足。一体之仁的家道、通情达理的家教、合情合理的家风,让人拥有爱与被爱的能力,去实现家人的自我价值、家庭价值、社会价值和天地价值!

仁对于中国人来讲，与孝文化一样，一直是像空气一样天经地义的存在。仁和人同音也同义，不仁则非人。做人要有仁德，为官要施仁政，行医要有仁心，教书要教仁学，从商要有仁品。仁，从来都是中华家文化的基本价值之一。忽略了对自身仁爱之心的存养，也就缺失了对孩子仁爱之心的培养。

如果用一个字来概括孔子学说和儒家思想，用一个字来表达几千年来中国人最基本的生活常识和最基本的价值观念，恐怕就是"仁"这个字了。

作为儒家经典的《论语》，整部书都围绕着"仁"展开。重庆南岸区涂山镇福民社区旁有一个论语公园。我有幸成为论语公园的设计师，在公园入口处最醒目的地方设计了一个轮子的造型，象征着《论语》的思想之轮和儒家的伦常之轮。轮子中间是一个大大的"仁"字，周围有21根车轮辐条，象征着《论语》的21个篇章（现存《论语》为20篇，有散佚。按照汉字学家白双法先生的阐释，《论语》的"论"有"轮转"之意，表达了孔子的弟子希望夫子的思想能够如车轮一样滚滚向前、绵延不绝，因此编撰《论语》时，是按照当时车轮辐条的数量，即21条来成册的）。之所以这样设计，是因为仁是《论语》最核心的概念，是儒家思想最核心的概念，甚至可以说整部《论语》都是围绕何为仁、何以仁，即知仁、行仁这个核心问题而展开的。

仁者亲，亲亲为大

孔子在《论语》中谈仁的地方非常多。弟子不厌其烦地问孔子，孔子就根据弟子的不同情况，做出不同的回答。我们不妨来看看孔子怎么说仁，以帮助我们深刻理解到底什么是仁，仁对于我们的生存、生活和生命究竟有什么意义。

文以载道。汉字可以帮助我们理解造字的本意。我们来看仁的字形：左边是一个长大的、具体的人，一个直立的人，右边有两横。汉字里的"人"有很多形象，比如婴幼儿期的、襁褓里的、幼年的"子"。"仁"的左边是直立的人。右边则是两横，有人说这代表着他人，代表着亲人，代表着关系。我觉得很有道理。一个具体的人总是在关系中存在的。任何一个人，来到这个世界上，总是父母的孩子，孩子的父母，兄弟姐妹的同胞，是社会关系中有着特定身份和角色的存在。除了人和人的关系，还有什么关系？两横还代表着天地。仁字说明一个具体的人来到这个世界上的全部人生。这个人不仅要处理人和自己的关系、和亲人的关系、和他人的关系，还要处理和天地万物的关系。

樊迟问仁，子曰："爱人。"似乎一语道尽。然而，对人的爱最初来自何处？让我们进一步追溯"仁"的源头，就是"亲"。

一、亲亲，是家庭的胎盘

"仁者，人也，亲亲为大"，这是《中庸》中的名句。前一个"亲"是动词，后一个"亲"是名词。"亲亲"，就是用亲的意识和态度去对待亲人。

《论语》中更明确地强调了"亲"与"仁"的关系：子曰："弟子入则孝，出则弟泛爱众，而亲仁"。"君子笃于亲，则民兴于仁。"《论语·泰伯》"仁"是人之为人的基本尺度，而"仁"是通过"亲亲"孕育的。要理解仁，首先要理解"亲"。

从亲的甲骨文来看，左边是"亲"，右边是"见"（親）。亲的上半部分是"辛"（一种刀），下半部分是"木"。亲就是劈开木头之意。木头是一个整体，劈开后各个部分很容易合在一起。亲的本义就是同根生且能合为一体的人。

亲人之间的关系跟刀劈木头很像。从一个根上来看，有相同的血缘，但是彼此独立，合在一起依然是一棵树。亲的右半部分还有个"见"字，是说亲人之间是可以经常看到、朝夕相处的。孩子在幼年时期，特别需要和父母朝夕相处，所以婴幼儿总是要抱抱。如果一个孩子生下来就被抱走，看不见亲人，那么其成长很容易受到影响。西方一些心理学家的研究总在强调，三岁以前的孩子会把自己和母亲当作一体，一旦和母亲分离就会哭闹，长时间分离则会觉得自己是不完整的，这种不完整性会影响他的一生。

一对从外地来京考学的小夫妻，在工作两年后非常幸运地生下了一对可爱的双胞胎女儿。孩子的姥姥和小姨姥姥两人兴高采烈地来帮忙照顾孩子。然而，小小的一居室也因此变得更加拥挤。于是全家人商议，小姨姥姥打下手，双胞胎中的老大跟随父母，姥姥带着老二回老家看养。到了上幼儿园的年龄，老二回到了父母身边。这个时候的老大，独立、有主见、谦让、明事理、好学习，而老二更易情绪化，手眼协调方面也不是很好，见到狗老远就躲起来，去郊区又怕鸡。上小学后，老二的社交和认知能力也表现得差老大很远。尽管父母对老二表现出很多的关爱、理解，甚至偷偷告诉老大："妹妹三岁前一直住在老家，没有获得足够的爱，所以现在父母有很多功课要完成。"但还是不尽如人意，虽然这对双胞胎11岁了，老二依然怕鸡怕狗，其运动协调能力、对外处理事务的能力、学习能力都远不如老大。

0—3岁是孩子成长的黄金期。显然，双胞胎中的老二因为缺少那段与父母在一起的时光，缺少内在的完整性。外在的接纳能够让老二也学会接纳自己，内在的一些敏感障碍也可得以修复，却难重归完美。

从"亲"字的造型结构中可以看到，"亲"源自血脉之亲和肌肤之亲。亲人之间的关系是要体现在这种看得见、摸得着的关系里的，所以亲亲之仁一定是对身体血脉和生命的关怀。记得我的母亲在世时，总是嘱咐我："注意身体哟。"而我总是嫌她唠叨。如今好怀念这唠叨啊！记得今年的一个温馨的公益广告，叫"听妈妈的话"。孩子的问候与妈妈的叨叨串联成家庭最暖的风景。

我们也看到一些家长为了分数而忽略孩子的身心健康。孩子从学校回到家，不是问寒问暖而是无休止地问考了多少分，今天的成绩怎样，在班里排多少名，孩子感受不到父母的温暖，这是对孩子的不仁。这种错摆的序位真的应该调整过来。无论如何，健康一定是先于分数的！生命教育、健康教育，一定是家庭教育的首要课程！

一个人对家人的关爱首先是对彼此身体健康的关怀，让家长掌握顺天应时的基本健康常识，以孝敬父母、养育后代，比如教他们合理安排饮食，处理头疼脑热等小毛病。古代不少儒生懂得中医常识乃至会开药方，而不是处处依赖医馆医生也被称为"儒医"。因为在儒医看来，"为人父母者，不知医为不慈；为人儿女者，不知医为不孝"，孝敬父母、养育后代是要落实在日常生活的健康呵护上的。

当然，这里的健康呵护不限于今天的药物或膳食知识，而更像是一种健康生活方式，从饮食起居、行住坐卧到心态情志，无一不包含中医智慧。

二、亲亲，是家人的脐带

"亲"的字形结构提炼了"仁"的特点。第一，"仁"是有边界的，你是你，我是我，父亲是父亲，孩子是孩子，妻子是妻子，丈夫是丈夫，各自独立，彼此有边界；第二，我中有你，你中有我，我身上有你的血脉，你身上有我的基因；第三，作为一个家庭共同体，我就是你，你就是我，我们本来就是一棵树，即使剪断身体的脐带，我们还有养儿养老、父慈子孝的精神脐带，个体生命可以从你是你、我是我的边界毫不费力地回到生命的共同体。

随着孩子的长大，在物理空间上必然会和父母分离。孩子需要自主，需要独立行走，需要融入大千世界的勇气体验，但父母和孩子的心始终在一起，父母要相信亲子之间这个天然的连接、这条无形的脐带是始终伴随孩子的，是怎么样的外力都无法剪断的，而这个无形的脐带也是能够给孩子信心、爱和力量。孩子无论在外面的大千世界里遇到怎样的狂风骤雨，都能感受到这条"无形的脐带"在身后给予的强大支持。

在一个家庭里，每个人确实应该有自己的独立性，彼此都应该给对方空间。亲字也体现了这个特质。但是，亲也有"整体包含个体"的含义，本身有整体的基因和情感，具备我中有你、你中有我的性质，更有家庭共同体的你就是我、我就是你的情感。很多父母会为了孩子不惜牺牲自己的生命，孩子也是这样的。每个人可以试着回忆一下小时候尚在父母之怀的情景，完全是一体的感觉。

我经常想起小时候的一个场景：我妈妈在旁边织毛衣，我在写作业。我仰着头，看到妈妈的侧影，突然升起一种强烈的感觉：妈妈是世界上最美的人、最好的人。为了让妈妈开心幸福，让我去死都心甘情愿。妈妈希望我勤学肯干，我愿意努力去做，这也是我学习的动力。

"亲亲"这两个字会让我们感到和谐，而不是分离。虽然从整体里分出来了，但是它还是与整体连接的，还会回归到整体。俄罗斯文学泰斗托尔斯泰说："如果你感受到痛苦，那么，你还活着；如果你感受到他人的痛苦，那么，你是人。"这是一种仁者爱人的文学表达。仁者，一定能感受到他人的痛苦，而这种能力是从对亲人的感受中滋养出来的。"亲亲"，就是要自觉培育这种与生俱来的、同时需要不断浇灌的恻隐之心。如果人感受不到亲人的痛苦，甚至连自己孩子的身心痛苦都感受不到，那么肯定也感受不到他人的痛苦，对别人的痛苦无动于衷，这就是所谓的"麻木不仁"。

亲亲为大，是用亲的真情和温暖对待亲人，是自觉到仁爱的源头，自觉到这种亲并且珍惜和敦厚这种亲。"亲亲"就是保存着对于"孝之始、仁之端"的亲情的珍惜和存养，能够使最初的那颗仁的种子发芽成长。家庭关系中最柔软也是最精髓的部分就是能否感受到亲。

弗洛伊德有一句话：一个无可置疑的深受父母宠爱的人，会终身保持胜利者的感觉。而这种成功的信念，会让他这一生都能不断地获取成功。

聪明的父母懂得什么对孩子更好，会把爱和肯定变成孩子行走世界的底气；而眼里有光的孩子，则能在面对困难和挫折时变得更加坚定和从容。希望每一个父母都能欣赏孩子的与众不同，也希望每一个孩子都能在鼓励中成长，不惧挑战，成为独一无二的自己。有一位仁爱而聪明的妈妈对儿子说得最多的一句话是："多么高兴我是你妈，我前世修了多少福才修了你这个儿子。"

对孩子一言一行都要尊重，不伤自尊、不添焦虑、不予否定。无论在外遇到怎样的不堪，家人给予的温暖和接纳永远是一个人的港湾。一个孩子不怕在外面犯任何错误，只怕在外面的一点风雨，父母把它变成了风暴。

三、亲亲，是家国的母乳

中国人的爱是始于"亲亲"的仁爱，继而是爱家乡、爱家国、爱天下的博爱。当你有源自"亲亲"的孝爱、仁爱的时候，你得到的是整个世界都爱你的理由。因为这个世界上有这样的至亲，即便你已经是独立的一分子，依然有家庭共同体在用他们全部的、无条件的爱来护佑着你。

我是一个西行东归的人，是一个跟着西方哲学二元对立的思维走了很远的人。我以前对于"亲亲"这个词几乎是不能理解的，觉得亲人之间有感情是很日常的事情，能和哲学有什么关系呢？走了几十年，我才领悟到我们的中华文化太伟大了，儒家文化太有智慧了！它是从每个人最日常、最基本、生命最根基的地方入手来敦厚人的美德，去寻找人生的意义，构建伟大的文明。

如果我们拒绝"亲亲"，那么我们也无法去"尊尊"，无法处理好和他人、和万物的关系。如果我们剪断了这条脐带，拒绝和亲人的联结，那么我们失去的只能是自己生命的长度、宽度、温度、厚度和亮度。凡是有愧于父母和儿女的坏事儿，千万别做，这是中华民族的道德底线。中国人的常识和共识是，一个男人如果不爱父母、不爱儿女、不爱妻子，就别说爱国，那是假的。所以儒家的次第是"入则孝，出则弟"，而后是"谨而信，泛爱众，而亲仁"。所以我们的文化是先修身、齐家，才能治国、平天下。

中华民族的家族为什么会代代相传勤奋、勤勉的祖训，子孙也以此为荣？其实，是因为个体能够感受到来自整体的感情与力量，个体愿意为了整体的光荣而付出和努力，而这一切都源于"亲亲"的仁爱。

我们从"亲"的字形和字义中看到的是和、是那份情，看到的是爱，所以亲经常与亲和、亲情、亲爱连用。连客服人员称呼服务对象时都变成了"亲"，以此来拉近和消费者的距离。一个消费者给了某商品差评，客服赶忙联系他。消费者给到的理由是："你在跟我说话的时候没有称呼'亲'。"透过这个让人啼笑皆非的理由，我们可以感受到现代社会里独立的个体对于亲情、对于温暖、对于整体的渴望。

汉字的"亲"源自生命成长的真实关系，这种关系体现着生命共同体不可分割的理，也渗透着千丝万缕浸入骨髓的情。这情的源头就是生命本来的亲、对亲人的亲乃至对他人、对家乡、对家国以及对自然家园的亲。所以中国人不仅讲理，而且强调情。中国人有一个耳熟能详的词儿，叫作通情达理，这在家庭关系和家庭教育中尤为重要。

中国人把世上最原初、最纯粹的情叫作亲情，所以中华民族骨子里有着待人亲、与人善的善良基因，所以中国人的思维是情理思维，讲究"合情合理""通情达理"。所有的理，无论是情感、情义的，还是情操、情怀的，都有情在里头、在前头。就连"事"后面都要跟着"情"，不是事，而是"事情"，不止是做事，而是"做事情"。中国人对于不近人情的理，总有一种本能的拒斥；对于冷冰冰的工具理性思维，总有一种深度的质疑。因为中国人信奉的道理，一定是情理，按此道理追求的理想社会，一定是合情合理、通情达理的社会。这样的社会从合情合理、通情达理的家庭开始，从恪守仁道、珍视亲情的家风开始。

仁者敬，修己以敬

我认识一位母亲，带着幼小的孩子学习传统文化很多年。我问她，学习传统文化让孩子最受益的是什么？她说，孩子学会了恭敬。孩子因为懂得了孝顺和恭敬的道理，变得体贴父母，善解人意，心态阳光，也减少了很多孩子常有的叛逆。孩子长大后在香港工作，很快成为一个大公司的高管，这几乎是同龄人中的奇迹，其原因就在于懂得恭敬！我认为这位母亲以她的切身感受，解读和践行了仁的基本精神。

樊迟问仁，子曰："居处恭，执事敬，与人忠。"

"恭"从心，共声。恭的甲骨文是四只手下面一颗心。从字形看，恭的金文是两只手托着祭器，之后加了"心"，表示内心的状态。《说文解字》曰："恭，肃也。"段玉裁注："肃者，持事振敬也。"

"敬"从汉字的源头来看，是一个羊头和一个屈身下蹲的人。屈身下蹲表示谦恭，羊头表示美善。在日常生活里，敬最基本的含义不只是平等意义上的尊重，更是以处下、礼让、感恩的方式表达敬佩、敬重或敬畏。

中国人的仁爱始于亲而基于敬，夫妻的亲密关系亦需相敬如宾。子女对父母不只需孝亲而且需孝敬，失其敬往往伤其亲，不失敬才能不失亲。相亲与相敬，都是生命的内在本质；亲近与恭敬，都是生命的根本关系。

一、孝亲不失敬

行孝亲仁，重在能否时时自省。看看自己，对父母、对家人有没有过失敬。

我们曾经组织了重庆南岸区的30位老师到曲阜祭拜孔子，进行成师礼体验。大家一起学习《论语》中子游问孝这一段。子曰："今之孝者，是谓能养。至于犬马，皆能有养。不敬，何以别乎？"孔子说，孝被理解为能够赡养父母，然而养狗养马不也是养吗？如果没有敬意，赡养父母和养狗养马又有什么区别呢？

自省的深处是对父母养育之恩的感激和对三岁前不离父母之怀的回忆。事实上，儿女们常常会因为跟父母天伦关系的"亲"而忽略了应有的"敬"。

在工作和生活中忙忙碌碌，儿女的目光能够"扫"到父母的时间越来越少，倒是会把工作上的不顺心、烦躁，有意无意地扔给老人，对于老人的默默付出却常常视而不见，连说话都不耐烦。当父母有需要的时候，儿女可能绷着脸，或者不以为意，很不情愿，让父母不好意思再开口。当年老的父母小心翼翼，甚至战战兢兢地试图与儿女交流时，也许换来的是冷冷的目光和厌烦的表情。

一个心中不敬、言行失敬的人，如何长出仁爱之心，又如何能够安身立命？对父母不能和颜悦色，又如何能对他人如沐春风？

除了和颜悦色、嘘寒问暖，在家庭教育中还有许多可以表达敬意的方法，比如吃饭的时候让老人先吃；比如敬茶，让老人坐上位；比如耐心与父母沟通和汇报成长；比如在老人的生日或一些重要节日表达敬意和谢意等等。

如果我们把"何为敬意"作为日常生活中的内省习惯，随时敲打自己是不是对父母不敬、对家人失敬，长此以往，就会让恭敬成为一种习惯，成为一种品格，不仅对父母尽了孝道、对家人尽了仁道，而且还能养成立身处世的良好教养。

二、夫妻不失敬

修己以敬的"敬"同样适用于夫妻之间。细想一下，夫妻之间的摩擦和矛盾，是不是也是因为彼此不够尊敬产生的？彼此看不起，说话很随意，在外人面前不给对方面子，是不是因为内心深处对于夫妻之间需要敬意缺少自觉意识呢？

有一个形容夫妻关系的成语是"相敬如宾"，现代生活似乎已经不接受"相敬如宾"这个词了。很多的夫妻，要么如胶似漆，要么横眉冷对，甚至你死我活，"敬"字在夫妻之间似乎无迹可寻。其实这里的"宾"不是隔膜，而是敬意。通过思考"仁爱"之"敬"，我们是否可以再去找一下夫妻恩爱、相敬如宾的感觉？

在本书的"和"字篇里，专门探讨了夫妻之间要不要相敬以及如何相敬的话题。彼此相敬不仅是亲密关系的必要组成部分，也是用身教培养孩子敬的美德的重要方法。孩子成家立业后，在他们的新家庭里也可以延续彼此之间的尊敬和感恩。我们修己以敬，孩子也能滋养修己的责任心和敬畏心。"敬"应该成为家庭里的必修课。

在家庭里培育和陶冶仁爱的种子，从彼此的感恩和尊敬开始。好好珍惜家人的情，把敬意和感恩做好了，一个家庭就安稳了，也就温暖了。

三、亲子不失敬

父母对孩子也需要有敬意吗？答案是肯定的。我们的老式家庭，比较强调下一辈对上一辈的尊敬。其实，敬不是单指下对上，它一定是双向的。

孩子作为一个独立的生命来到这个家庭里，父母应该给予其尊敬。一般家庭习惯忽略上一辈对下一辈的敬。长辈容易觉得，我是一个施恩者，孩子应该感激自己；而不会反过来看，自己从孩子那里得到了做父母的幸福，孩子延续了自己的血脉。

做父母的容易有几个误区，一是不把孩子当成值得敬畏的生命给予尊重，而当作如同小猫小狗一般来对待和溺爱。其实每个孩子都是一个天使，他的生命应该被全然地尊敬和接受。二是低估孩子的灵性和智慧，忽视和孩子的平等沟通。三是不去注意观察和体会甚至漠视孩子对父母的爱。

如果我们对生命本身怀有敬意，当然也应该对我们自己创造的生命心存敬意。这敬意来自对于生命之间互补共生的感恩，不至于居高临下、盛气凌人。当家人之间的敬意生起的时候，孩子也就学会了爱与敬。当然，对孩子的敬不同于对长辈的敬，但是对生命本身的敬畏、感恩与珍重都是一样的。

有人说，最失败的家庭教育就是教出一个没良心的孩子，吃着父母的、喝着父母的、花着父母的，却恨着父母。要钱的时候、有困难的时候，喊爸爸妈妈；不要的时候就晾在一边，不管不问，一句关心的话都没有。让我们想想，这种没良心的孩子是谁教出来的呢？家长把所有的注意力都放在孩子的学业分数上而忽略了对孩子仁爱之心的滋养，或者过于迁就溺爱，养出一个自我中心的利己主义小冤家，这又能怨谁呢？

行孝亲仁，本是生命延绵过程中最自然、最温暖的底色，然而这样做在现代社会却遇到各种质疑。比如，"父母对我不好，为什么要我尽孝？""仁爱是双方的，全家缺了仁爱，我怎么去亲仁？"这里需要用儒家的功夫，就是修己！

无论家人做得怎样，一个人都应该把自己的"敬"功做好。践行这套功夫的人，不仅切实地改善了家庭关系，而且也大大地完善了自己。因为你在家里练就的功夫，会涵养你温润礼敬的人格，滋养豁达慈悲的心灵，并提升你在社会上待人处事的能力。

中国人的"亲"源于天，生命是天地父母共同造就的；中国人的"敬"源于天，是对宇宙大生命的敬畏。植于身、根于家、源于天的内在经验构成了基层与上层的朝野共识，构成了中国人共同的天道信仰和价值取向——"自天子以至于庶人，壹是皆以修身为本"，在价值和信仰层面彰显出根处的平等。

仁者忠，讷言敏行

《论语·里仁》篇有这样一个场景——子曰："参乎！吾道一以贯之。"曾子曰："唯。"子出，门人问曰："何谓也？"曾子曰："夫子之道，忠恕而已矣。"

这个场景非常有画面感。孔子说："曾参呀，我的学说可以用一个基本原则贯通起来。"曾参没有问是什么，而是肯定道："是的。"孔子就出去了。其他学生不明所以，连忙问曾参这是什么意思，曾参说："夫子的学说不过是忠和恕罢了。"

其实孔子对曾参的回答未置可否，但是曾参如此笃定，弟子们也如实记录。孔子一以贯之的道究竟是什么？这是古今中外学者讨论了几千年的问题。可以肯定的是，忠和恕两个字确实是孔子时常提及的。

忠和恕在孔子关于仁的论述中是非常重要的两个字。先来看忠字：忠贞、忠诚、忠义、忠信、忠实。忠贞是一心不变，忠诚是真心不假，忠义是仗义不怯，忠信是说一不二，忠实是如其所是。

我把忠在家庭生活里的三种属性用大白话表达出来，即真心、贞心和贴心。三个词各取一个字，叫"真贞贴"。真心就是不二心，彼此心心相印；贞心是不变心，不离不弃；贴心，就是不粗心，十指连心。"真贞贴"是家庭的创可贴，可以弥合过去的创伤；也是能量贴，可以滋养我们的心灵。

一、忠是真心，心心相印

夫妻关系的忠是什么？你是你，我是我，你有你的肝，我有我的胆，但我们肝胆相照；还有一种关系，我中有你，你中有我，我尽我的心对你，你尽你的心对我；更高层次的则是，我就是你，你就是我，士为知己者死，女为悦己者容。我愿意为你牺牲，你愿意为我舍命，因为我就是你，你就是我，我们是肝胆不分的整体。

这三个词中，真心是最要紧的，没有它就没有贞心和贴心。儒家文化对真心有个特别的表达——诚。诚就是不欺人，首先是不欺亲人，心里有话对家人说，彼此的心不藏着、不掖着、不憋着。因为有真心，当然不会乱发脾气，彼此全然地向对方敞开。有时候哪里没有做好，心不安怎么办？认错就好了。自己做错了，对着孩子也该认错。夫妻之间更是如此，一心一意，有什么事情坦诚相待。

如果在家里只是讲边界，没有基本的仁爱，处处设防，怀有二心，那么日子还怎么过呢？健康的家庭关系是，我们彼此有边界，但是肝胆相照，你中有我，我中有你，我们是一个共同体，尊重对方，给彼此空间，但是也要以我们的忠诚为对方着想。

不欺人的前提是不自欺，自己不要欺骗自己，不要给自己的心戴上面具。家是锤炼真心最好的道场。人活一世，很多时候不得不戴上面具；但是面对家人，应该像面对真实的自己一样把面具摘下来。要知道，面具戴久了会长在脸上，甚至长在心里。这样，你和亲人会被隔开，再也找不到幸福。

在家里可以最放松，用最真诚的话来表达，尤其是不至于巧言令色。"巧言令色，鲜矣仁。"为什么孔子特别不喜欢巧言令色？因为这样会掩饰诚。我读过一篇文章，说温良恭俭让的孔子听见两个字就会血压升高，气不打一处来，从纸面上都能读出他的不高兴。哪两个字？乡愿。乡愿有两个特点：一是只说不做，耍嘴皮子；再就是表里不一，严重点就是两面三刀。而且还会冠冕堂皇地讲大道理。乡愿当然是不忠；这不忠，当然是不仁，肚子里卖的什么药别人不知道；不仅不仁，而且有可能害人，没有是非，没有道义，一切以私利为原则。利己主义经过精致的包装，不容易让人看出来。利己本来无可厚非，只是我们在利己的同时不能损人而且要利人、利他、利天下。其实，利他和利天下才是真正的利己。

二、忠是贞心，不离不弃

大家可能听说过这样一个真实的故事。有一个女孩，两岁时因家里失火，不仅全身大面积烧伤，还失去了双手。亲戚朋友都劝父亲，这孩子都烧成这样了，要怎么养呀？放弃吧！这位父亲默默地把女孩那双烧焦的像枯枝一样的手埋了，说："她是我的孩子，我一定要养她。"父爱创造奇迹。女孩在父亲的悉心照料下活过来了。女孩的妈妈是个精神病患者，爸爸经常为了找妈妈到处跑。直到有一次，爸爸找到妈妈时，发现她已经在河里冻死了。爸爸回来后，一夜白头。

这个男人是一位真正的中国大丈夫。面对生命中的种种苦难，他选择了对于妻子、对于孩子的无限责任。也因为父亲的不离不弃，女孩没有自暴自弃。没有双手，就用双脚！她苦练双脚的技能，生活完全可以自理。她还通过直播平台，讲述自己的故事，分享生活的点滴，为无数残疾人带去信心和希望。她从父亲身上学到的不仅是坚强，还有爱与责任。

我们每个人在这个世界上走一回，希望得到亲人对自己的无限关爱，也愿意付出自己的无限关爱，无论意识到还是没有意识到，无论承认还是不承认，这种对于无限关爱的需要与渴求，都是人心深处的本然。自然界里的动物，为了保证物种延续，基本上是强者越强，弱者越弱，最弱的那个极有可能被率先放弃。但是在人类的家庭中，哪个孩子最弱，家长对其会更操心，会付出更多的精力和心血。

这世界有两种公司："无限责任"和"有限责任"。"有限责任公司"就是停留在"你是你、我是我"的层面上搭伙过日子，谈不上"我中有你、你中有我"，更谈不上"你也是我、我也是你"的命运共同体。在婚姻自愿、恋爱自由的今天，决定结婚的男女不会是因为签了"有限责任公司"协议才走进婚姻殿堂的吧，如果是有限责任，那就只能同甘，不能共苦。

有一位50多岁的阿姨，因为不能忍受长久处在AA制经济的婚姻里，各自挣钱各自花，最终在孩子成家立业、自己退休之后，选择一个人全国自驾游，四海为家，露宿于大自然当中。

两年后，她带着些许对婚姻的期待，回家后第一件事就是给全家人做了一顿饭。丈夫吃完饭后却摔碗，而且还朝妻子索要刷过两次他的ETC卡的过路费。夫妻之间达到"冰点"的关系本就不是一日之寒，其"融化"更需要二人彼此用心呵护和修复。只可惜丈夫缺少顿悟，不能给出基本的爱、责任和希望，而是一如既往地计较和苛责，最终让这位阿姨最后一点希冀破灭，离婚后继续独自走天涯。

当我们不愿意为对方负无限责任的时候，我们失去的是什么？这样一来，也就没有人会对我们负无限责任。就如那位 50 多岁退休后浪迹天涯的阿姨和她丈夫的故事。丈夫缺少觉醒，夫妻之情是要用爱来维系的。一旦一个人缺少这份无限责任和爱，过于计较利害得失，势必会让另一方因失望而离去。相反，当两年后归来的爱人做好一顿好吃的饭菜，男人给予感谢，表达自己对爱人这两年的思念，并和爱人从长计议，那么一定会有另一个奇迹发生。家人之间的忠，最感人的就是那份不离不弃、超越功利、超越私欲的无限责任。

三、忠是贴心，十指连心

十指是身体的末梢，但都连着心脏。身体的每个细微之处，心脏都能感应到。家里出现很多摩擦，往往是因为粗心。当你很粗心的时候，是不是不够真心？是不是没有真正把对方捧在手里、放在心上？当你真正能够贴心的时候，会想尽办法为对方着想，急对方所急，愿意奉献辛劳，为对方负无限责任。

家长的贴心之处最重要的就是观察孩子、关心孩子的身心健康，而不是粗枝大叶地管控，以至于像那位令人揪心的特级教师，自己的女儿早就出现了心理问题而没有察觉，出国后选择了自杀结束生命。

在亲子关系里，"亲亲"是最深厚的力量。父母对于孩子那份天然的、无条件的、无掌控的亲，孩子会用整个身体和直觉来吸收。这真诚的爱超越了现实生活中由于身体、年纪、性别的差异所导致的摩擦和分歧。即使孩子遭受了训斥乃至棍棒之痛也不会记恨父母，因为他们在任何情况下都不会怀疑父母的爱。相反，如果父母的爱有杂质，被分数、自私和贪欲捆绑，把孩子当工具、当 U 盘来使用，以至于失却了亲亲之仁，孩子也是会知道的。即使孩子嘴上不说，其身体和直觉也能够知道。他们会以失望、愤怒、仇恨，或者对自己生命的绝望、放弃来对抗和报复父母。

以修己之心对待自己，仁爱之心对待他人，是解决情绪管理问题的根本路径。在家里不要任性地发泄情绪，随时意识到你的情绪会影响到别人、伤害到别人，让别人平静首先自己要平静；发生错误先改变自己，然后家人才会跟着改变。在家里主动自觉地体贴别人、体谅别人，才能以这样的感受立身行世。

《论语·学而》篇中，子曰："君子不重则不威，学则不固。主忠信，无友不如己者。过，则勿惮改。"再就是《颜渊》篇，子张问崇德辨惑，子曰："主忠信，徙义，崇德也。"主忠信强调"主"字，意为自主。朱熹特别强调这个主动性，在其《四书章句集注》中有"主忠信则本立，徙义则日新"之语。

真心、贞心和细心是对家人的忠，推己及人是职场上的"与人忠"。有一位医生叫华益慰，是"感动中国2006年度人物"。看他的片子的时候，我落泪了。不是因为他高超的医术，而是被一个小小的细节打动：自华益慰当医生开始，每天早上去查房前，都要先把听诊器放在自己的肚子上焐热才进病房。他一辈子没让患者用过一次凉的听诊器！华大夫忠于自己作为医生的职业，几十年如一日坚持的习惯，体现的都是医者仁心。这样的仁心推而广之，便是服务更多人群、更大范围的为国尽忠。

四、讷言敏行

在中国文化传统里，忠字常常与厚字组合。忠厚之人，被认为具备很高的人品。夸夸其谈的人一般评价不高，孔子直接说，"巧言令色鲜矣仁"。家庭关系中，特别是亲子教育中，说得太多往往影响爱的流动，不妨践行孔子倡导的"君子讷于言而敏于行"。

民国大儒梁漱溟先生的嫡孙梁钦元老师是一位心理咨询师和亲子教育专家。他指出，亲子关系的一个误区就是家长太多的喋喋不休、太多的滔滔不绝，说了白说，白说还要说。他的家庭教育经验给我印象最深的地方就是他的祖父梁漱溟先生践行"讷言敏行"四个字，还包括这样一段家事：

"那是在重庆解放前的一天。我的父亲和我的祖父正坐在一起聊天，突然外头传来了邮递员的喊声，喊我父亲的名字。因为我父亲通常都是住校的，这时突然来了一封信，觉得很奇怪，赶紧去取信。取了信以后拆开信封，把信拿出来看。坐在一旁的祖父也觉得很奇怪，用一种非常关注的眼神看着我的父亲。父亲看完了信，把这封信交给我的祖父。祖父拿起这封信，看完后把它叠好，收回信封又递还给父亲，一句话都没有。

"这是一封什么信？其实是一份补考通知书。我父亲的地理考了59分，差一分没有及格。这封信是通知他去补考的通知单。一般的家长要是面临这种局面，肯定就要讲很多道理，但是我的祖父一言未发，只是把信收好，静静地还给我父亲。但是在那一瞬间，我父亲与祖父的目光有了交集。这目光似乎在告诉我父亲，相信你知道该怎么办。"

梁老师一再用儒家思想和心理学知识提醒家长，尽量少言教，多身教，讷言敏行，少说多做。这在家庭教育中尤其重要。

仁者恕，薄责于人

几千年来，不同的人对知仁、行仁有着不同的解读。但曾子说，仁其实只有一条：夫子之道，忠恕而已。《论语卫灵公篇》记载了这样的场景，子贡问孔子："有一言而可以终身行之者乎？"子曰："其恕乎！己所不欲，勿施于人。"子贡问，是否有一言而可以终身奉行它？孔子说，那就是恕——自己不想要的，不要施加于别人。

在《颜渊》篇里，仲弓问仁，子曰："出门如见大宾，使民如承大祭。己所不欲，勿施于人。在邦无怨，在家无怨。"夫子说："出门待人，如同迎接尊贵的宾客；为官调遣民众，如同承办盛大的祭祀。自己不想要的，不要施加于别人，要尊重别人。如果能这样做，在邦国之中就不会招致怨恨，在家族中也不会招致怨恨。"

如果说"忠"给我们带来一副贴，那么"恕"能给我们带来什么呢？是一个包，一个"接欣包"——接纳、欣赏和包容。

一、恕是接纳

最体现夫妻之爱、情侣之爱的就是接纳，即全然地接纳对方。"情人眼里出西施"，西施是怎么来的？就是看对方哪哪儿都好，"人生若只如初见"。

我有个同事，两口子一个习惯从底部挤牙膏、一个习惯从中间挤。一个受不了另外一个的习惯，没少因此吵架。我还听过一个故事，结婚多年的夫妻，生活的琐碎已经让彼此的感情一地鸡毛，只是因为孩子、亲情以及多年的习惯还在勉强维持着婚姻。没想到，有一次丈夫坐在沙发上刷手机，妻子在拖地。拖把过来的时候丈夫没有抬脚。这件事情竟然成了压垮这个家庭的最后一根稻草。妻子忍无可忍，跟丈夫大吵一架，然后他们离婚了。其实，多年以前两人在谈恋爱的时候，男方也是同样的习惯，拖地时不会主动抬脚让地方，但是那时女方嗔怪一下，男方站起来哄哄，事情也就过去了。

两个人在一起，都带着自己几十年的生活经验，都带着原生家庭赋予自己的习惯和认知。和爱人组成新的家庭后，如果以原来的家庭模式要求对方，这本身就是一个悖论。

我有个女性朋友，总是因为买衣服的事情跟丈夫闹得不愉快。丈夫总是对她给自己买的衣服表现出冷漠甚至拒绝，还要求她以后都不要给自己买衣服了。这位女性朋友在自己从小生活的家庭中，爸爸的衣服都是妈妈买的。在她看来，自己给丈夫买衣服是天经地义的事情，丈夫也理应接受妻子买衣服的行为。对于丈夫更愿意自己买衣服，她百思不得其解：他不信任我的眼光和品位，还是嫌我舍不得给他花钱？

其实，在这位朋友丈夫自己从小生活的家庭里，家庭成员都是自己给自己买衣服的。这就是个生活习惯问题。朋友用自己的观念来判断丈夫的行为，用自己的习惯要求对方，买衣服这种可以算是鸡毛蒜皮的事，竟然也会成为横亘在夫妻之间的高墙。

再看亲子和子亲之间的恕道。天底下最自然的就是父母对孩子的接纳，就像儿不嫌母丑，母不嫌儿笨。不管孩子出什么问题，父母都会一如既往地爱孩子，为孩子尽无限责任。

二、恕是欣赏

接纳和欣赏自己的父母，本是天底下最自然不过的事情。儿不嫌母丑，孝顺就是对父母全然地接纳和欣赏。古往今来，那么多文人留下了赞美父母的文字，没有人要求他们赞美父母，那都是他们内在的情感流露。

一个13岁的孩子，在他5岁的时候妈妈得了癌症。他给妈妈按摩、画画，鼓励妈妈。虽然药物的作用让妈妈的面容发生了很大变化，但是孩子逢人就夸妈妈美，还邀请班上的同学来看妈妈。"看，我妈妈漂亮吧？"从5岁到13岁，这8年时间里，孩子在成长，认知在变化，但是他对妈妈的爱始终如一。

曾看过一首孩子写的小诗，题目是《选妈妈》："你问我出生前在做什么？我答，我在天上挑妈妈。看见你了，觉得你特别好，想做你的儿子，又觉得自己可能没那个运气。没想到，第二天一早，我已经在你肚子里。"

这首诗让我特别心动，让我想起自己女儿六七岁的时候，有一次我向一个朋友夸女儿多么懂事，有个女儿好幸福。没想到一旁的女儿突然插嘴说："哪里呀，是我找的你！"这句话让我记在心里，什么时候想起来都有一种穿越时空的温暖和感动。我想，这首小诗也是这样表达着孩子对父母全然的接纳。

还有一首表达爱的诗，也是对恕的现代描述，其实就是接受和欣赏。这首诗的名字叫《爱》："我爱你，不光因为你的样子，更因为和你在一起时我的样子；我爱你，不光因为你为我而做的事，更因为为了你我能做的事儿；我爱你，因为你能唤起我最真的那部分；我爱你，因为你穿越我心灵的旷野，如同阳光穿透水晶般容易。我的傻气，我的弱点在你的目光里几乎不存在，而我心里最美丽的地方却被你的光芒照得通亮。别人都不曾费心走那么远，别人都觉得寻找太麻烦，所以没人发现过我的美丽。只有你，这就是爱和一个生命连接在一起的感觉。"

三、恕是包容

《论语·卫灵公》："躬自厚而薄责于人，则远怨矣。"重要的是，要严格地要求和责备自己，对人则应采取宽容的态度；在责备和批评别人的时候，应该尽量做到和缓宽厚。

夫妻之间的恕道是家里最好的风水，记得有位老师说过："当爸爸开车走错路，妈妈在旁边说，正好看看没有见过的风景；妈妈做菜忘了做饭，爸爸说，正好我要吃面包，我现在出门去买；幸福的家庭总能找到解决困难的方法，而不是互相指责，同时孩子也能获得安全感。"

现代文明过分强调个人和自我，"包容"被大众几乎认同为委曲求全，埋没个性。殊不知，在家庭中，比欣赏和接纳更重要的恰恰是包容。你欣赏他，是否能够欣赏他的所有？你接纳他，是否可以接纳他的缺点？当你发现他的观点、习惯等，和你的不一样，甚至相悖，你是否可以包容它们存在于对方身上?

梁漱溟先生因为赞同孔子的学说,便给他的两个儿子起名为培宽和培恕。培宽先生去世以后,许多同人为之开追思会,大家不约而同地都会回忆他的宽厚仁爱,无负其名!而这恰是梁家的家风使然。

梁漱溟先生的长孙梁钦元曾回忆祖父"一碗菜汤"的故事,这是我见过的"君子躬自厚而薄责于人"的现实版诠释,在此谨全文摘引如下:

> 我的祖父可能给大家更多的印象,是他的刚毅坚定,但是他其实也是非常宽厚温和的。在上个世纪的80年代初,大学毕业以后,我跟父亲一起陪伴他。我印象很深的一件事是,祖父有一个生活习惯,每天要喝一碗青菜汤,素的青菜汤。有一天吃晚饭的时候,保姆专门给他做了一碗青菜汤,把青菜汤端上来了。祖父拿起调羹盛了一勺,马上又跟保姆说,请你往里头加一些开水。保姆站起身来,拿了保温瓶,加了一些开水进去。祖父又喝了一口,继续请这个保姆往里头加开水。如此反复三四次。一开始还可以,渐渐地保姆已经有些不耐烦了,而我看到保姆的脸色肯定是摆给我祖父看的。加到第四次的时候,保姆动了一下脑筋,她自己拿了一只调羹,也去盛了汤自己喝了一口,紧接着就失声叫了起来:太咸了,我忘了!我加了两次盐,老先生你怎么不说?祖父说,抱怨你没有意义。我跟祖父说,太咸了,我们完全可以把它倒掉,重新做,毕竟盐多了不利于健康。祖父同我讲,我们还是要惜福。在这个时刻,保姆潸然泪下。从那天起,所有的菜、所有的汤送上来之前,保姆都要自觉地先尝一尝。

这个故事让我深深地理解了孟子说的一个问题,就是"行仁义"还是"由仁义行"。由仁义行，完全是发自人类自己的理性智慧，心理学的概念叫作"原生感觉"——你内心的萌动，你愿意自然而然地、没有任何目的地去帮助别人、宽容别人、包容别人；而不是因为想到这是一个好的行为，要去做一件好事。

在这个问题上儒门孔学的讲究是非常了不起的。它强调的是一种内心的正心诚意和明心见性，对自己的关注、审视和警醒。

子亲的恕道特别表现为对于双亲的包容。我们常说孝顺，顺就是恕道的表达。"己所不欲，勿施于人。"你说你孝敬父母，但是却时时看不惯他们，处处拧着来，恐怕你也很难与他人相处，与世界的关系是拧巴的。

有了全然的接纳和欣赏，自然就会包容，所谓儿不嫌母丑，是因为背后有天性、仁爱的尺度，而不是权力和财富。但是现代社会却出现了问题，看不惯父母好像成了常态，这是一种被物欲和冷漠操纵的"流感"，觉得自己的父母不如人家的父母。各种人为的标准让不少孩子学会了攀比，甚至对自己父母产生了嫌弃。

在这里，我分享一个真实的故事：在我参加过的一次传统文化课堂上，有一个20岁出头的女孩。女孩文静、腼腆、眉清目秀。第四天的课集中讲述孝道的践行，这个女孩上台分享了自己的故事。她的母亲从小就混社会，不到20岁时和一个有吸毒习惯的小混混生下了她。小时候的她常年看不到父亲，母亲也东游西荡，没有给过她持续的爱。女孩从小受尽了冷眼和嘲笑，父亲多次因为吸毒被抓，她非常怨恨他。但是听了几天课，她觉得无论父母对她怎样，他们始终都是生自己的人，这是不可改变的事实。分享的最后，女孩突然在台上下跪，说这一跪是给监狱里的父亲的。这一跪真的让全场动容了，因为这一跪包含了接纳、包容，充满着孩子对父亲的仁的力量。

当然，恕道亦是父母的功课。恕道的双向性就体现在一头是"父慈",一头是"子孝"。

对家人,特别是对孩子的过失与改进的过程,多一些包容,基于尊重、同理心、共情的立场,也就是仁爱的立场。

践行恕道,不是对于孩子的过错不加批评和责罚,而是让孩子知道犯错之后会受到责罚。这是对孩子的爱护,也是培养孩子敬畏之心和内省能力的成长机会,但是要注意时间、地点和方法,比如中国传统的爱子、教子方法——"几不责":

1. 吃饭不责。吃饭时不责,不影响脾胃消化。

2. 睡前不责。让孩子能安心睡眠,保证健康。

3. 当众不责。给孩子自省的机会和在众人前的面子。

4. 错时不责。孩子犯错时,不能火上浇油地批评,应该和孩子站在一起,共同面对和改正错误。

5. 败时不责。孩子失败的时候,不是谴责,而是安慰和鼓励。很多时候,孩子的失败不是因为不努力,这时要告诉孩子,父母也失败过,鼓励孩子不气馁。

6. 懊悔不责。孩子已经意识到错误的时候,不要再责备,而是应鼓励其自省自新。

责罚的时候,家长应该有个平和的态度;责罚之后,最迟在孩子睡觉之前,最好能与孩子进行一场温柔的交流,表达几层意思:我知道你在被责罚后,心里一定很难受;不管怎么惩罚你,父母都是爱你的;责罚不是针对你这个人而只是针对这件事;我们都会犯错,相信你一定能在纠错中成长。

最重要的是两个原则:其一,家长在无法掌控自己情绪的时候,不要责备孩子,待自己冷静下来后再说;其二,批评责罚的时候做到对事不对人,指出事情的失误之处,但不否定孩子的人格,最重要的是让孩子感受到爱。

尊重、仁慈、礼敬，真诚的、纯粹的、无分别的、无掌控的、无条件的爱，就是忠；接纳、欣赏、包容，己所不欲、勿施于人，就是恕。亲敬与忠恕构成了仁爱的温暖。

那么，忠恕和严格能够并存吗？爱心能够以狠心的方式呈现吗？一位集团领导这样回忆"狠心"的母亲："我3岁时跌倒，她让我自己爬起来并且下次小心，我学会了对自己的鲁莽负责；我4岁时看电视不吃饭，她真的让我饿到晚上，我学会了对自己的任性负责；我6岁时在玩具店买完一件玩具还要一件时哭闹躺地，她转身就走，我只好跟着走，学会了对自己的承诺负责；10岁时我上学了，她没有随大溜儿给我报各种补习班，让我学会了对兴趣负责；我13岁时因为踢球打碎玻璃，她带着我换好玻璃，认错并扣了我半月的零花钱，让我学会对自己的过错负责；我20岁时想换手机，她说旧的还可以用，要想换新的就得自己买，于是我勤工俭学买了新手机，让我学会对自己的欲望负责；24岁时我想创业，她说如果开公司能承受失败就去办，并借了我10万元，让我保证4年归还，让我学会了对自己的事业负责；32岁时我把当初夸口四年后要送给她的房子的钥匙交给了她，我看到她转过身耸动的肩头，看到了她幸福的泪水，我学会了对自己的诚信负责。我庆幸自己有这位狠心而又充满智慧的母亲，我也会这样来教育自己的孩子。"

恕，可以这样表达：你是你，我是我。我知道我不同于你，你知道你不同于我，但我接纳你，你接纳我；正因为我们不同，所以彼此欣赏，我欣赏你，你欣赏我，在彼此欣赏中，我中有你，你中有我；再上一个境界，我包容你，你包容我，己所不欲，勿施于人，我自己不愿做的事绝不强求你，你不喜欢的事也不会强求我，因为我感受着你，你体谅着我，在共感共情中，我就是你，你就是我。

四、我欲仁，斯仁至矣

仁是人生最精美、最珍贵也最柔嫩的精华。世上有什么可以比喻这个精华呢？古人还真的找到了一个可比之物——果仁的仁。这个仁往往藏在果实最深的地方。一个果子，有果皮、果肉还有果核，但是在果核里有一个最柔嫩、最精华的部分，古人把这个部分叫作仁，和人心深处最精华的那个仁是同字同义的。记得小时候盼着过中秋，因为可以吃五仁月饼，核桃仁、杏仁、瓜子仁、芝麻仁、花生仁，这些都是坚果最内在、最精华的部分。仁才是我们生命中最精华的所在，需要关照、存养。

仁是这样一种爱，它是亲、是敬、是忠、是恕。现代语言的亲密、敬重、真诚、包容都很难完整地表述仁爱的含义，因为仁是本于心、根于家、源于天道的爱。中国人是重情的民族，这是根于"亲其亲"的亲爱，自然而然地成为"不独亲其亲""老吾老以及人之老，幼吾幼以及人之幼"的仁爱。

仁是一种心性，也是一种愿力。子曰："仁远乎哉？我欲仁，斯仁至矣。"孔子说："仁，有那么远吗？我想要仁，仁就来了。"这里说的"欲仁"，就是愿力。我们可以想象这样一个场景：某人说，孔夫子，你说的仁好是好，但是我们做不到啊！这么高大上的仁，离我们多远呀！孔子说，仁，真有那么远吗？那要看你有没有仁的真心。这仁就在你的心里头，你叫它它就答应，喊它它就来了。

很多人在取得成绩的时候会把自己的成就归功于幼年时父母给予的仁爱教育。

我们常说，人不能忘本。大多数人会将其理解为，不能忘掉自己是从哪里来的，不能忘掉自己的家族、家乡、国家。我们还可以更深地理解"仁本"。"本"在造字的时候，用以指代植物连接地上部分和地下根系的那个部位，是植物的生命来源和力量源泉。不要忘本，是不要忘了你的生命本原与力量源泉，不能忘掉本性中的爱的力量！仁就是本，如果这个地方失守了，人类的灵魂就没有地方安放，人类的情感、情义就会遭到袭击和重创，人甚至会失去生命的意义和生活的意趣。

家庭，本是培育仁爱之心的苗圃，但也有可能变成摧毁仁爱之心的坟场，关键在于家长是否真正明白仁爱之心在家庭关系和家庭教育中的意义。

习近平总书记一语道破教育的本质："爱是教育的灵魂，没有爱就没有教育。"

仁，是今天的家庭教育中须臾不可以离开的灵魂。

我们的"礼约好人家"开展了"学业培读"和"情感培护"主题活动。我们了解了好学是孩子的天性，好学是自发的，学习的路径是立体的，学习的内容是多样的，学习的过程是发展的。不少家长通过思道、思过、思改的三思践行，走出溺爱、控制、指责和冲突的困局，走上了解、尊重、信任和引导的通道。

相对于学业培读，一些家长对于情感陪护的意义认识不足。也许，你觉得每天和孩子在一起，孩子的时间都是满满的，作业都做不完，哪有专门的时间来做情感陪护？也许您会困惑，好性情的孩子谁都喜欢，但是家长该怎样培护孩子的性情才有效呢？

健康的情感是什么？最基本也是最根本的，就是具有自爱、互爱和大爱的心性。

培养性情美的孩子，就是要发现和培养孩子的自爱、互爱和大爱的天性。

自爱是对生命的热爱和珍惜，是生命本身的生机与活力。当这样的生机与活力不能得到应有的关照、呵护和肯定时，孩子就会自卑或者自弃。那些抑郁甚至自杀的人，也许是因为幼年时没有得到足够的爱从而欠缺了足够的自爱能力，长大后很容易怀疑自身的价值，因而放弃了认真对待自己甚至最后放弃了爱自己。

互爱是指孩子具有爱和被爱的能力。从孝爱开始的友爱，就是古人说的从孝悌开始的推己及人。在家爱父母兄弟，在校爱老师同学，进入社会爱人如己，知恩图报，通情达理，能够感受到对方的爱并做出回应，愿意提供可能的帮助。

大爱是一种基于公益心和公正心的关切和爱。从家庭共同体的关爱，到对于学校或者社区共同体的关爱；从家庭家乡到家国的关爱，并愿意承担力所能及的责任，还有孩子爱植物、爱动物、爱大自然的天性……家长不仅应该保护，更应该向孩子学习。

自爱、互爱、大爱，是孩子生而有之的天性，是每个人领会幸福的秘籍和开启智慧的钥匙。

怎样养护这样的天性呢？需要平和的情绪、通达的情理、正向的情志、淳朴的情义和温良的情怀。

怎样才能有这样的好性情呢？我们的古圣先贤留下了诸多药膳：诗、书、礼、乐、中医，这些曾经滋养了一代又一代中华栋梁的营养菜单、菜谱和菜肴。我们可以从中体会"乐"之于情操、"诗"之于情义、"书"之于情志、"礼"之于情理、"养"之于情绪。愿每位家长都成为仁爱大厨，去了解这些菜单，掌握这些菜谱，与家人享用这些菜肴，让亲、敬、忠、恕的仁者之风，成为每个家庭的家风！

第六章　义——以义利家，共担家国的责

在英文里，很难找到一个单词与中文的"义"对应。有人将"义"翻译为善意，但是"义"不是一般的善意，它既有"何为正当"的宇宙认知，又是"吾当何为"的价值取向和"行所当行"的行动担当。正如繁体的汉字"義"，由上面代表善的"羊"与下面是古代类似戈的兵器"我"组成，本身就体现着价值观、责任感和行动力，是满足"成就感"这一精神内需的精神营养。

与推崇工具理性而不惜唯利是图的族群不同，中国人崇尚"惟道是从"的价值理性，并以此作为满足人生成就感的方向。道义思维作为中华家文化和家哲学的核心之一，是个体和家庭的生存原则、生存智慧和生存能力。本章用人们耳熟能详的三个成语分享了其中的要点：

第一，"见得思义"的价值观。只见利不见义是心理病毒，导致家庭的撕裂和无情无义的争端。道义思维是以义为利、以义导利，这个利就是通过道义凝心聚力、营造家庭共同体。满足孩子的成就感不是问孩子考了多少分，而是问他是否做了对的事情，让孩子明白"利"最多是小红包，"义"才是成就自己、成全家庭的大红包。

第二，"义不容辞"的责任感。为什么义不容辞？因为知恩图报，责任心来自感恩心。不要用物质交换鼓励孩子做正确的事情，那样只会让唯利是图、见义忘利的小病毒入侵。反之，要通过点滴的家教以及跟着父母做公益、跟着爸妈回家乡等活动，让孩子明白知恩图报的道理，知道为自己做作业、为家庭干家务、为家国尽义务都是自己的本分。

第三，"见义勇为"的行动力。让孩子养成勇于力行、勇于知耻、勇于克艰、勇于持志的精神。与孩子谈志向也是培义的好方法，从职业选择入手，引导其事业的理想乃至志业的情怀，通过一点一滴的小事提高孩子的意志力，培养正直而勇敢的人格。一个有道义的人家才能让家庭成员实现家国天下的成就感，也才能让整个家庭更好地立身行事。

什么是义？简单地说，义是本于仁的价值、责任和行动。义和仁一样，都是中华民族最基本的生存伦理。仁义在几千年的中国社会里，是空气一样的存在。在现代社会中，仁义似乎稀薄了一些，但是它依然作为最基本的核心价值维系着我们的精神世界。

人生在世，区别于动物、有别于机器的根本之处，在于人有着对"何为正当"的追问、对"吾当何为"的拷问，以及对"行所当行"的答问。当这三个问题无解的时候，思想便是困惑、迷茫和焦虑的，行为便是混乱、偏颇甚至邪恶的。幸运的是，中华家文化给了我们解决这三大问题的历史经验，并用一个"义"字给予了昭示。

见得思义的价值观

繁体的"義"，上面是羊，下面是我。古代先民认为，羊具有一种很神奇的能力，它能辨别善恶。而"我"字在甲骨文中，上面横着的是兵器的器身，加上一个长长的手柄，是古代类似戈的兵器。《左传》有一名言"国之大事，在礼与戎"，在古代，国家有两件大事，一是打仗，一是祭祀。打仗之前也要祭祀，一方面讲清楚打仗的理由——打仗要合乎正义，从而统一思想，鼓舞士气；另一方面就是要祷告天地、祷告祖先，保佑打胜仗。羊头挂在兵器"我"上面，于是，能辨别善恶的羊和表达正义的"我"构成了"义"这个字。所以义字本身就包含了何为正当、吾当何为、行所当行的问题。义是惟道是从的价值观，义是知恩图报的责任感，义是勇于担当的行动力。中华家文化的"义"字，是不可或缺的。

一、君子喻于义

子曰:"君子喻于义,小人喻于利。"这里的"喻"是理喻的意思。"小人"不是贬义词,而是个中性词,是格局比较小的人,不是恶人。这句话大意是说如果你和一个有着大人格的君子说事,就跟他谈"义";如果你和一个"小自我"的人谈事,就跟他言"利"。从家庭教育上看,家长如果想培养一个格局小的孩子,就会成天讲利益、讲分数、讲物质的好处,讲得了多少分就给什么样的物质奖励;如果希望孩子有更高的格局,或成长为君子,就多给孩子讲点物质以外的东西——有助于理想、志向的东西,因为后者才是孩子安身立命的根本,是更为基本的生存能力。

> 我们在做"九九家风"项目的过程中,一位家长讲了一个故事:有一次,孩子做事做得很漂亮,妈妈想给孩子奖励。该给孩子买点什么呢?家长征求孩子的意见。结果孩子说,他要的奖励是多给自己一点自由支配的时间。这孩子多聪明呀!当家长还在物质利益的范围里打转转的时候,孩子已经在思考生命中更重要的东西了。

义与利的关系,可能是每个人、每个家庭必须面对的最日常和最基本的选择。我们的孩子是成为见得思义的君子,还是见利忘义的小人,这在中国家风传承和家庭教育中是不言而喻的。但是,随着西方工业文明的冲击和唯利是图的价值导向的入侵,要不要追问"何为正当"似乎成了问题。

子曰:"君子有九思:视思明,听思聪,色思温,貌思恭,言思忠,事思敬,疑思问,忿思难,见得思义。"(《论语·季氏》)古代有四大贤母教育孩子成长的故事,她们是孟子的母亲、欧阳修的母亲、岳飞的母亲和陶渊明的母亲。这里以两位母亲的故事为例:

欧阳修是北宋著名的文学家和史学家，四岁时他的父亲就去世了。欧阳修的母亲含辛茹苦、勤俭节约，抚养孩子长大。到了欧阳修五六岁时，母亲教他读书识字，没钱买纸笔，就把沙铺在地上当纸，用芦秆代替笔。欧阳修一边读书，一边尽力分担家务，直到长大后做了官。欧阳修很感激母亲的养育之恩，母亲深情地说："因为我了解你父亲的高尚品德，希望你成为跟你父亲一样的人，所以，再大的苦我也能吃。"欧阳修问起父亲的为人，母亲回答："你父亲与你一样，很小就失去了父亲，跟着你奶奶长大。你父亲在家尊敬长辈，在外当官的时候，对公事严肃认真。由于劳累过度，积劳成疾，去世前嘱托我，告诉孩子，不要贪财图利，要勤俭质朴，要孝敬长辈，要有一颗善良的心。"后来，欧阳修因积极支持范仲淹等人维持新法被贬职。欧阳修的母亲说："为正义被贬职，没有辱没家风。我们生活上可以贫困，但精神上不能贫困！"

陶侃（陶渊明）也是年纪很小便失去了父亲，靠母亲纺纱织麻维持读书生活。有一次，朋友骑着马来看望陶侃，由于陶家实在贫困，没有好东西招待客人，于是陶母让陶侃在家陪客人说话，自己出门把头发剪去卖掉，然后买回米肉，非常热情地招待客人乃至客人的坐骑，令客人非常感动。后来陶侃做了官，忠于职守，待人和善，他的部下看他生活实在清贫，便拿了一坛糟鱼送给他。陶侃便托同事出差的时候，把这坛鱼捎给母亲。陶母知道是从公家鱼作坊里拿过来的，一下子变了脸色，把坛子重新封好，叫人把鱼带回去，并附上书信，严厉地对陶侃说："你为官一方，却拿公家的物品来孝敬我，只能增加我的忧虑！"陶侃收到信后，内心受到很大的触动，从此为官更加公正廉洁，公私分明。

二、利他助人从幼年开始

义的利他本质是人人都容易理解的,所谓"人人为我、我为人人"的生存智慧是要从克制私欲、养成利他习惯开始的。一个孩子从为家人着想、体贴父母老人的一点一滴做起,扩展到关心同学、体贴老师以及参与社区活动,关心他人、服务他人。反过来,这样的孩子也会得到大家的爱护和帮助。相反,一个自私的孩子没有人会喜欢。在这个意义上,利他就是利己。关键在于养成利他的人格习惯,所谓"起心动念不为己,上天就会帮助你"。

"孔融让梨"的故事似乎是老生常谈,却包含着发人深省的道理。让孩子学会把自己喜欢的东西,比如某种好吃的东西先让给父母长辈,这就是"先人后己"的训练。但我们很多父母长辈这时会推辞不要,这种推辞往往会阻碍孩子利他精神的发展。在这里,我们不妨听听一位现代母亲给我们讲一段"橘子的故事":

记得在我孩子两三岁的时候,我的一个战友的妹妹从四川成都带来了一篮子橘子。这一篮子橘子放在我们家的小茶几上,儿子看见以后垂涎欲滴,围着小桌子转来转去。他说:"爸爸妈妈,这一篮像小红灯笼一样的橘子,我好喜欢,好想吃。"我们说,你想吃可以,但是你要先去挑其中最大的给阿姨送过去,谢谢阿姨千里迢迢坐火车给你带来这么漂亮的橘子。他就赶紧挑了一个最大的橘子给阿姨送到跟前,还鹦鹉学舌地说:"王阿姨,谢谢您千里迢迢坐火车给我带来这么好的橘子。"然后赶紧跑到我旁边说:"妈妈,现在我可以吃了吗?"我说可以,你现在去拿三个最大的给爸爸,第二大的给妈妈,小的留给自己。他说:"为什么?"我说因为爸爸个子最大,需要的营养最多;另外,我们家的重活儿累活儿都是爸爸干的。孩子觉得很有道理,因为孩子这个时候只有形象思维,爸爸的个子大、需要的营养多,爸爸干的重活儿这些他都看到了,于是高高兴兴跑去把最大的橘子给了爸爸。然后把第二大的给了我,小的留给自己。

刚开始的时候,说心里话,我们也不忍心吃。我儿子是1977年出生的,两三岁的时候北京一块钱三斤的鸭梨都是蔫儿不拉唧的,真的见不到这么好的橘子。谁忍心去跟孩子争食?而且当孩子把东西递到自己嘴边的时候,我们常常说:"好了,你有这颗心就行了,以后记着爸爸妈妈对你的好就可以了。"这样的教育,我想,所有天底下的父母都曾经做过,但是却没想到,孩子必须是自己实践出真知。

当我们把橘子分到差不多只剩下最后三个的时候,儿子的思想斗争来了。他在那个篮子跟前,扒拉过来、扒拉过去,对我们说:"爸爸妈妈,最后这三个橘子你们就别吃了,行吗?"我们问为什么?他说,如果你们再吃的话,我就一个橘子也没有了。我说:"儿子,你到妈妈身边来。我只问你一句话,你觉得你以前每次吃东西都首先想到爸爸妈妈,首先给爸爸妈妈这件事,做得对还是不对?"他说,做得对。我说,那么一个人做得对的事为什么不能坚持呢?这把他问住了。

他想了想,退后一步说:"最后这一次,能不能让我吃最大的?"我说:"选择的权利妈妈就交给你。你觉得你应该吃最大的,你就留下最大的。"儿子就在橘子旁边想了半天,然后捧着三个橘子到了爸爸跟前,拿起最大的橘子想要给爸爸的时候又舍不得;放下来,拿起第二大的想给爸爸,又觉得不对,又放下来;最后终于下决心把最大的橘子给爸爸。橘子还没递出去,眼泪就叭叭叭掉下来了。

最大的橘子拿出去了,到了第二大的橘子给我就没那么难了。

但是这一次发完橘子,他就不像以前那样赶紧吃了,而是舍不得吃,双手捧着小橘子,眼巴巴、泪汪汪地望望我,又望望爸爸,望望爸爸又望望我。说实话,我当时全身发毛,扭头看我爱人,没想到其实他早就盯着我了。

在四只眼睛对视的那一瞬间,我们两个人都轻轻地点了一下头,双方都心领神会:今天的橘子我们无论如何都得把它吃下去。这件事是在我们结婚怀孕的时候就有过讨论的,决定今后在教育孩子的时候,当着孩子的面,我们的意见一定要统一。如果有不同意见,就背着孩子到别处去争论,不要让孩子无所适从。那次,我丈夫是怎么把橘子吃下去的我不知道,但是我到现在都记得当时吞下去、咽下去的不是橘子,而是儿子一直默默流淌着的眼泪,酸酸的、涩涩的。我连橘子的核都没有吐。大家都知道四川红橘不是黄岩蜜橘,它是有核的。我是一瓣一瓣咽下去的。

不久以后,我们一家人坐在一起聊天,吃着桌上的小吃。我当时就说了一句,这玩意儿还挺好吃的。儿子马上就把小吃往我跟前一推,说:"妈妈您觉得好吃就多吃点!"我就知道儿子已经开始学着克制自己、关爱他人了。

在被周老师的故事打动的同时,我想起一个买玩具的故事。我们先试想一下,在物资匮乏的年代,一个妈妈带孩子去买这个孩子最喜欢的礼物,但这个礼物是给别人家孩子买的,这个孩子会不会哭闹呢?妈妈这样做是不是有点狠心呢?

大概在我女儿三岁的时候,我带着她去给闺蜜的女儿挑生日礼物。她精心挑选了一个平躺下来就会发出咯咯笑声的洋娃娃,价格很昂贵,好像一百多元。那时候我的月工资也不过二百元。热心的售货员在装盒的时候对孩子说:"你这个孩子好福气喔,妈妈给你买这么好的玩具!"

女儿望着她，一脸灿烂地说："不是给我买的！"说完又玩了一下那个洋娃娃，听它咯咯的笑声，自己也跟着咯咯地笑，边笑边说："真逗！真逗！"售货员说："你才逗呢，替人家挑玩具还这么开心！"

其实，对我女儿来讲，这样的场景并不算严峻的考验。因为在她的耳濡目染中，自私是最要不得的，多替人着想才是应该的。

记得有一次，在农大附小读书的女儿跟我去超市，她在一个卖酥蛋卷的架子旁不肯走。在这之前，我常年给她买的零食只有一种比较便宜的饼干。她用恳求的眼光望着我："给天梅姐姐买这个吧，她今天看起来好像不舒服。"她说的天梅姐姐是从老家过来帮忙的一位亲戚。回到家里，她兴奋地把酥蛋卷的包装打开，亲自把酥蛋卷塞到天梅姐姐嘴里，说："你吃你吃！给你买的！"看女儿在一边咽着口水，一边真诚地望着姐姐吃蛋卷并且坚决谢绝姐姐与她分食，我心里有一股酸酸的暖流。因为我知道，这蛋卷她也爱吃啊！

三、小红包还是大红包

人为什么要见得思义？当然是为了维系公序良俗，让社会不至于成为争权夺利的丛林。然而，对于个体生命而言，则是为了健全人格。因为义的精神性、利他性和公益性本来就是人之为人的基本精神品质和内在需求，也是所有人的根本利益所在。当然，这样的精神性、利他性和公益性是需要培养的，这就是家教的意义。

孔子曾这样描述自己的生命态度："饭疏食饮水，曲肱而枕之，乐亦在其中矣。不义而富且贵，于我如浮云。"(《论语·述而》)吃简单的食物，用胳膊当枕头，过这样的生活，因为是行义的，所以自有乐在其中。如果用富和贵让我来行不义之事，那对不起，这个富和贵对我来说就像浮云一样，是可以舍弃的。我们知道，义的本质就是用"遵道贵德""惟道是从"来解决"何为正当""吾当何为"的生命问题。与这样的生命之根本比起来，那些不义而富且贵的东西，不过是浮云。

孔子的那个时代，吃饭穿衣的问题都还没有完全解决，富和贵该多么有诱惑力呀！我们今天的物质财富已经非常丰富了，为何不可以舍弃一些物质利益，积累一些精神财富呢？何况根据现代物理学的共识，在整个宇宙包括个体生命里，物质占比不到5%，其他看不见的暗物质暗能量，也就是我们说的精神世界，分别占了25%和70%。这个精神世界才是我们安身立命的根本，是我们走出困惑、迷茫，避免抑郁、焦虑，让生命潜质得以绽放的世界。见利忘义，最多能得到5%的一点物质世界的小红包；见得思义所得到的，却是那95%的精神世界给予的"大红包"。

作为家长，总是希望孩子有更大的格局，那么我们就要在日常生活中有意识地培养孩子对于精神品质的追求，对于周围亲情友情的感恩，以"义利相和"的大义去培养孩子正确的价值观。这种交流不仅有助于孩子形成正确的价值观、宇宙观、人生观，训练孩子"博学之、审问之、慎思之、明辨之、笃行之"的能力，更重要的是，能够给予孩子精神上的获得感和幸福感。

在很大程度上，孩子的价值取向是父母的价值导向影响的。父母对于物质和精神的态度，默默地塑造着孩子对于物质和精神的态度。记得我女儿上小学的时候，去同学家玩，说起我为地球村公益组织的那些环保的事儿怎么怎么忙。同学的妈妈听到了，对我女儿说："回去问问你妈，忙什么呀？又不挣钱！"女儿转告我这番话后，我笑笑说："回头见你同学的妈妈，也替我问她一句，忙什么呢？就挣钱！"

"能挣钱"是这个时代的主流价值，也是生存的必要，但是"就挣钱""只挣钱"则造成了生命的缺失。一个人如果失去了义所带来的精神的获得感与幸福感，那才是得不偿失啊！

四、义利相和，良币驱逐劣币

公益是义也是利，即公共利益。公共利益会造福每个人的个人利益。公益精神并不意味着排除自己，也并非不能获取应有的回报。孔子说的"不义而富且贵，于我如浮云"，只是说明他不要不义之富贵，即那种损人利己的富贵。义也不是不言利，而是不要损害他人的利和损害公共的利，不要唯利是图。也就是说，义非"唯利"。

《吕氏春秋》记载了子贡赎人和子路救人的故事，很能说明"义非唯利"的意思。

鲁国之法，鲁人为人臣妾于诸侯，有能赎之者，取其金于府。子贡赎鲁人于诸侯，来而让，不取其金。孔子曰："赐失之矣。……自今以往，鲁人不赎人矣。取其金则无损于行，不取其金则不复赎人矣。"子路拯溺者，其人拜之以牛，子路受之。孔子曰："鲁人必拯溺者矣。"

这里说，鲁国有一条法律，鲁国人在国外沦为奴隶，如果有人能把他们赎出来，回国后就可以去国库报销赎金。有一次，孔子的弟子子贡在国外赎回了一个鲁国人，回国后不接受国家的报销金。孔子说："你做错了，这样一来，从今以后鲁国人就不再愿意为在外的同胞赎身了。你如果接受了国家的补偿金，并不会损害你的义行；而你不肯拿回你抵付的钱，别人就不肯再去赎人了。"

又有一次，孔子的另一个弟子子路救起一名落水者，那人为表感谢，送了他一头牛，子路收下了。孔子说："这样一来鲁国人一定会勇于救落水者了。"

做好事不求回报，是说做好事不应以回报为目的，而不是说不能要回报。"好人有好报"，义利并举的社会，是我们应该去创造和倡导的社会，而不是要将义和利分开。做好事、行义也是在"积分"，是在为自己的人生积德，在创造人生的大红包，这不是物质的小红包可以比拟的。

你去行义，自然会有利跟随，只是不要把利放在前头就好。企业家好好做自己的良心产品，在健康的市场环境下，自有消费者买单。你但行好事，自然会有大红包在后面跟随。

一百年前，北京协和医学院招生名额很少，需要考试，竞争很激烈。福建的一个小女孩想当医生，在上海参加了考试。最后一科考英文（协和医学院对英语的要求极高）。考场里，一个女生晕倒被抬出去了。没想到福建那个小女孩放弃了自己的考试，出去救助晕倒的女生。等她救助完女生，考试已经结束了。她没有任何怨言，说了一句"明年再考吧"，然后就走了。监考的老师把这个过程记录下来交给了协和医学院。医学院查看了她前几科的成绩，最后决定招收她，英语免试，因为她拥有当一个好医生最重要的德行——宁可牺牲自己，也要照料别人。

这个福建女孩的名字叫林巧稚，她是我国医学史上一位非常有名的妇产科医生。她选择救助那个女生，放弃了考试，没想到最终会被录取。所谓"起心动念不为己，上天就会帮助你"。

义的价值观，是在对一点一滴身边的事、自己的事、他人的事的判断和选择中慢慢形成的。如果我们的孩子在高考时遇到这样的情况，他们会做出怎样的选择？家长希望自己的孩子做出怎样的选择？

义不容辞的责任感

中文的"义"常常被英译为"善意"。但是"义"不是一般的状况意，它既有"何为正当"的宇宙认知，又是"吾当何为"的价值取向和

"行所当行"的行动担当。从这个意义上看,英文的"责任"一词倒是与中国的"义"有相似之处。只是西方的个人主义文化更强调个人的权利而责任次之,更侧重于保护个人的利益,而东方的家人主义文化则更注重责权对等和义务为本,更强调个人的让利与担责,更强调从个人的责任到家庭、家族、家乡、家国乃至天地家园的责任。

一个人为什么要担责任?有人说是为了生存,所以承担责任。也有人说,承担责任是因为有某种权力需要去行使,是为了某种利益而去履责,例如得到薪水。比如说,因为我是父亲,我是家里的顶梁柱,我要养活一家人,所以我要夜以继日地工作;因为我是主任,我要时刻紧绷安全生产的弦,不能有丝毫松懈。但是,人总有疲软怠惰的时候,当某种平衡被打破,人很容易产生自我怀疑,会觉得自己所做的事情都是负担。但是,也有很多人废寝忘食,乐而忘忧,似乎没有什么能压垮他们。为什么会有这样的差异?如果我们无法找到责任的内在根据,责任就会变成外在的负担和被动的行为,也就没办法持久地、甚至快乐地承担责任。责任的内在根据是什么呢?我们不妨从"责"的造字来一探究竟。

一、责任本于报恩

"责"是"债"的本字。"责"字的造型是"带刺的钱",上面有根刺,是某种税的记录,下面是古代的钱币。"责"字加了"人"旁就是还债的债。责,说得好听一点是回报,直白一点就是还债。回报谁?还谁的债?天生你,地养你,国佑你,亲育你,师教你,一个人的生命是由整个宇宙体系来支撑和养育的。这样一种给予,要不要回报?

我们再来看"任"。任的甲骨文造型,左边是一个"人"旁,右边是一个工作的"工",是承担、承受的意思。个体用承担工作来回报整体,以实现生命系统的平衡。中文里有一个成语最能反映回报与承担的含义,就是"知恩图报"。我认为,这是最深刻的中国式责任的表达。

《增广贤文》里有一句话,"滴水之恩当涌泉相报"。在很多中国历史人物身上,爱国精神必付诸报国行动。而在普通中国人的心目中,报国不过是为人的本分。

在和平时期,做好本职工作,就是报国,尽力而为参与公益,就是报国。其实,我们每个人做公益,为他人做事,都是一种本分而已。我经常对同事们说,我们做公益不是牺牲,不是奉献,本分而已。尽本分就是尽责任。因为作为中国人,我们知道中华家文化的真实根据,知道我们每个个体是生活在这样一个家庭、家乡、家国、家园里的,所以报国乃是本分。

记得23年前,我创办的北京地球村与40多家环保组织在相关政府部门的支持下共同发起了"2000年地球日中国行动"。世界地球日的发起人丹尼斯·海斯来到中国参加了这个活动。后来,他对他的同事说,他在中国的3天是他30年环保生涯中最难忘的。当时,北京的空气质量比较差,所以他的眼睛受刺激会发红流泪。他说她的太太有心脏病,在这样的空气环境里会受不了的。他知道我因为回国搞环保而放弃了美国绿卡,对我说:"我真的很崇拜你,你本可以在美国享受清洁空气,为什么一定要回到中国?"我回答说:"因为这方水土养育了我啊!我当然应该为她做事!"这是我发自内心的声音,也是我对于责任的理解,尽本分而已。

二、责任根于知恩

"投我以木桃,报之以琼瑶。匪报也,永以为好也。"(《诗经·木瓜》)

报恩的行为源于知恩的心。

责任源于感恩,责任行于报恩,知恩报恩皆是本分。而这份责任心，是从家庭里生长出来的。

子女为什么要对父母尽责？因为知恩，知父母恩。回报的方式是承担，是孝敬父母、赡养父母，给父母送终，然后自己继续抚养子女。子女知恩又回报自己，这就是责任的生命延续。

夫妻之间为什么有义？因为知恩，知道对方是在成全自己的生命，延绵家族的血脉，让自己的生命通过共同创造的子女延绵，所以夫妻之间常用的一个词是"恩爱"。

中国的感恩教育是通过家人之间无条件付出的无言之教来熏习，通过圣贤经典的学而时习来感悟，通过中堂的"天地国（君）亲师"来提示，通过细致温良的生活常礼来塑造，通过具有仪式感的礼乐文化来敦厚的。

中国传统婚礼的三拜分别是为了感恩天地、父母和配偶。接子礼是为人父的丈夫致礼感恩为人母的产妇。开笔礼是师道的启蒙，感恩老师把玩童转变为学童。成童礼的主题是把知恩变成立志。成人礼则是感恩家庭抚养自己成人并开始担当社会责任。一代代地熏陶，一年年地栽培，责任与担当的栋梁就这样从家庭的厚土里成材了。

这些传统的智慧如何运用到今天的家庭教育之中呢？比如每年一度的生日，可否向给予自己生命的父母行感恩礼呢？每日三餐，可否不忘餐前感恩呢——感恩天地，滋养万物；感恩国家，培养护佑；感恩祖先，传我家命；感恩父母，生养哺育；感恩老师，谆谆教诲；感恩朋友，关心帮助；感恩农夫，辛勤劳作；感恩所有付出的人。

知恩才能感恩，感恩才能报恩。知恩、感恩和报恩，就是责任的由来和根基。然而，感恩的心从哪里来？首先来自家人的爱。如果父母没有爱，或者不能让孩子感受到爱，那么孩子心里积淀的，就不是感恩，而是落寞、抱怨甚至仇恨。

还记得前面讲的那个3岁"让橘"的孩子吗？他的母亲在讲完了让

橘的故事后接着讲道:"我40岁生日那一天,把亲朋好友请到家里吃饭。我儿子说,叔叔阿姨大家好,首先请允许我把自己给妈妈准备的生日礼物献给她。这个礼物是我精心为妈妈挑选的一支歌。这支歌是我在中央电视台银河艺术团学的,歌名叫'妈妈的怀抱'。结果大家的掌声响起来了,欢迎他唱。这支歌我到现在都记得歌词,歌词是这样的:'您给我人间第一缕微笑,您给我人生第一首歌谣。如果问世上什么地方最美好,我说那就是妈妈的怀抱。您给我大地般无尽的养料,您给我大海般无边的春潮。如果问世上什么地方最美好,我说那就是妈妈的怀抱。妈妈的怀抱胜过全世界所有华丽的辞藻。即使我走遍天涯海角,妈妈的爱也一直伴随我白头到老。'"儿子动情的歌声,唱哭了在场所有的人。

从这浓浓的亲子之爱和子亲之爱中,我们有理由相信,这个孩子获得了充足的家庭感恩教育;也有理由相信,这位母亲从孩子3岁让橘的小事而进行"见得思义"教育的同时,也给了孩子满满的爱。或者说,正因为爱,孩子得以从微小的行动中开始"见得思义"。

孔子有个弟子叫宰我。有一天,宰我问孔子,父母去世,要服丧3年,时间未免太长了。他还举了很多例子来说明服丧3年会耽误很多事情,应该减少服丧时间,1年就够了。孔子反问:"未满3年,就吃稻谷、穿锦衣,你心安吗?"宰我说:"安。"孔子说:"你要是觉得心安,那就这样做吧。"宰我出去之后,孔子说:"宰我真是不仁啊!小孩儿生下来,到3岁时才离开父母的怀抱。服丧3年,这是天下通行的丧礼。难道宰我对他的父母没有3年的爱吗?"

讲这个故事,不是说现代人也要服丧3年,而是要学习孔子从生命的根本处启发孝爱的方法。孔子实际上在告诉宰我,要意识到父母之爱、回报父母之恩。

三、责任始于家务

责任教育是在做事的过程中实现的。首先,孩子应该明白什么是自己的责任,比如做作业、整理自己的房间、参加一些家务劳动。现代中国家庭有一个普遍的现象,父母为孩子做得太多,反而磨损了孩子的责任感;怕孩子犯错而包办太多,反而抑制了孩子为自己的过失负责的意识。这一切都会减损孩子试错过程中的责任感以及处理事情的能力。

大概在我女儿十来岁的时候,正逢暑假,我带着她与同事一起出差,同事也带着她的女儿,比我女儿大几岁。一路上,同事替她女儿把一切都安排妥当,而我们母女是反过来的,女儿替我把一切安排妥当,连行李箱都不让我拿。同事很感慨,也颇为羡慕。我告诉她,女儿这么大,我只去开过一次家长会,更不会辅导她的作业,那是她自己的事啊。这样反而让她有了很强的独立性和责任感,能把自己的学习和生活管理好,还时不时替我操心。大概在她八九岁的时候,有一次我俩从超市买了些东西,她提着东西上楼,我随手想接过她手中挺沉的袋子。她把我的手一推,说:"你怎么提得动嘛!"

我始终相信,父母是孩子的榜样,所以育儿的关键是要让孩子把自己的事情做好。我不会花工夫去代替女儿做她自己该做的事,只会花时间和她聊天,对她上学时发生的事情津津乐道,对她的同学闺蜜如数家珍,当然也不吝惜表达对她的爱。所以我的闺蜜们说我"划得来",似乎没操什么心就养了个好女儿。说实在的,我之前没有想过自己会涉足家风家教工作,因为我觉得自己因为忙于工作,亏欠家庭、亏欠女儿很多,有太多的教训。如果有什么值得分享的经验,也许是给了女儿比同龄孩子更多的空间和时间,成全了她的独立性和责任感吧。

和孩子交流有个可操作的方式,就是每天或者每周抽出固定的时间和孩子讨论价值观、责任感、行动力这一类关于责任的话题。判断与选择、担当与回报,都和孩子一起来完成。在这个过程中家长只需要给予适当的引导。

有一个五岁半的小女孩，平日里由奶奶照顾饮食起居，几乎是衣来伸手、饭来张口。妈妈有时候会教育孩子，让孩子在饭前摆碗筷，饭后收拾椅子，但是孩子心情好的时候会做这些，被手机吸引了或者心情不好的时候，就不做了。有一次，妈妈看到女儿画了一幅画，画里是一个人穿着围裙，坐在沙发上看手机。这个人，额头上有三道线。女孩说，画的是奶奶在休息。妈妈问，头上的三道线是什么？女孩说，奶奶头上的皱纹呀！你们看不到，只有我看得到。

妈妈一边被女孩的细心感动，一边发现这是一个很好的交流机会，于是追问："奶奶整天都在忙，家里大大小小的事情都要靠奶奶去做。奶奶辛苦不辛苦？"女孩说："辛苦。""那么，我们要不要为奶奶分担一些力所能及的事？"女孩想了想："要！""那你能分担哪些事情呢？""我可以摆好碗和筷子，吃完饭洗碗、擦桌子，还可以给奶奶捶背！"

"说到做到！要不然我们拉钩？"

"拉钩上吊，一百年不许变，变了就是猪八戒！"

从此以后，这个女孩总是会主动做一些力所能及的事情，以兑现和妈妈的承诺。我想说的是，这个妈妈非常有智慧，她巧妙地选择了一个合适的时机，利用孩子本然的对奶奶的爱，让孩子做出了承担一部分家务的选择，孩子的责任感便逐渐培养起来。

我想，对于年纪稍微大一点的孩子，家长完全可以和孩子商量家务的分工，也可以在固定的时间和孩子讨论一些社会热点话题，问孩子如果当事人是自己该怎么办，让孩子试着做出选择，并跟孩子共同分析选择的后果。通过这样的家庭小练习，家长便可逐步培养孩子的勇气和担当。

四、跟着父母做公益

记得有一年，我受哈佛大学校友会的邀请，给准备进哈佛大学的新生们做了一场主题为"国学与公益"的讲座。在提问的环节里，我被问到，对想去非洲做公益的人有什么建议？我说，这样的精神很可贵，但我想先问问，他们在自己的社区或者乡村里做过什么公益吗？回答是清一色的没有，于是我建议大家先从自己的社区、自己的家乡开始做公益，中国人的公益精神是从修身、齐家、服务家乡的过程中生长起来的。

我曾问过一位90年代五好文明家庭的家长："您的家庭是怎么被评选为北京市宣武区五好文明家庭，又是怎么被全国妇联评选为全国首届教子有方十佳家庭的？"她说，是因为当时还是小学生的儿子放学后就找收发室的爷爷领报纸，给各家各户送报纸；看到社区摆放的自行车被风刮倒，就会吃力地把它们一辆辆扶起来；见了街坊邻居都问好，特有礼貌。邻居们说，能养出这样的孩子的家庭一定错不了，于是就给推荐上去了。

这位家长就是前面提到的"让橘娃"的母亲。我们从她的育儿故事中看到，孩子的利他之心是在吃橘子这样的小事上点点滴滴培养起来的，同时也是父母乐于助人的榜样引导出来的。让孩子学会主动利他，是给孩子的一笔人生财富，对于公益精神和健全人格的形成是很有意义的。所谓公益，并不一定是干一些惊天动地的公益事业，也并非特指职业公益组织的全职工作或者志愿者工作。公益就其最广泛的意义来说，就是关心公共事务、遵守公共规则、维护公共利益，至少不做有损公共利益的事情，比如，不要把自家的杂物堆在楼道通行处，不要把自家的臭鞋袜和垃圾堆放在门外等。

父母平日带着孩子参与社区的活动和社区的公益，关心了解自己的家乡，这些都是培养孩子健全人格和社会服务能力必不可少的功课，也是亲子互动和亲子交流的极佳时机。"跟着父母做公益"将是孩子儿时记忆里的美好画面，会伴随孩子一生的成长。

中国式公益本质上是乡土公益——乡亲乡情回馈乡里，是中国式公益的本色。我原以为公益一词是舶来品，直到2006年我在重庆南川祖先的墓碑上看到了"地方公益事业，莫不参与"的字样，知道祖先耕读传家，积累了一点财富就捐钱修路、搭桥，扶贫济困；知道了我外公的叔公是清明会的负责人，大家捐出公田、族田的收益来支持清明祭祖、扶贫济困等公益活动；知道了我的血脉里有着来自故乡先祖的公益传统，这样的传统本来就在每个中国人的血液里，本来就是中华文化的内涵。"中国好家风"本来就包含着对于家乡家国的责任。

五、跟着爸妈回家乡

"老乡见老乡，两眼泪汪汪"，这是中国人特有的乡情。说起自己的家乡，中国人都会有一种特别的情愫，就像我们这代人自幼熟悉的那首歌——《谁不说俺家乡好》。老乡们总有那么多的共同记忆、共同语言，与当地的水土有着共同的情感，甚至一起在某个地方待过也会成为两人更加亲近的原因，这些可能是让西方人颇为不解的地方。

记得有一次，我和一位来自美国的心理学家聊天。他说他是在北卡罗来纳州长大的，我很兴奋地说："哎呀，我也在那里待了两年！"原以为会有一点共同记忆或者共同语言的反应，但他用一种奇怪的眼神看着我，似乎在说："这也值得提吗？"反倒弄得我有几分尴尬。后来我明白了，这是个人主义和家人主义的差异。

从个人主义的角度来看，个体就是个体，他与周围的乡土环境并没有必然的联结；而从家人主义角度来看则不然——任何个体都是一方水土和这方水土上的人养大的。没有这"乡"这"土"，就没有个体这个人，这样一来，怎么会对养育自己的这方水土和这些乡亲没有眷念之情呢？即使离开了家乡，也始终有一份挂牵，叫作"乡愁"。这是一种情义，亦是一种格局，是人对于社会与自然的情义和格局。

今天，让我们的孩子勿忘家乡，在节假日带孩子回到家乡，既是对其社会性的拓展，也是对其自然天性的释放，是与久远的祖先和已然陌生的乡土的一种联结。寻一寻故乡的古迹、走一走家乡的田埂、找一找家族的人物、认一认周围的乡亲、翻一翻祖先的家谱，都有助于开启孩子的心智和情感。

如果说社区是城里人的新家乡，那么乡村就是每个人的老家乡，对老家乡的血脉联结则是解不开的乡愁。新家乡的建设需要老家乡的文化滋养，更需要与老家乡的精神联结。梁漱溟先生说，乡村社会是中国有形的根，道德文化是中国无形的根。中华共同体文化的根脉就在乡村。无论这棵大树的枝与叶如何伸展，都有一个根基，它就是乡村。

家人社会的力量作为对原子社会的修复和疗愈，不只有社会建设的意义，更有凝聚精神的意义。乡村就是维系这份精神凝聚力和社会黏合力的根，是这个民族之所以历经磨难却有着强大再生能力的根，是中国近现代一次次经历政治的、经济的风浪却能够站稳脚跟的根，是中国没有成为宗教国家却有着家国天下的共同信仰的根。这个根需要我们每个人身体力行地护养。

见义勇为的行动力

在代代相传的成语里，"见义勇为"也是中国人耳熟能详的表述。义是"何为正当"的价值观和"吾当何为"的责任感，这必然体现在"行所当行"之勇于担当的行动力上。

子曰："见义不为，无勇也。"《论语·为政》见义勇为不仅是在社会上伸张正义，以及必要时的奋不顾身甚至舍生取义，它也体现在日常生活中的行为上，比如勇于力行、勇于知耻、勇于克艰、勇于持志，等等。

一、勇于力行

子路问孔子："君子尚勇乎？"子曰："君子义以为上。君子有勇而无义为乱，小人有勇而无义为盗。"（《论语·阳货》）这里，孔子把义和勇的关系说得非常清楚。见不到义的勇不过是"乱"或"盗"，见义不为则流于空谈。

我们注意到，孔子特别强调力行，强调"讷言敏行"。大家耳熟能详的"君子入则孝，出则弟，谨而信，泛爱众而亲仁，行有余力则以学文"把对孝悌忠信仁爱的践行放到第一位，学文则被放在了第二位。

中华人民共和国的国歌全名为"义勇军进行曲"。义勇一体，体现的是中国人的民族精神。无论是道理还是责任，若不付诸行动，就不能说有义。南宋抗元名将文天祥，在纷乱的时局中没有像其他人一样随波逐流，或者主张归降，而是散尽家财，组织兵力去抗争。他在《绝命词》中写道："孔曰成仁，孟曰取义，唯其义尽，所以仁至。"知恩图报关键要落实在"图报"上面，所以中国古代文化里的"爱国"更多体现为"报国"。

责任与担当，是千百年来中国家庭一脉相承的家教家风，也是今天的现代家庭面临的重大课题。

家长要引导孩子对自己的事情负责，不要用"包办代替"遏制孩子的责任感。具体的做法是，在家里，让孩子来分担家庭事务，懂得关心家人，懂得父母的难处并学会感恩。这个时候，家长不要觉得孩子能够关起门来专心读书就够了，其他事情用不着孩子管。要知道，孩子需要在生活中学习，需要在日常的洒扫进退中成长。家里当然不缺孩子这样一个"人力"，但是孩子的担当品格的形成需要真实的生活。

在外，家长要引导孩子多参加学校、社区和社会的活动，不要总是用做作业和上辅导班来挤压这个时间。我们生活在社区里，与社区的人、事、物息息相关。在我们背后，有很多人在默默爱着我们，而社区其实就是城市人的家乡。我们一方面享受着家乡的滋养，另一方面也要为家乡贡献自己的一份力量。带着孩子完成既定的任务，以此提升孩子解决困难的能力。一个遇事不躲、勇于解决问题的孩子，一定是个敢于担当、有责任感的孩子。

明代的军事家、文学家、思想家、爱国诗人于谦有一首著名的诗《石灰吟》："千锤万凿出深山，烈火焚烧若等闲。粉骨碎身浑不怕，要留清白在人间。"从这首诗里，我们能强烈地感受到诗人不屈不挠、勇于担当的精神气概，令人动容！

宋代的梁红玉，一位巾帼不让须眉的抗金女英雄，在战场前线击鼓退兵的故事广为流传。梁红玉本是江淮地区的一位奇女子，少年读书习武，能弓善箭。梁红玉在镇江京口与韩世忠一见钟情，结为夫妻。靖康元年（1126），金国部队从北方过了黄河，占领了北宋首都开封，俘虏了徽宗、钦宗两位皇帝。康王赵构继承皇位成为高宗，将都城定在临安，开启了南宋王朝。由于高宗无能，朝政腐败，金军首领兀术趁机率领军队继续向南进发，淮河流域成为双方争夺之地。

在黄天荡大战中，韩世忠率领军队迎战金兵。绣着"韩"字的军旗迎风飞扬。梁红玉擂鼓助威，气势排山倒海，金兵不战而败。从此以后，金兵只要见到"韩"字大旗就惊心动魄，听到梁红玉击鼓就闻风丧胆。

中华民族能够延续几千年，是因为勇于力行的精神始终在闪光。

二、勇于知耻

勇，一般会被理解为"该出手时就出手"的对外的力量，然而孔子崇尚的勇，还有一个朝内的含义，就是"知耻"！子曰："好学近乎智，力行近乎仁，知耻近乎勇。"这是孔子为数不多的正面描述勇的话语。在这里，孔子没有说治国平天下，而是说"知耻"，这也应该成为今天家庭教育的一个基本出发点——教育孩子要知耻。

知耻是一种内省能力，对于自己的过失过错有知有愧，并且"过则勿惮改"。勇敢地面对世界，先要勇敢地面对自己。家长有错能够自省，能够当着孩子的面检讨和改正，这么做不仅不会在孩子面前丢脸，反而可以拉近亲子距离，获得孩子的尊敬。

我们在开展"九九家风"项目的过程中，收到一位家长给社工发来的微信：

> 老师们好！我是带着8岁孩子来上了两次课的那位家长。我今天忍不住要和你们分享一件让我很高兴的事，就是我突然"开窍"了。从孩子一年级开始，我通过网络和书籍零散地学习了解了一些培育孩子的知识。我学习的目的就是帮助孩子、改变孩子，因为觉得孩子有很多很多的问题。后来，听了两次家风课，我突然发现，其实需要帮助的人是我自己，要改变的人也是我自己。回头去看我的成长过程，我其实是一个很不自信甚至有点自卑的人，而且还极度敏感。当我发现我的孩子有那么一点我的影子时，我很害怕、很焦虑，于是总想着要帮助孩子、改变孩子，甚至对孩子打骂、吼叫，不想让他变成我的样子，希望他自信、阳光、开朗。但是，我发现孩子并没有在我的"用心培育"下变成我所期望的那样。现在我明白了，其实需要被治愈的是我自己。我的突然觉悟让我真的很高兴。谢谢你们！

这位家长的微信，字里行间彰显着反省自己、认识错误的勇气。我也能感受到他因为这份勇气而产生的喜悦。谁说见义勇为不能针对自己呢？当发现自己的错误后，能够勇于承认、勇于改正，就是在循着大道做事情。

知耻是自省的内容，也是自律的开始和自我管理的开始。从今天的家庭教育来看，"知耻而后勇"有以下环节和要点：第一，给空间——要给孩子知耻的时间、空间，使其有时间思考，如果被照看得密不透风，连犯错的机会都失去了，便意味着自我成长的机会都丢失了；第二，善沟通——即通过沟通建立良好的亲子关系；第三，能知耻——即具有自我反省的能力；第四，勿惮改——与知耻伴随的是改过的勇气，"过则勿惮改"，不要怕改错，因为改错也是需要勇气的。

这个"给空间—善沟通—能知耻—勿惮改"的过程，就是孩子自我教育、自我管理的过程。知耻是孩子自我教育的关键，规矩则是孩子自我管理能力的关键。父母教育孩子，如果只能做一件事，那就是给孩子立规矩。如果家庭教育中父母对孩子的管教只能有一个尺度，那就是是否养成了孩子自我教育、自我管理的能力。

三、勇于克艰

一个人有了力行之勇、知耻之勇，还需要有克艰之勇，才能具备完整的义勇的品格，才经得起人生的风浪。

这些年来，我们耳边听得最多的一个字，可能就是"难"了。确实，有时候我也会"喊难"，好在我会提醒自己进入内省的状态。首先，告诉自己也告诉孩子，"难，是题中应有之义"。为什么会叫作"难"？是不是我们有一个假设——人生应该不难？其实，从娘肚子里冲出产道不难吗？婴儿学习翻身和爬行不难吗？难，是题中应有之义。想通了这一点，就无所谓难与不难了！不如把难题当作考题，把问题当作课题。

也许有的家长会说，我不期望孩子有多大的作为，能够好好过日子就行了。其实，要把日子过好并不是一件容易的事情。通情达理，知恩图报，这些品格都要在克服困难的过程中磨炼和养成；否则，如果抗挫能力太差，日子是没法过好的。

一位研究犯罪心理学的老师特别强调："吃苦耐劳是很重要的品质！孩子一定要能够吃苦，这样才能养活自己。我研究犯罪，最怕一种人——能力不高还不能吃苦。这种人属于庂人，但是还委屈不得他，因此谁也救不了他。问题是他还会动不动就生气，恨这个社会，想报复这个社会。所以，庂人脾气大是最糟糕的事情。"

坚韧的品格从哪里来？从积极拥抱困难、感谢困难中来。"岁寒，然后知松柏之后凋也。"《论语·子罕》我们小时候的常识里有一条，不做温室里的花朵，要做暴风雨中的雄鹰。那个时候我很看不起娇惯的人，因为太舒服的地方容易让人不思进取。

孟子的名言也许大家都知道："天将降大任于斯人也，必先苦其心志，劳其筋骨，饿其体肤，空乏其身。"上天将要把重大责任降在某个人身上，一定会先使他经历内心的痛苦磨砺，使他筋骨劳累，使他忍受饥饿以致肌肤消瘦，使他受尽贫困之苦从而内心清明，性格坚毅。

一位全球著名讲演家说："孩子迟早会面对他们的人生难题。真正的富养是让孩子先吃苦。现在吃苦未来才有甜头，要承受五种苦：（1）读书的苦；（2）体力的苦，多做家务、增加运动，强健的体魄才能培养强大的意志力；（3）批评的苦，只有当孩子学会接受批评的时候，才能知道自己错在哪里；（4）失败的苦，父母一定要认可孩子的努力，不要因为没有做好一件事而否定他们，鼓励他们学会坚持，不能因为没有做好就放弃；（5）坚持的苦，不管遇到什么困难和挫折，告诉他们坚持下去。

四、勇于持志

一个好的社会应该是一个"良币驱逐劣币"的社会，是一个好人有好报的社会，是一个大家为了共同的利益去努力的社会。但是这样的社会不会凭空而来，而是需要我们大家去创造，需要每个人的坚守。而每个人持志的勇气，需要圣贤文化的浇灌。

中国的家文化本质上是圣贤文化，中国的教育本质上还是圣贤教育。一代代中国的仁人志士都是喝着圣贤文化的墨水长大的，甚至一些被西方文化思想灌输后走入反传统误区的人，他们的勇气也是从圣贤教育里培养出来的。文臣死谏，武将死战，他们并非为了加官晋爵，而是为了履行作为士人、作为将军的责任——因为圣贤书中说"君子义以为上"。梁漱溟先生曾因为坚持"只批林不批孔"而被连续批斗了好几个月。之后要他表态，他的回答依然是孔子的话："三军可夺帅也，匹夫不可夺志也！"

前两年，重庆万州有一辆大巴车行驶在长江大桥上，一位乘客因为不能如己所愿下车，便拿手机砸司机，还抢夺方向盘，导致大巴车失控，全车 15 人殒命。设想一下，当时哪怕有一个人站出来阻止这位乘客的不良行为，也不至于赔了全车人的性命。在那种情况下，为什么没有人见义勇为？是胆怯还是自私？是公共道德的沦丧还是"与己无关"的愚痴？有一点是肯定的，就是这些人一定是缺失了自幼家庭应给予的责任教育和义勇品格的培育。

假设我们自己带着孩子也在这辆大巴车上，会怎么做呢？

社会就像一辆大巴车。作为社会的人，我们都在同一辆大巴车上，这辆大巴车的安全和福祉是需要每个人去维护的。

义文化的核心是共同体文化；见得思义、义不容辞、见义勇为、舍生取义的价值观背后，是万物一体、天下一家的宇宙观。这是对于生命生态的真相的认知。这样的认知构成了共同体意识以及家人意识。

中国人理解的家并不只是搭伙过日子的地方。家是由个体的差异性、彼此的互依性和整体的共生性构成的生命摇篮；家是既有情感又有规则的社会细胞；家是最能尊重个体独立性又能维护共同性的生活空间；家是让个体生命安放存在感、归属感和归宿感的命运共同体。由此构成家族共同体、家乡共同体、家国共同体。

正是天下一家的认知将个人的生命和更大的共同体联系在一起，使得中国家文化有着一种十分动人的底色，就是在家庭教育中滋养家国情怀。父母对孩子的教育是要立志服务社会、报效国家的，所以有岳母刺字"精忠报国"，有抗战时期那个把"死"字送给出征儿子的重庆父亲，有从天南地北会集在救灾、抗疫一线的普通民众，"因为你是我的同胞，我要来尽我的义务"。

"义无反顾"，因为"义不容辞"！

五、勇于自信

西方哲学和中国哲学有一个根本不同，前者的根据是"个人"，中国哲学的根据是"家人"，即在家庭、家族、家乡、家国乃至自然家园中存在的人。家国天下，不过是中国人对这种生命真相的认知与体验。知恩图报，不过是对于生命个体和整体之间的生命联结的明了与担当！

所以，"义"字和"孝"字一样，很难从英文里找到相对应的单词，而这正是每个中国人文化自信的"词根"。从这里，开始强固中国人本应有的文化自信吧！

梁漱溟先生在20世纪知识界一片"打倒孔家店"的风潮中挺身而出，"为孔子讨个说法"，坚持认为，一个国家的出路依托于自身的文化土壤。他在那个时候霸气地预言："未来的世界，将是中国文化复兴的世界。"这份勇气来自对于中国文化的自知、自觉和自信。

今天的家庭教育，更应该有对中华文化的自知、自觉和自信。

一个家庭最失败的，就是养出一个忘恩负义与唯利是图的后代，为社会所不齿，为家门之不幸。这种人别说在社会上混不下去，就是生存都有问题。

"君子义以为质，礼以行之，孙（逊）以出之，信以成之。君子哉！"（《论语·卫灵公》）"义"是人最基本的品质。简而言之，这种品质就是知恩图报，就是责任担当。

义是责任——自己的责任、家庭的责任、家国的责任和地球家园的责任。

让我们的孩子通过中华家文化的教育，树立起见得思义的价值观，培养起知恩图报的责任感和勇于担当的行动力。这是家风家教的重要内容。它将成为家庭的福祉、家国的福祉、地球家园的福祉，亦是我们的孩子个体生命的福祉。

第七章 礼——以礼治家,塑立家庭的规

以礼治家，第一要明礼义。礼的内涵是仁，表现是敬，用礼调养心性，可满足我们被尊重的精神内需。每个人的内心深处都希望被尊重，尊重的表现形式就是礼，当然，自己必须自我尊重和尊重他人，才能得到他人的尊重。没有礼，这一切都无从谈起。

第二是正礼序。礼序对于家庭关系的和谐尤为重要。"礼也者，天地之序也"，每个生命个体都是独一无二的多样性差异化的存在，又是与其他生命体互补共生的平等存在。一个家庭是有差序的，然而家庭成员之间又是平等的，是有差序的平等，这样的认知模式就是差等思维。将差等思维用于家人的学业和职业，还可以调和社会关系和社会心态，减少无谓的攀比所引起的抱怨与焦虑。

第三是端礼仪。礼义和礼序都是通过礼仪来呈现的，繁体字的礼字的左边是"示"，有祭祀的含义，右边则是玉石和豆（禮）。祭祀是庄重、美好而又秩序井然的事情，展现了规则和情感并存的生命状态。无论是家庭常礼，还是人生大礼，礼仪的仪式感、庄重感都是生命不可或缺的涵养。本章对于礼仪的要义和伴随生命成长的人生十礼，即婚礼、怀子礼、接子礼、开笔礼、成童礼、成人礼、乡饮酒礼、丧礼、祭礼以及生日礼作了系统的介绍。

第四是定礼约。礼约是礼义、礼仪和礼序的保障，是一个家庭的"基本法"，明道理、懂规矩，更是家风家教的常识和常理。怎么让孩子懂规矩？怎么建立新时代的家规？如何让孩子参与到家庭礼约的制定之中从而训练自律的能力？本章从礼约能断家务事、礼约是现代的家规、礼约是有效的管教、礼约是有爱的规则这几个方面作了回答。

第五是成礼俗。中国有句话，叫作"约定俗成"——家规是"约定"，把家规变成习惯便是"俗成"。一个好的家规要成为家庭成员的生活习惯，不是自然而然、一蹴而就的事。让礼约成为礼俗，让家规成为家风，需要家庭成员营造自省之风、互励之风和共勉之风。

本章围绕以礼治家的主题，对如何明礼义、正礼序、端礼仪、定礼约、成礼俗的问题进行了较为系统的阐述，在生活实践中提炼出诸多操作建议，以此为大家提供参考。

人活一世，自我管理是一项最基本的生存能力。在中国文化中，自我管理能力最初是通过家庭的礼义、礼序、礼仪、礼约和礼俗来实现的，我们不妨将其称为"家庭的礼治系统"。它与家庭的文教系统相辅相成，是中国人存在感、归属感和归宿感的根基。现代社会中家庭礼治传统的失落，则是诸多家庭问题乃至家庭悲剧出现的原因。

国学大师钱穆说："要了解中国文化，必须站到更高来看到中国之心。中国的核心思想就是礼。"柳诒徵先生也说："礼者，吾国数千年全史之核心也。"可以说，中华文明就是礼乐文明。就社会而言，礼代表秩序；就个人而言，礼代表教养；就心灵而言，礼还蕴含着信仰。礼是家教中不可以轻视、家庭里不可以小视的瑰宝。我们需要正视现代家庭的现实问题，汲取家庭礼治的传统智慧，共同探讨在今天的现代家庭里，何以明礼义、正礼序、端礼仪、定礼乐、成礼俗。

明礼义，形成共识

现代家庭依然面临何以治家的问题。一个人无论什么职业什么职务，只要生活在家庭中，总会面对各种家庭关系和家庭事务。是以"力"治家，谁力气大谁说了算吗？是以"利"治家，让金钱成为家庭的主宰吗？还是以"理"治家，仅用说理来处理家庭事务呢？中华家文化是以"礼"治家，因为礼的特质是既通情又讲理，既认差序又重平等，既有理念又有操作，既保护个性又维护共性，既通日用伦常又含神圣之感，礼是真正的治家法宝。

一、礼的字源

从"礼"的甲骨文字形来看,"礼"字由两部分构成:上面是两个有绳结的玉串,下面是带脚架的建鼓,合起来是击鼓献玉,敬奉神灵。我曾经在三星堆遗址看到过很多这样的玉器,十分震撼。那个时候的人们制造出这么精美的玉器,是为了祭祀,献给给予我们生命的上苍。

到了使用篆文的时代,"礼"字的左边加了祭台"示",表祭祀的意义;综合起来,古汉字的"礼"通过其独特的字形结构形象地表达了敬神祈福的仪式和庄重敬畏的心态。

山东曲阜的周公庙有两座牌坊,写有八个字——"经天纬地""制礼作乐",表达着礼的缘起和功能。经天纬地,是天人合一的神圣通道;制礼作乐,则是礼会治理的制度建设。礼,从来就不只是冷冰冰的制度,而是有温度、有厚度、有感情的天与人之间、人与人之间、心与心之间的沟通方式。秩序和神圣本自其中。

二、不知礼,无以立

礼,无疑是构建公序良俗的根本,而公序良俗则是以家庭礼治为根基的。这一切对于一个人的成长来说意味着什么呢?在《论语》的最后一段话里,孔子说了什么?"不知礼,无以立也。"

一个人安身立命,须在礼上立得起来。否则,人不过是趴着的,生命不过像纸片一样单薄脆弱。

所以,孔子的毕生奔走如果用四个字来概括,那就是"克己复礼"。颜渊问仁的时候,子曰:"克己复礼为仁。一日克己复礼,天下归仁焉。"

长久以来,克己复礼常常被解读为"复周礼",其实这礼更是指天地之序、乾坤之道和宇宙之规律。"礼也者,天地之序也。"人生的意义就在于克除自身的尘垢,通达宇宙的礼数,完成个体生命与宇宙大生命的合一。

"克己"就是要明白，我们自身这样一种渺小的、几十年就过去的生命体，是可以成为可大可久的大生命的。我们每个人都有克己、明自身之明德的能力。但是，我们也要知道，我们这个"己"流落在世俗的社会里，很容易被贪欲和私心蒙蔽，所以要克己，才能"复礼""归仁"。

三、仁德即礼义

子曰："人而不仁，如礼何？"如果没有发自内心的仁德，礼不过是冰冷僵硬的形式。

我们在仁字篇中较为详细地解析了仁德的四个基本特质，即"亲""敬""忠""恕"，通过礼仪的行为、礼序的伦常和礼约的规则而成为礼俗，这也是礼义的四个本质内涵，体现为礼的善意、敬意、诚意和谦意。它是健康心灵的根本，也是礼仪、礼序和礼制的根据。

一个人把自己的善意、敬意、诚意和谦意这些美好的东西按照以上这种方式表达出来，才是礼仪。一个人举手投足、言谈举止是在表演，还是发自内心？如果是发自内心的话，你的善意、敬意、诚意和谦意便会生起来、释放出来，所谓"溢于言表"。对方就能够看懂你的肢体语言，体会到你的善意、敬意、诚意和谦意，并在内心领悟到你释放的真情实感。这个时候，人和人的交流就很容易、很畅通、很融洽了。

仪式需要形式，但不等于形式。"仪"的汉字字形由人和义组成，是指人的行为所呈现的义；没有仁德的内涵而只有冰冷僵化的形式，则不能构成庄重温润的仪式。子曰："居上不宽，为礼不敬，临丧不哀，吾何以观之哉？"孔子说，居于上位的人，不能宽宏大量，行礼的时候没有恭敬之心，参加丧礼却不悲哀伤痛，这种样子，我怎么看得下去呢？孔子非常强调礼的内在本质，即内心的仁德恭敬。不仁便是无礼，失敬便是失礼。

那么这样的敬意从哪里养成呢？儒家的高明而又朴实之处，就是把敬意的培养放在家庭生活中，比如从对父母的态度开始。

有一个小职员，给领导倒茶是他的例行公务。某日，他在家里看到垂垂老矣的父亲，突然意识到自己从未给父亲做过为领导做了无数遍的事。于是他起身给父亲倒了一杯茶，双手奉上。就这样一个轻微的动作，竟让父亲老泪横流，感动不已。

心中有敬，行为便会有礼。从和颜悦色到奉茶问候，再到长者不上桌晚辈不举筷，我们从心态到言行都会温暖起来。在家里养成礼敬的习惯，习惯成自然，自然温润着人际关系。

著名导演夏衍在弥留之际疼痛加剧，看护员急忙说："我去叫医生来。"此时，夏衍强撑着病体，用微弱的声音说："不是'叫'，是'请'。"这个令人感动的细节诠释着什么是礼义人生，诠释着他对这个世界发自内心、深入骨髓的恭敬。我们相信，夏先生对自己的妻儿亦不会两样，因为这敬重已经成为他自身的光芒，在哪里都能散发温暖。

当然，要将礼义的内容化为生活的行为，还需要日积月累的熏陶，需要在一点一滴的处事实践中教孩子明辨是非、明白道理。

四、让道理成为共识

一个家庭因为有了共识才能一起生活，一个国家需要共识才能长治久安。西方人靠神谕来维系共识，中国人靠道理来滋养共识，因为道理不是谁的凭空想象或者外来创造，而是植根于生命、生活、生态的真谛。

历代的中华家庭形成的和、孝、勤、俭、仁、义、礼、智、信的共识，正是家庭能成为休戚与共的命运共同体的基础，也是家庭的情理基石。这些共识就是中国家教的命脉！家教是一个人懂道理、建共识的摇篮，因为这些共识是需要在克服个体容易产生的偏见的过程中建立的，是需要在家庭这个既讲情又讲理的地方孕育的。一个家庭如果没有基本的价值共识，这日子怎么过呢？

家庭教育无论包含多少内容，归纳起来最基本的无非三条：明道理、懂规矩、担责任。明道理是懂规矩的前提，怎么才能让孩子明道理从而懂规矩呢？无非言传身教，言传和身教两者是不可偏废的。现在家庭教育中有一种似是而非的说法：家庭只是讲爱的地方，不是讲理的地方。其毛病在于把"讲什么理"、"怎么讲理"与"要不要讲理"混为一谈，用前两个问题所存在的误区来否定后一个问题的必要性和必需性。

第一，要不要讲理？

一个家庭由在不同的原生家庭中成长起来的不同性格、不同经验的男女构成，很容易公说公有理，婆说婆有理，夫说夫有理，妻说妻有理。那么，一个家庭有没有共同的理？在中华民族生生不息的悠久岁月中，这个问题肯定是有答案的——和、孝、勤、俭、仁、义、礼、智、信，就是中华家文化的核心价值，就是大家公认的理；此外，亲、敬、忠、恕的仁德，以及由此生发的善意、敬意、诚意和谦意，就是大家共循的礼。

家庭教育的命脉，就是让道理成为共识。北宋宰相赵普回答宋太祖"天下什么最大"的问题时说："道理最大！"道理符合天地万物差异互补共生的规律，它大于皇权、高于富贵。所以中国人相信，"有理走遍天下、无理寸步难行"！

要不要讲理是个不言而喻的问题。有人说，家不能讲理，只能讲爱。这是站不住脚的。家里既要讲爱也要讲理，否则父母只说"孩子我爱你"，能解决问题吗？更重要的是，孩子如果不能在家里学会讲道理，他又怎么能学会明辨是非、明白道理呢？一个不明理又不讲理的孩子，将来要怎么立身行事呢？

第二，怎么讲理？

要摆事实、讲道理，而不是摆架子、发命令。在家里，不是要不要讲道理，而是怎么讲道理；是以理服人，还是以势压人。在孩子幼年的时候，家长就是强势的一方，很容易以势压人、强词夺理。

讲理还需心平气和、循循善诱，而不是急躁上火、口不择言。曾经有一个父子三人对话的视频在朋友圈爆火——爸爸能够摆事实、讲道理，一条一条地跟两个孩子分析事情。分析到最后，两个孩子认错认得心服口服。对比妈妈发脾气式的管教，爸爸这种以理服人的教育方式显然更管用。

在教育孩子的过程中，我们不但要告诉孩子该怎么做，更要让孩子明白为什么要这么做。以理服人的言传身教，方能让孩子心悦诚服。

第三，讲什么理？

讲的是歪理还是道理？是为了争输赢还是求共识？个体生命总是有差异、有个性、有自己的见解的，而大家要在一起生活，必须有共识。这共识就是大家都认同的道理。

那位父亲在和孩子沟通的过程中，"责任"一词出现了很多次，"做错了要改"也多次提及。这些都需要共识，才能讲下去。即使孩子搬出了儿童权益，父亲还是用责任这个共识说服了孩子，而且父亲还很巧妙地引导孩子内省，让孩子不要先责怪妈妈的态度，要想想自己哪里没有做对，最后落到知错就改这个共识上。

我们有理由相信，一个有着责任、内省和改过的共识之家，一定拥有基本的幸福密码和孩子健全人格的文化基因。

第四，谁在讲理？

这个父亲能把理讲下去，我们可以据此推断这是一个担责任、有内省、能改过的父亲。试想，这个父亲如果是一个平时只会推责任、从不反省自己而且从不认错的人，孩子怎么会心服口服？如果孩子平常不能从父亲身上看到内省和改错的力量，又怎么会接受其道理并形成共识呢？所以，做榜样是讲道理的基础，身教是言教的前提。

对于学龄前乃至更年幼的孩子，也是可以通过交流、讲道理来立规矩的。问题在于很多家长低估幼儿明理的能力，所以常常用命令式的要求与孩子相处。告诉孩子哭闹解决不了问题，耐心鼓励和倾听孩子的需求，鼓励孩子也成为讲理的主体。对于孩子讲对了的，家长要赞扬；家长失理和无理的地方，要勇于在孩子面前道歉，这也是很重要的家教家风。

在信仰落寞的现当代，在个性张扬的今天，你说你有理，我说我有理，到底还有没有大家公认的天理？家人之间还需不需要共同的价值？敬畏、感恩和奉献还有没有可能成为处理家庭关系的宇宙法则和人际原则？这个问题是显而易见的。正因为有个人自由与个人意见的诉求，所以更需要共同价值和共同信仰，否则家庭无法共存、社会难以共存；更重要的是，个体生命无法找到自己的存在感、归属感和归宿感。这个共同价值是什么？是"天不变，道亦不变"的天理，而天理是小到家庭、大到人类的超越时空、超越种族的宇宙运行的共同规律，是天地万物差异互补共生的规律。

五、让共识成为家训

天理成为信仰的过程，就是让道理成为共识的过程。在这个过程中，家训发挥着"凝心聚力、提示愿力"的重要作用。

道德礼义共识是需要被提醒、被教化的，于是就有了家训。家训是不同的家庭成员需遵守的共同准则，是穿越辈分的代际的价值认同。让道德天理成为家庭共同体的共识，这是信仰的力量。

不知大家是否听说过任正非"捐校训"的故事。一天，任正非的母校，都匀一中的校长向任正非募款。任正非问道："学校的校训是什么？"校长答不上来。原来，这所学校没有校训，或者说，在这之前校方就没有考虑过校训这回事儿。任正非于是对校长说："如果你不把校训搞清楚,不讲清楚为什么要办学校,以及要办成什么样的学校,我就不给你钱。"校长还是说不清楚,任正非就告诉校长:"你说不清楚,那么我来帮你说清楚,或者我找朋友来帮你说清楚。等到大家都认可了,并且按照这样做了,我就支持你。"于是,任正非召集了很多朋友来认真讨论校训的事,在和学校商议之后,确定了六个字的校训——立志、崇实、担当。

捐一笔钱给学校,一定要校长把校训讲清楚。大家开始时都没有从这个角度想过;但事后一想,都觉得很有道理。做一件事不在于钱,而在于理;不在于事,而在于它的起愿和发心。参与此事的朋友们都十分感慨,他们之前还从没看见过一个人,哪怕是大学校长,在校训问题上花这么大的精力。

学校需要校训作为灵魂,家庭需要家训作为灵魂。家训通常言简意赅,上接着久远的精神信仰,下连着今天的世俗生活。明志持志,发愿行愿!我们可以根据各自的家庭情况、家族历史,将中华古训与现代理念相结合,形成今天的家训,也就是今天的家庭核心价值观和精神信仰,挂在醒目的地方,让一家人拥有共同的理想、愿景、价值和信念。这样的精神气场本身就是无声的家教——既是对孩子的引导,也是对家长的鞭策。

正礼序,各尽其分

2021年9月,祭孔大典在全球华人所在之处、在线上平台可及之处隆重举办。大典的主题是"礼序乾坤,乐和天地",这是对差序平等的大道的昭示。乾坤万物是参差有序的,又是亲和同乐的。把个体生命安顿在和而不同的家庭之序、祖嗣之序和天地之序中,方能获得独立独特、不可替代的存在感和互补互助、互敬互爱的归属感，以及万物平等、宇宙共生的归宿感。

一、"差序平等"还是"无差序平等"？

在美国的两年时间里，我对于美国孩子"没大没小"的习惯很不适应。见了长者，美国小朋友总是直呼其名。甚至对祖父母、外祖父母也时不时直呼其名。我带着女儿与一些外国朋友相聚的时候，总是教女儿按照中国习惯称呼某某叔叔、某某阿姨、某某爷爷、某某奶奶。名字加了这些后缀，让对方先是惊异，后是感动，夸女儿好可爱。毕竟美国人也是人，也有着人与生俱来的亲情渴望，也愿意被小辈尊敬，而不是依照美国习惯被直呼其名。

不论年龄，女士优先是美国的礼节。当一位白发长者让我先进电梯的时候，我说，对不起，虽然我是女士，但此时不能优先，因为中国的传统是长者优先，所以您先请！于是，就女士优先还是长者优先的问题推辞了半天，在我的执意坚持下，那位长者终于先进了电梯。这种情况常常发生，我只要见了比自己年长的男士，总是不由分说地坚持"长者优先"。也许让他们失去一次表现男士风度的机会，但也让其体会了一次中国敬老礼节的温馨。我偶尔会问这些男士，在家中父亲是不是也要让女儿优先，爷爷是不是也要让孙女优先呢？回答往往是不置可否。

这些只是在美国的人际交往中给我印象较深的小插曲。美国文化似乎在追求"无差序平等"——父子之间据说是完全平等，不顾年龄悬殊；夫妻之间据说也完全平等，恨不得抹去性别差异，更不讲刚柔阴阳之不同。而这些促使我从文化比较的视角思考：差序平等与无差序平等，哪一个更合情合理？

对于每个中国人来说，这几乎是不证自明的常识！因为这常识基于生命和生态的常理。差序平等是身体的道理——身体每一部分的功能都不同，此为差序；各个部分互相依存，此为平等。身体的每一部分构成了整体，而整体，特别是心脏这一"君主之官"，会照顾身体的每个部分。于是，手与足、唇与齿、身与心，等等，身体的精气神不可分离而浑然一体。

毋庸置疑，中华文化是讲差序的——中国人讲的平等是差序中的平等。差序平等是家道的基本原则。其中，第一是差序性，如《礼记》所言："夫礼者，所以定亲疏、决嫌疑、别同异、明是非也。"第二是亲和性，仁者人也，亲亲为大，相敬如宾。第三是平等性，民胞物与，仁者爱人，天下一家。

中国古代用"五伦"来界定人最基本的五种关系，分别是夫妇关系、父子关系、兄弟关系、朋友关系和君臣关系。五种人际关系对应十个角色——丈夫和妻子、父母和子女、哥哥姐姐和弟弟妹妹、朋友和朋友、上级和下属。这五种人际关系又对应十个角色的道德定位，分别是夫义妇德、父慈子孝、兄友弟恭、朋友有信、君仁臣忠。我们可以从中看出，所有的关系都是建立在差序平等的基础上的，这就是家庭礼序。

这些礼序到底是过时的教条，还是必循的规律？如果打破了这些序位，又会带来什么样的混乱和伤害？今天的小家庭要不要有现代的礼序？如何建立现代的礼序？如何根据差异互补共生的常理，构建差序平等的天地格局、社会格局、家庭格局和生命格局？如何使人在礼序中安顿个体生命的身心？

我曾听一位从事家庭教育的演讲者公开宣称，教孩子"叫人"是给孩子的不当压力。殊不知，这恰恰是孩子认识社会关系、学习社会性成长的重要入口。从孩子会说话的时候开始就应该学会"叫人"，这基本是家庭称谓的延伸，比如见到小朋友叫哥哥姐姐、弟弟妹妹，碰到亲戚朋友、街坊邻居叫伯伯、姑姑、舅舅、叔叔、阿姨……这不仅仅是在表达亲近和敬意，更是通过生活中的点点滴滴来培养孩子的恭敬心！而且，孩子还在父母的指导下对家庭成员进行了排序——通过这个过程，孩子慢慢了解到，这是内亲，这是表亲，这是好友。

选择美国式的无差序平等也是可以的，但其结果，要么是孩子不知道怎么跟人打招呼，要么是像美国孩子那样，见了谁都直呼其名。这两种结果都比较尴尬！更重要的是，失去了让孩子在称谓中学习礼序、学会恭敬的机会。

二、父母的权威身份不可失

某次朋友聚餐，一位当奶奶的朋友谈到她7岁的孙子竟然动手打爷爷，这让她很震惊，也很困惑。震惊的是孙子小小年纪竟然会打人，而且打的是最疼他的爷爷；困惑的是孙子在自己面前判若两人，非常乖巧。难道是因为自己对孙子比较严格吗？一位朋友分析说："是的，爷爷的疼爱或溺爱让自己失去了权威。"我说："是啊！关键是让孩子没了敬畏心。"

一个婴儿呱呱坠地，来到一个陌生的世界，除了对于未知的好奇，对其他事物是没有任何禁忌的。孩子从对父母的敬畏开始建立起秩序和规则，例如哪些事是不可以做的，哪些话是不可以说的。在中国家庭中，严与慈总是相辅相成的，严父慈母也好，严母慈父也罢，或者一人严慈同体，严的角色对于孩子的成长都是不可少的。也就是说，孩子总得"怕"一个人，这个人代表着孩子必须敬畏、必须遵从的权威。这是明道理、立规矩的前提，也是一个孩子具备基本生存能力的前提。

家庭教育最基础的功能就是让孩子知道敬畏和规则，需要通过"严"来培养孩子的敬畏心。如同天地，是慈爱又是严厉的。这样的敬畏之心从根本上说是源于对天地良心的敬畏。不尊重自然规律，会让你遭受惩罚；不按照农法耕种，会让你颗粒无收；不懂得做人的法则和准则，会让孩子肆无忌惮、后患无穷。

家是差序、亲和、平等的生命共同体，家庭成员之间是最彻底的平等关系。妻子、丈夫、孩子、父亲，在序位上不一样，但是没有哪个地方像家一样，家庭成员都是彻彻底底的"天赋人权"。在家里，每个人在人格上都是平等的，不会因为你是父亲就高人一等。然而，夫妻有别、老少有别、长幼有别，大家各明其位、各尽其分、有礼有敬，才能形成既有亲情又有规则的秩序，从而避免由于序位颠倒混乱出现的家庭矛盾与冲突。在一个失礼、失序、失道的家庭中，又如何能培养出有礼、有序、有道的好孩子呢？

三、夫妻的轴心位置不可偏

家庭序位中容易出现的第二个误区是用亲子关系"僭越"夫妻关系。

也许不少家长看过这样一张图，中间是自己，上面是父母，下面是子女，左边是配偶，右边是兄弟。这构成了现代小家庭关系中最常见的几种关系，即夫妻关系、子亲关系、亲子关系和兄弟姐妹关系。

有了孩子以后，夫妻之间的视线很容易转移到孩子身上。我们曾做过一个针对妈妈这个群体的小型问卷：当你回到家，家里有丈夫和孩子，你的第一视线或者第一声招呼是给谁的？绝大多数的回答都是给孩子的。当孩子出现问题的时候，家长也很容易把目光瞄准孩子，在孩子身上使劲儿，结果往往事与愿违。究其原因，是礼序错位。这时候，应该先来查视自己与配偶之间的关系。如果你和配偶的关系处理不好，那么孩子的问题基本无解。太多的事实表明，夫妻的吵架纷争与恶劣关系对于孩子的身心有致命影响。所以在心理咨询中有一个共识，就是解决孩子的问题，家长必须在场。

夫妻关系是家庭关系中的第一序位，夫妻和谐是亲子关系、子亲关系和谐的前提。夫妻关系基本上也决定着与老人的关系。婆媳关系不好的源头往往是夫妻关系不好，很少有恩爱夫妻处不好婆媳关系的。所有的家庭关系还是要回到夫妻关系上来。

在夫妻关系中，最容易出现的问题是互相指责。也许父母可以接受"孩子的问题是家长的问题"，但是不容易接受"家长的问题是自己的问题"。家庭礼序中最容易觉察同时也最不易觉察但至关重要的关系，就是自己和自己的关系。如果家里出了问题，我们往往眼睛向外看，觉得都是别人的问题，是配偶的问题或原生家庭的问题，反正都是别人不好。如此，任何问题都是无解的。所以，夫妻关系的轴心位置不能偏；而这个轴心关系中，"自我反省"此一家风家教的根本不能丢。如果你注重礼序，那么首先要解决自己和自己的关系。要朝内看，反求诸己，先在自己身上找原因。

四、长幼的角色顺序不可乱

家庭序位的第三个误区是大宝、二宝之间的无差序平等。在中国传统家庭的序位里，长子和长女的位置非常重要，同时他/她们也在家中承担着更多的责任，所谓"长兄当父""长姐当母"，像现在这种大宝、二宝夺爱的事很少发生。因为长子、长女就像爸爸妈妈一样，会去照顾他/她们的弟弟妹妹，弟弟妹妹则用恭敬的态度对待他/她们，这叫"兄友弟恭"。

我们在社区家长课堂上，会面对很多有二孩的家长。有了二宝以后，家长发现总是处理不好大宝和二宝的关系。通常的情况是，父母会把更多的心思倾斜在年幼的二宝身上。在遇上两个孩子吵闹的时候，家长最常说的一句话是："你是哥哥（姐姐），就不能让着他一点儿吗？"这个时候，大宝要么委屈地哇哇哭泣，要么碍于家长的权威而忍气吞声，其实内心是不接受这样的"裁决"的。二宝呢？依赖家长的调解，心安理得地享受着"优待"。大宝心理不平衡不仅影响到对父母的感情，而且免不了"迁怒"二宝。

我跟家长们说,大宝和二宝之间的关系是一种差序平等,而不是权力平均。要给大宝赋权,让他协同父母"管理"二宝,这就要求大宝"打铁需得自身硬",给二宝做好榜样。这样就增强了大宝的责任感,父母也多了一个小帮手,何乐而不为呢?有些有心的家长回去一试,效果果然很好。大宝感受到了父母的信任和倚重,二宝也感受到了来自全家的爱护。一个简单的兄友弟恭,背后的逻辑是让角色定位、让关系平衡、让爱流通,这也是礼的差序原则的精要所在。

家庭礼序揭示个体生命在家庭总体关系和格局里的序位,从而使家庭成员各尽其分。了解中华礼序的基本法则,不仅是构建良好家庭关系的需要,更是安顿身心、培养健全人格的需要。

五、祖嗣之序不可轻

中国人的家庭观念,不只包含结婚、生子、养老,还有一个历史性的使命,就是敬祖。当代人与历代祖先的关系,是时间意义上的礼序。祖嗣之序,从来就是中华家教的基本内容,也是一个人生命格局的必修功课。

我曾是一个西方文化的追随者,对于生命的理解是个体化的,对于家庭责任的理解也仅限于自己家的老人和兄弟姐妹。那时虽然也被一些亲戚朋友的敬祖情结感染,但思想上并不明白为什么要敬祖和祭祖。2000年以来,我开始研究乡村、走进云贵川鲁浙以及海南黎族的乡村,触摸到遗留在一些古老村庄的祠堂宗庙,才逐渐感受到敬祖祭祖是中华民族的血脉之根。

当我走进大坪山那家农舍堂屋,看到"天地君亲师"牌位两边的楹联,顿时有了醍醐灌顶般的启示:"祀先祖如在其上,佑后人焕乎维新,祖德流芳。"每个人都可以通过"祀祖先""佑后人"而拥有恒久的生命，同时因循各个家族始祖的血脉，逐级追溯，便是华夏民族共同的祖先。所以无论哪个姓氏的人都会认祖，认大家共同的祖先，这就是所谓的"同祖同宗"。各家为各自的始祖而奋发自强，又因共同的始祖而成为一家。

一代代的中国人就是因着对祖先的感恩和祭祀，让自己的生命有传承、有来处、有传续、有去处，从而让个体生命在这一场永恒的生命接力中得到那不可或缺的序位福报和使命担当。

一位祖籍山西的社工在亲历了奶奶的丧礼后，写下了这样一段感受：

> 再没有什么比一场传统的中国葬礼更能体现中国的平等和尊重了。葬礼要请先生主事，孝子孝女全部穿戴妥当，位列两旁。男一排，女一排，从长到幼依次排列。这是真正的男女有别、长幼有序。长子、长媳妇、长孙、长贤孙，各自的服装有特定的装饰。前来祭奠的人一看，不用问，就知道谁是内亲、谁是外亲，谁是长、谁是幼，谁结婚了、谁未出阁，谁家的父母过世了……没有人会因为丧服的原因，或者跪的位置不同而觉得自己被忽视了；相反，即便是最年幼的子孙，得到的也是最大的尊重。
>
> 出殡前一天晚上，有一场隆重的上菜仪式，是孝子贤孙给死去的人准备的最后一餐饭。在仪式上，先从外亲到内亲，依次敬菜；敬菜结束后，再依长幼之序，依次到灵前梳头。主事的人会给你一面镜子，让你照着镜子梳头。很多人在这个环节里都会哭得不能自已——对着镜子看看自己是否成人，是否衣冠得体，是否能传承逝者的血脉，承担家族的使命？在逝去的人面前显露真情，自己是否于心有愧？
>
> 送葬时，谁负责夹菜、谁负责捧遗像、谁负责举引魂幡、谁负

责扛雪柳,全部都有固定的人选。人人都有自己的角色和责任。一场浩大的葬礼,人人各安其位,彼此平等,以至诚的心表达对死者的尊重、对同辈的尊重、对亲戚朋友的尊重以及对自己的尊重。整个仪式的核心议题是"仁",通过不同但平等的序位和极大的尊重来表达仁爱,完成至亲去世后的家族系统排列,重整被亲人离世打乱的生活。

我想,我们的文化自信正体现在一点一滴的习俗里。传统习俗虽然未必需要全部捡回,但是千万不要在不了解的情况下随意诋毁,甚至打翻在地还踏上一只脚。我们要合理看待文化传统,带着一种公允的,更符合生命本质的视角来理解我们的习俗。

六、天地之序不可忘

在2022年的春晚节目中,演活了《千里江山图》的舞蹈《只此青绿》被国人刷屏;同年立春时节的冬奥会开幕式上,《黄河之水天上来》节目的演绎,引全球惊叹!既是雅俗共赏,亦是人天共鸣。设计者的创意引发了每个人作为自然之子的内在记忆并拓展了心智格局,那是天地之序刻在我们心底深处的印记。

与家庭之序、祖嗣之序类似,天地之序也是中华礼序文化的基本内容和家风家教的重要任务。一个孩子具有如此的时空格局,才能传承家国的智慧、找到生命的意义。这是走出个体的茧房,从而避免自闭和抑郁折磨的有效途径。

《礼记》言:"礼也者,天地之序也。"差序平等是天地之序的平等,是生产生活中人们对乾坤父母的敬畏以及从中领悟的常识,即共同的内在经验。宇宙间没有一片相同的叶子,没有一片相同的雪花,然而万物并作而不害,因为有其各自的轨道,即天理和共同的秩序——圣贤称之为"礼"。礼是外显的规则，理是内在的根据，这是中国文化之所以能够以道德代替宗教的秘密。

中国古代的皇帝每年都要祭天、祭地、祭祀圣人和祖先，而在中国古代一个小小的村落里，也会有重要的祭祀活动，那是中华民族共同体在不同层面与天地的沟通方式。在优美宏大的礼乐仪式中，祭祀者内心笃定、恭敬，给天地万物以告慰。人们以礼为沟通天地的媒介，让世俗的社会人有了与天地同在的终极归宿和准绳，让普通的生物人有了独与天地精神往来的神圣与高贵。

西方人在最困难、最危难的时候，脱口而出的是："我的上帝！"中国人在最困难、最危难的时候，脱口而出的是："我的妈呀！""我的天哪！"这是深入灵魂、深入信仰的东西。天地被当作"头上父母"来侍奉，那是头上三尺的神明。结婚时，先拜天地父母，后拜生身父母，然后夫妻对拜。天地万物的差异互补共生构成了宇宙大生命。堂上父母和"头上父母"在看着我们，让我们不干坏事，不让父母失望，不可得罪于天地，要把好样儿留给儿孙。

中国人的信仰不是外在的，而是植于生命本身的。这个始于亲、源于天的祖先崇拜，让中国人有着不是宗教但比宗教更有力量的信仰。

《大学》言："天地位焉，万物育焉。"西方工业文明最大的问题就是摆错了自己和天地的序位，失去了对于天地礼序的尊重和敬畏，为所欲为，造成严重的环境污染和生态耗竭，也造成了自然缺失症以及由此引发的各种身心疾患。种种问题，又与现代教育中生态教育的缺失有关，与现代家教中自然教育的缺失有关。我们能做的就是亡羊补牢，从家庭礼序做起。

端礼仪，涵养言行

中国人称赞一个人的时候，常用的一个词儿叫作"有教养"；说某人"没教养"的时候，就算把话说得很重了。我们每个家长都不希望自己的娃是个没教养的人。那么教养如何体现呢？在这里，礼仪的重要性就凸显出来了。礼，既是恭敬之情、仁爱之心的义理，又是行为、仪态、秩序和规则。人的情感和美德需要用礼来彰显、呈现和调节。

中国古代的家庭礼仪简称家礼，有一套完整的系统，用今天便于理解的话来说，大致包括生活常礼、人生大礼和祖先祭礼。家礼发挥着涵养人格、调和关系的重要作用；而在现代社会家庭里，代与代之间、夫妻之间、亲戚之间，由于礼的衰落和混乱出现的失序，造成诸多家庭问题。要想从根本上解决当今社会的家庭问题，就要把家礼作为家庭教育和家风建设的重要内容。

一、生活常礼——家人的涵养与规范

生活常礼的内容很多，几乎贯穿每个人、每个家庭整体的行为规范。从坐、站、走、寝，到视、听、言、行；从餐桌规矩到待客送礼；从夫妻沟通到隔代交流；从家庭相处到邻里相交……生活常礼无处不在、无所不及。

人所有的内在思想是要通过礼来呈现的，而这种礼的行为是在家庭里培养出来的，是我们的父辈一点一滴传授给孩子的。每个家庭都可以根据圣贤的教诲、祖训的传承以及自家的特点与当代生活的实际情况，通过家庭礼约建立自家的生活常礼，营造父母有涵养、孩子有教养的礼仪之家。

礼仪是礼义的呈现。我们知道，礼义的基本要义是仁德的善意、敬意、诚意和谦意；那么，礼仪有没有基本要义呢？孔子在《论语·泰伯》中说过一段话："恭而无礼则劳，慎而无礼则葸，勇而无礼则乱，直而无礼则绞。"我们不妨用现代语言将孔子的这四句话称为"礼仪四要"，即恭而不劳之"适度"、慎而不葸之"庄重"、勇而不乱之"平和"、直而不绞之"温润"。

首先是适度，恭而不劳。

"恭而无礼则劳"，一味恭敬而不知礼，未免劳倦繁杂。中国的礼仪有一个充满人性的规则，即礼仪的度是从对方的感受出发，而不是从自己必须完成的仪式出发。还有一个尺度，就是"己所不欲勿施于人"，如果一个礼节自己感觉不舒服，就不要施于人了。这里有一个基本原则，叫作适度；而如何适度，就需要掌握应对的分寸。这是中国家庭从小就训练的功课。

比如递送东西给长辈需双手呈送，这是恭。表达谢意也是恭，但如果不停地致谢、不停地作揖，就会让对方不适。再说送礼，无论是家人之间还是朋友之间相送的礼物，一方的礼物过于烦琐贵重会给对方造成困扰。中国人讲究礼尚往来，那怎么还礼呢？不还礼吧，失礼失敬；还礼吧，不堪重负。在这里，我们不妨学习西方人送花的方式，从孩子出生到老人离世都可以用送花来表达心意。在物资匮乏的年代，中国人就有"礼轻情义重"一说。在今天物质相对富足的时代，更不必以物质的含金量作为尺度。一束花配上合适的古诗词，或者送礼之人真诚地写一段话，就会很打动人。当然，如果能够别出心裁地设计礼物，那就是另外一种境界了。

其次是庄重，慎而不葸。

"慎而无礼则葸"，只知谨慎小心，却不知礼，就会"葸"，即胆怯懦弱。汉语中关于仪态有一个褒义词，就是"庄重大方"——庄重是"慎"，"大方"是不怯懦。庄重大方有许多含义，比如刚柔相济、能屈能伸、自谦自信等，但最基本的含义就是不卑不亢，这是对"礼以制中"的运用。

不卑不亢的做派首先需要家长给孩子示范，但要掌握好大方的尺度。须知大方的原理就是差序平等，或者是有差序的双向对等。比如小辈给长辈作揖，长辈必须还礼，但是小辈行礼往往是鞠躬75度或者90度，而长辈特别是师长只需颔首即可。如果师长也给小辈鞠躬90度，就不合适了。但是，无论是躬身敬礼还是颔首还礼，彼此的真诚和平等都是一样的，都有着礼义的四大特质，即善意、敬意、诚意和谢意。

人际关系中容易出现的偏颇是，要么落入谄媚，要么流于傲慢，所以子贡问孔子："贫而无谄，富而无骄，何如？"孔子给了他一个更高的提示："可也。未若贫而乐，富而好礼者也。"孔子给了我们一种重要的避免傲慢和自卑的视角和方法，就是差序平等，例如，贫富差序背后是人格的平等。贫有贫的乐，富有富的苦，彼此以礼相待，不卑不亢，庄重大方。

再次是平和，勇而不乱。

"勇而无礼则乱"，只有勇猛而不知礼，免不了莽撞作乱。看到运动场上某些运动员因争输赢而不惜冲撞的时候，我总会想起孔夫子的君子风度："君子无所争，必也射乎。揖让而升，下而饮，其争也君子。"孔子说："君子没有什么可与别人争的事情。如果有的话，那就是射箭比赛了。比赛时，先相互作揖谦让，然后上场。射完后，又相互作揖，再退下来，然后登堂喝酒。这就是君子之争。"说到君子之争和君子之勇，在国际场合坚持自身的文化立场是"勇"，平和地表达则是"礼"。

中国礼仪中的平和原则给了我重要的精神滋养。某次，我应邀在美国一所高校演讲。演讲被安排在午餐时间，听众准备在吃饭的时候听我演讲。我表示难以接受。主办方解释说，这是美国的习惯，总统也经常在午餐时做演讲，这很平等。我说对不起，我不是美国人。中国人习惯

第七章 礼——以礼治家，塑立家庭的规　　219

师生之间保持有差序的平等。请尊重一个中国演讲者的习惯。要么大家听完我的演讲后再用餐，要么大家用餐后我再演讲。结果，主办方征求大家意见后，决定我讲完后与大家一起用餐。我认为，坚持中国文化的原则是"勇"，但是心平气和地提出来，并且在演讲中对主办方和听众尊重中国文化的习惯表示真诚致谢，则是"礼"。

在家庭生活中养成平和儒雅的习惯，对于营造温馨的家庭气氛很重要。鼓励家人之间有意见勇于表达，但是表达的方式不失礼。勇而有礼，对于家长走进职场、孩子走上社会也大有裨益。

最后是温润，直而不绞。

"直而无礼则绞"，耿直而不知礼，便会尖利刻薄、出语伤人。我们身边有这样一些人，说话口无遮拦、直来直去，毫不考虑他人的感受，或者仗着自认为有理而出言不逊，甚至"得理不饶人"。这与在家里养成的习惯有关。在家庭生活中，我们可能因为家人之间太熟悉了，于是说话不加考虑，直而无礼，伤人而不知、失礼而不觉。所以在家里就应该养成温润有礼、直而不绞的习惯。

温润不只是话语上的，还表现于脸上的表情，即孔子说的"貌思恭、色思温"，也是我们常说的"和颜悦色"。对家人，特别是对父母做到和颜悦色，说起来容易做起来难。《论语》里有这样一个场景："子夏问孝。子曰：色难。有事，弟子服其劳；有酒食，先生馔。曾是以为孝乎？"孔子的弟子子夏来向夫子请教孝道。孔子回答时点出，关键是"色难"——最不容易的，就是对父母和颜悦色。仅仅是有了事情，儿女替父母去做；有了酒饭，让父母吃。难道这样就可以算是孝了吗？这"色难"的"色"，就是脸色。有好脸色很难！用饮食、劳务来供养父母，不算是难事，但是能够和颜悦色地侍奉父母，才是不容易的。

我们不得不感叹，孔子对人性的洞悉是如此精微。从孔子那个年代起一直到今天，两千五百年过去了，但是孔子说话的语气甚至表情仿佛都在我们眼前,好像在劝导我们,仁爱之心一定要从孝爱开始;而孝爱之心,一定要从对父母和颜悦色开始。"色难",根源在于"心难"——那个真诚的仁孝之心才是最难得的。诚于中而形于外,养就一颗真诚的仁孝礼敬之心,和颜悦色也就不难了。

二、人生大礼——生命成长的神圣乐章

从家庭开始复兴中华礼乐文明,除了需要在行、走、坐、卧、居家、聚餐、出门、访人、会客、洒扫、进退等一整套生活常礼中进行创造性转化,还需要恢复和创新中华文明的人生大礼,重建世俗生活中的神圣性,如婚礼、怀子礼、接子礼、命名礼、开笔礼、成童礼、成人礼、婚礼、敬老礼、生日礼、丧礼,等等。这些课程也包含在我们乐和团队牵头研发的社区家风指导老师的"家庭文礼课"当中,主要包括下述内容:

1. 婚礼、怀子礼

婚礼作为男女两个生命的结合以及未来新生命的奠基,是非常庄重神圣的大礼(请见本书"和字篇"中的叙述)。

怀子礼,是备孕和孕期的一种教化方式,是人为地、积极地去做一些对胎儿生命有启发的教育,其本质就是胎教。胎教要注重两个概念:一是种子概念,二是土壤概念。要将"种子"和"土壤"培养好,因为胎教是无时无刻不在上演的。在得知有身孕后,夫妻双方都要特别规范自己的言行,做到目不视恶色、耳不闻恶声、口不出秽言、心不思邪事,所作所为、所思所想尽量做到文明有礼、至诚至善。

2. 接子礼

孩子出生后要认祖归宗。接子礼是庆贺一个新生命的出生而举行的迎接仪式,也是丈夫对妻子怀孕、生产不易所表达的感恩。行接子礼时,妻子抱着孩子,丈夫对妻子和孩子行大礼,以表达对妻子的感激之情——感谢妻子帮助自己家庭延续了命脉;同时也是表达对孩子的感

恩——孩子的降生为自己家里带来了新的希望。

如果是在医院生产，生女儿就给医生、护士送水果、鲜花；生儿子就送坚果。这是对医生、护士表达的感恩。如果生的是儿子，可以在家门口的左边挂弓箭，代表孩子志在四方；如果生的是女儿，可以在家门口的右边挂纺锤或扫帚，代表孩子勤俭持家。通过一系列的接子仪式，可以让孩子刚一出生就感受到这个家的家风和温情。

3. 命名礼

父母给孩子取完名字后，要抱着孩子给祖先行礼，认祖归宗。行礼完毕后，母亲抱着孩子坐在祖宗牌位下，随后亲朋好友会一个一个地前来认识孩子。孩子的姓名要告诉大家，并打印出来给大家看，因为这是要入族谱的姓名。孩子的名字中，有一个字是按照辈分取的字，可以再取一字代表对孩子的期望，然后将这个名字的意义告知大家。

4. 开笔礼

当孩子从顽童变成学童时，为了强调这个身份的转换，可以给孩子举办一场开笔礼，告诉孩子不能一直玩下去，要提笔写字、开始学习了。

首先要学习如何做人，所以可以首先教导孩子学写"人"字；然后学写"上"字，教导孩子好好学习、天天向上；再学写一个"仁"字，教导孩子要有道德意识，懂得仁、义、礼、智、信。

行开笔礼还可以告诉学生，一定要尊重老师，要懂得尊师重道。通过开笔礼，可以让孩子明白学习的意义，从此以后，学习的能力、兴趣就会渐渐根植在孩子的心中。

5. 成童礼

孩子到了12岁小学升初中的阶段，就开始有了自己的志向和人生思考。这时，我们要给孩子举办一场成童礼。成童礼的主要目的是让孩子告别童年、励志远方，树立正能量的志向；还要让孩子回顾自己成长的不易以及父母的付出，让孩子懂得感恩父母，懂得以后为父母多分担家务。

当孩子懂得感恩又有远大志向的时候，他就会具备学习的动力，生命能量就被激活了。感恩和励志是成童礼的两大要点，成童礼的礼仪正是为了激发孩子身上的这两种品质。

6. 成人礼

少年成长为青年，渐渐变成成年人的时候，有一个非常重大的礼，叫成人礼。成人礼就是要告诉孩子：你成人了，要独立担当自己的责任、家庭的责任乃至社会的责任。

我们在社区家长课堂上讲述"三加礼"时，为了展示得更加清楚，便让一位家长代表大家进行深度体验。在现场所有人的见证下，成人者换上母亲的衣服，承接父母的使命，读诵经典，接受大家祝贺；之后再脱下母亲的衣服，换上汉服（祖服），振衣，传承家命，成士，诵经典，接受大家祝贺；此后，梳理秀发，准备加冠，迎接国家使命加身，成君子，诵经典，接受大家祝贺。

整个过程逐次成人、成士、成君子，郑重、庄严又充满温情。成人者从一个生物学意义上的人，转变成父母血脉的延续者、家族使命的传承者和国家建设的参与者。

7. 乡饮酒礼

不论你在外务农、从政还是经商，等到年老还乡时，乡亲们会为你举办乡饮酒礼，让你不仅自己具有成就感，同时也能够得到父老乡亲们的认可与赞扬。

乡饮酒礼包括敬老礼、嘉奖礼等，旨在根据一个人所取得的成就给予相应的嘉奖和表扬，以示后人。通过"扬善于公堂"来表彰那些有成就的人，可以为后起之秀做典范。如果是退休，通常是同事歌功、子女颂德，将老人一生的功绩列出来，并举行颁奖仪式，让子孙和他人可以从老人的事迹中得到鼓舞和启发。

8. 丧礼与祭礼

我们每个人都会走完自己的一生，也就有了一个以慎终追远为主题的葬礼（本章的"礼序"部分对此有较为详细的陈述）。葬礼是家庭和家族的能量修复，也是对死者最大程度的缅怀。

祭礼的形式包括餐前祭、网祭以及到真实的环境中祭祀等。为祖先行祭礼叫祭祖，需要有告文，有献官（有威望的人）、亚献官、三献官，有亲人出席，有哀乐以表纪念之情。祭祖有三个环节：告祖、献祭、礼成（分食）。祭祀结束后，要将献祭的祭品分给参与祭祀的人。

在亲人过世一年以后，每逢相应的节假日，比如清明节，我们要回去祭祖。因为我们要和我们的祖先联结、沟通，不忘祖上恩德。祭祀之礼既是我们和祖先沟通的一种方式，也是我们与天地联结的一种方式。

人生大礼中的礼仪环节具有不同的内容和象征意义，但其共同的内核都是礼敬和感恩。大礼可以把我们带进一个绵长的时间隧道，与祖先和天地联结，与家人的深情与能量相通，与家庭、家族、家乡、家国乃至天地万物相通，由此而获得生命的神圣感、归属感和归宿感。

人生大礼是爱与责任的大礼，作为深刻的生命印记和家庭赋能而陪伴个体生命的一生，这是中国人解决个体生命的独立性成长和对家庭的依存性情感问题的深刻智慧。一场普通的生日礼也有明孝、敬祖、敬天的环节，让参与者通过这样的"亲其亲"的场域回归孝道、回归天地，在隆重的仪式感里与父母、祖先和天地联结，与自己的内在精神相照，让"亲亲、仁民、爱物"的情怀通过礼仪活动得以陶冶。

定礼约，共建家规

中华民族几千年的家风建设，由家规、家训、家谱、家祠组成。现代家庭让古老的家规被遗失了很长时间，绝大多数家庭的家规已无迹可寻。即便把它找回来挂在墙上，也起不了太大作用，那么如何重建现代家庭的家规呢？我们可以把它做成一个约定，即礼约。夫妻之间有约定，父子之间有约定，老人和新生代之间有约定……礼约就是现代家规的另外一种表达。因为有约定，很多家庭的事情也就好办了。

一、礼约能断家务事

家庭礼约是以礼义为核心、以家庭为单位，针对家庭中容易出现问题的家庭事务、生活习惯、相处方式等，通过家庭会议沟通商量，相互之间约定解决办法。

我们在重庆市南岸区推动"九九家风"家文化建设，其核心便是家庭礼约。在上千个家庭践行家庭礼约的过程中，涌现出许多经典案例。在这些案例中，我们看到孩子是最遵守规则的，只要给予他们充分的尊重，就能看到孩子自信的种子开出自省的花朵、结出自律的果实。

秋宇妈妈有一个 12 岁的儿子和一个 10 岁的女儿。秋宇脾气非常急躁，有时候还会用棍子、衣架去打孩子。相应地，孩子们的暴躁情绪也特别严重，兄妹俩一言不合就吵架、打架，或者反锁房门，撕心裂肺地号啕大哭。

经过对家庭礼约的学习，秋宇妈妈秉承着"一商量、二约定、三总结"的原则，召开了两次家庭会议。会议上，家人就家务劳动、不愿意起床、沉迷于电子产品、乱发脾气等问题进行了沟通约定，并且签字、盖手印，张贴在了客厅冰箱门上面。

执行过程一波三折，但是秋宇妈妈还是严格执行，出现问题就用"乐和沟通"的方法和孩子平等无间地交流。一段时间过后，孩子们每天起床变得有劲儿了，玩 iPad 的时候也知道把时间限定好，不会像原来那样沉浸在里面。

对此，秋宇妈妈说："我自己觉得整个人都没有原来那么累了，感觉很轻松，很通透。孩子们也在我身上感觉到了轻松，没有原来那么累。他们也会用自己的方法、自己的作息，去完成自己该做的事情，从而过得很快乐。孩子的爸爸看到我们母子三人相处得这么和谐，也觉得特别幸福。"

还有一个代际定履约的故事。有一位65岁的长者，被社工们叫作张孃孃。她和很多老人一样带孙子，还煮饭做家务。她的儿子和儿媳妇工作很忙，回家就躺在沙发上刷手机。她自己又要照顾孙子，又要做饭。老人担心的不仅仅是自己不堪重负的问题，她发现儿子、儿媳妇回来后，因为不做家务，两口子也不说话，各自玩手机，孩子也不参与做家务，瞎闹瞎嚷，一家人之间的口角之争和不愉快是经常的事。

所谓"清官难断家务事"，这些问题"清官也难解决"。那么，试试礼约吧！在社工的辅助下，张孃孃把儿子、儿媳妇、孙子召集在一起，推心置腹、平等协商，制定了家庭礼约，约定大家互相敬重、感恩、尽责。在这之后，家里的烟火气又回来了。儿子和儿媳妇回家就做饭，因为礼约约定不能让老人又带孩子又做饭。小两口在厨房做饭有说有笑，感情也好了。孩子因为参加制定礼约，从幼儿园回来，就去做他说好要自己做的事情，一家人其乐融融。张孃孃分享了这段经历，题目就叫"礼约能断家务事"。

二、礼约塑造好习惯

一位家教专家提到，现在一些人在网上说话没大没小，据此便可知道其在家里没有教养没有规矩，一定是不尊重父母、不敬畏父母的。不尊重不敬畏的原因在于父母对孩子没有要求、没有规矩。孩子幼小的时候父母一定要对其有要求、立规矩。三到六岁，性格培养要到位。性格培养是什么？给孩子立规矩，这个规矩非常重要。为什么要早立？因为立规矩是痛苦的过程，稍微晚一点会遭遇各种反抗。孩子六岁前是依恋家长的，只要是亲自带的孩子，说什么都会顺从你。所以一定六岁前立规矩，让孩子能够控制自己，能够自律，能抵制诱惑，能够吃苦耐劳。

也许不少家长会说，我的孩子已经错过了三到六岁的阶段，该怎么办？在我看来，所有的家长都有亡羊补牢的机会，年纪大的孩子则可以通过定礼约的方式。与孩子一起立规矩是很重要的，因为参与了立规矩，孩子就会遵守自己定的规矩。当我们说的礼约成了礼俗，规矩就成了习惯、成了教养。规矩能够形成让人知耻的准绳，帮助人少犯错或者不犯错。家庭教育中最考验家长的，就是沟通能力和管教能力，将"乐和沟通"的方式与家庭礼约结合，让孩子有目标、会沟通、懂规矩，从而成为一个能担责任的人。

家庭礼约是我和我的同人们共同探索的一种直接应对家庭问题的工具，是一套建立新时代家规的解决方案。建立和运用家庭礼约的过程，就是家庭共同成长变化的过程。在这个过程中，会出现困惑、难题甚至矛盾，这就需要家风指导师、专业社工和专业家风志愿者提供辅导，以及传统文化、家庭教育、家风建设等诸多领域的专家提供咨询服务与智慧支持。

三、礼约是现代的家规

家里的规矩怎么立？首先要让道理、道义形成共识。大家以礼敬的态度共同商议，形成规则约定；以谦逊的态度反求诸己，以身作则；以诚信的态度实施，让家规约定俗成，成为家庭良好温馨的风气。

家庭礼约的基本操作，可分为七步：

第一是接题，接纳自己。

无论遇到什么问题，都以"问题即课题、课题即考题"的心态坦然面对、欣然接受，而不是抵触逃跑。要把问题变成对自己和家庭成员的考题，在解决问题中成长。

第二是自省，看见自己。

返观自身，看看问题出在哪些方面。切忌互相指责，而是要反求诸己，真心意识到"孩子的问题是家长的问题，家长的问题是我的问题"，并训练"看见自己"的方法，即"看见现象、看清原因、看透后果、看懂选择"。

第三是沟通，表达自己。

首先是夫妻沟通，然后是亲子交流。通过如实观察、深度感受、明白需要、全然信任、真诚表达的五个环节，使用"我看到、我感到、我需要、我相信、我请求"的五种语言，以"乐和沟通"的良好心态与良性互动来表达自己。

第四是立约，改变自己。

本着"不失敬、不忘恩、不推责"的原则商定家庭礼约，让礼约成为通过改变自己来解决问题的家庭道场。也可以通过礼约设立家庭共同体的目标和途径，比如"我最喜欢的三件事""我最希望的三件事""我最愿意做的三件事"，经过充分讨论商议后，将大家的约定写下并张贴出来。

第五是执行，约束自己。

自省需成为自律，才能变成习惯。无论家庭成员做得如何，自己都要坚持做自己的功夫，把自己做好，以身作则，然后才是温馨提示、互相提醒、形成默契、养成习惯。

第六是小结，超越自己。

礼约订立之后，应定期或不定期地进行全家总结和自我总结，观察自己和家人对礼约实施的情况，通过自评而自我成长，通过对家庭成员的互评和点赞而共同成长。家庭礼约实施过程中，如有问题，需及时调整。

第七是分享，提升自己。

家庭成员之间交流感受、互相鼓励，通过分享，让家人成为自己的老师，让自己成为自己的老师，这不仅解决了问题、增进了家庭感情，而且提升了家人处理问题的能力，有助于促进家长在职场的进步和孩子在学校及社会上的生存与发展。

礼约的氛围应该是理性而又温馨、差序而又平等的，最好是家庭成员轮流主持，也可以根据情况让孩子来主持，以锻炼孩子不同角色的思考和语言表达。现代家规不是由家长命令所决定的，每个人都是规矩的制定者，因而也是规矩的执行者。民主协商是要有根有据的，这就需要讨论道理，比如养娃是父母的责任还是爷爷奶奶的责任；比如老人辛苦了大半辈子了，要不要更多的体贴；比如孩子能做的事该不该自己做；等等。

家庭礼约的制定和实施，最好是社群和社区的若干家庭同步进行，通过线上课堂和线下工作坊，一起学习，互相帮助，彼此分享，共同进步。

四、礼约是有效的管教

礼约不是管控，而是管教，是管理过程的教育，同时也是教育促成的管理。家庭成员包括孩子，参与礼约的讨论、制定和实施，在这个过程中锻炼自己的内省能力、沟通能力和自我管理能力。为此，有几个要点或者规则可供参考：

第一，全员参与、互相尊重。

一个人在说话的时候，其他人不能随意打断，如果有紧急需要打断的情况，则要给说话的人暗示或提醒，再说自己的看法。

第二，具体明晰、切实可行。

商量出具体的时间，比如早上 7：00 起床，晚上坚持锻炼 30 分钟。

这样培养出来的孩子就会有计划性和时间观念。

第三，充分沟通、保护个性。

要用孩子能理解的方式进行沟通，取得全家人的同意后，方可定为礼约，这样才执行得下去。尤其是诸如限制玩手机、看电视、吃零食等，要和孩子充分沟通，先听听孩子的意见，再给出自己的意见；防止先入为主，造成孩子因畏惧权威而屈从。

第四，平等互约、共同遵循。

不仅要约定孩子，更要约定家长。如果家长不能给孩子垂范，孩子内心是不会服从约定的。举例来说，如果家长没有遵守约定，则应按照处罚规定带头处罚自己。

第五，弹性空间、例外允许。

礼约不是法律，应给家人预留弹性调整空间。例外原则是指兼顾某些条款的制定，比如玩手机，平时只能玩半个小时，周末可以玩1个小时，节假日可以每天玩2次，1次1个小时。

第六，价值主导，慎重奖励。

不是不要奖励，而是说，不当或者过多的奖励会让孩子把养成良好行为习惯的目的变成外在追求。比如，奖励孩子先完成作业再玩手机，是让孩子形成"要事第一"的习惯，而不是为了获得那个奖励。

第七，先易后难，循序渐进。

等家庭成员都理解家庭礼约了，并尝到了家庭礼约带来的好处，再做其他的礼约，这样大家会更积极地参与。

第八，精心设计，鼓励创意。

和孩子共同制作家庭礼约卡，尽量给孩子进行主体展现的机会，鼓励孩子的创造意识。可以在礼约卡上画上装饰性的花纹，亲手写上礼约内容，找到能发挥孩子主动性的方法。

第九，郑重签字，注重仪式。

礼约形成后，大家一起诵读。诵读结束后每个人都要签字，签完字以后再一同张贴到墙上。

第十，总结记录，共同进步。

会议总结对于将礼约变成家风而言非常重要。每次总结都是家庭成员相互学习的过程。最关键的是，在礼约实践过程中遇到的问题可以及时指出，全家人可以对礼约进行调整。

"管教"一词曾因被用于"管教所"而蒙上了一层晦暗的色彩。其实"管教"包括了家庭管教和社会管教。家庭管教不严导致孩子行为出现偏差，不得不由社会机构来管教，便有了管教所。

在家庭管教方面，因为一些家庭管控的偏差导致了某些人谈"管"色变。其实管教不是管控，管教是管理教育或教育管理——通过教育来管理，在管理中完成教育。礼约就是通过反省、沟通、立约、执行、点评、分享的过程来实现教育，同时也是通过这个过程实现自我管理。

要通过讨论或争论来明白道理并形成共识，所以订礼约的过程应包含讨论或争论的环节。所谓"商议"，"商"是既讲情又讲理，"议"是既保护个性又维护共性。这就是家庭民主协商基础上的管教与自我管理。

五、礼约是有爱的规则

有一部电影的台词讲道，"爱，不是把孩子宠成动物，而是教育得更像人"。家庭礼约是规则，是把爱体现在规则里，用规则去保护爱，而不是以爱的名义破坏规则。

礼是天地的大道理，是天地的规律。礼和法的不同之处在于，它是有感情的。礼有秩序又有规则，此二者又是一体两面的。古圣先贤就是以此治家、治乡、治国、平天下，使得我们的民族成为一个既懂规则，又讲感情的民族。

这些规则和感情浓厚地体现在中国的家庭里，中国人又用家里的感情去照顾其他需要的人，这叫作"中国一人，天下一家"。这样一种既懂规则又有感情的文化，我们从"礼"的字理上便可以窥知一二。

法律的建立和执行是国家治理的有效手段之一。守国法，是每个家庭、每个人必须遵循的。然而，我们还应该了解中国的礼治传统。与国法互补的礼治，包括劝诫性、倡导性的条文，还有村规民约以及相应的教化活动。德主刑辅、礼法合治，是中华民族古老的治理智慧。

《论语·为政》篇中，子曰："道之以政，齐之以刑，民免而无耻；道之以德，齐之以礼，有耻且格。"在两千五百多年前，圣人就指出了刚性法治与文化礼治互济共生的关系。这样的治理思想为中华民族历代的礼法合治指出了方向，也为现今的家风家教问题提供了启示。

礼法合治亦是礼法互补。一般说来，法是冷峻的，礼是温良的；法是严苛的，礼是弹性的；法是外在强制的，礼是内在自觉的。礼治，包括礼义、礼序、礼仪、礼约、礼俗，是通过柔化人心的作用来达到社会教化的目的。梁漱溟先生认为："具体的礼乐直接作用于身体，作用于气血，人的心理情致随之变化于不觉……我们知道礼乐实施之眼目，盖在于清明安和四字。"礼让、恭敬和温良，改变人冲动、粗野和蛮横的性情，激发人的向上之心，通过晓之以理、动之以情、导之以义、励之以志，提升人的素质，从而实现家庭的幸福和美，完善社会的公序良俗。

法律规范的是社会底线，让"民免而无耻"。而礼，自诞生之日起就是向着高尚美好的人格和社会风气去追寻践行的。礼的教化可以让人"有耻且格"，既免于无耻，还能具有更好的人格。每一位家长都希望自己的孩子有着守国法的底线，在未来的人生中不犯法不违纪；同时还具备"有耻且格"的高度，即有着"遵礼制"的涵养和健全人格的追求。

为什么要建立家庭礼约？一是为了修身，人首先需要自己给自己立规矩，克服自身的惰性，以达到修身的目的，在家庭里创造一个先从自身找原因的氛围，创造一个天天向上的氛围，创造一个有爱有规则的氛围；二是为了治家，大部分家庭几乎从来没有坐下来进行过平等协商和充分沟通，难以形成家庭共识。通过制定礼约，有了家庭共识，有了共同规则，才能让孩子在规则执行中、在耳濡目染的礼约氛围中学规矩、懂规矩、有规矩。家长在家庭生活中进行礼约的训练，提高"礼治能力"，对提高孩子的综合素质以及提升自己的综合能力都有重大意义。

成礼俗，化成家风

中国有句老话叫"约定俗成"——"约定"是礼约，"俗成"则是礼俗，也就是习惯。让礼约成为礼俗的过程，就是让家规化成家风的过程。订立了家规，如果得不到大家的遵守，便是一纸空文。遵守礼约使之成为礼俗，也就是让共同约定的家规成为习惯、成为家风。

一、让规矩成为习惯

家庭治理，最重要的是立规矩。孩子成长，最基本的是懂规矩。规矩怎么立？在《论语·卫灵公》篇中，子曰："君子义以为质，礼以行之，孙以出之，信以成之。"首先，"义以为质"是明礼义，让道理成为共识；"礼以行之"是端礼仪，用生活常礼与人生大礼来实现涵养、规范言行；"孙（逊）以出之"是正礼序，明白自己在家庭礼序、祖嗣礼序和天地礼序中的位置，以谦让的态度各正其位，以谦逊的态度反求诸己并以身作则；"信以成之"是定礼约，大家以诚信礼敬的态度共同商议，形成规则，让家规约定俗成；接下来的"学而时习"是养习惯，养成习惯就成了礼俗，也就是家风。

梁漱溟先生说过，中国社会是一个礼俗社会。过去的礼俗社会是一种非常高段位的社会形态，即老子说的"上德不德"的状态，好像看不出哪里在说道德，但是道德已经化民成俗了，变成一种"从来不需要想起、永远也不会忘记"的状态。

当你还有约定、还有规则的时候，那还是需要提示提醒的阶段；当我们已经不需要规则了，这种规则已经变成我们的行为习惯了，那才是不需要自然自在的家风。

从规则成为习惯的过程就是酿造风气的过程；从家规成为家风的过程，也是孔子说的"学而时习"的过程。

二、营造好学之风

无论是礼义还是礼仪、礼约还是礼序，都要通过学习来明白；养成习惯，则要靠"时习"来实现。所以，学而时习就是好家风的必经之道和必由之路。

当家长的可能没有那么多时间让孩子明道理，也未必能请得到、请得起"名师"，那就为孩子请来史上最好的老师吧——圣贤经典！因为史上的中华好家庭，无一不是靠"学而时习"的圣贤之教出来的。从孩子会认字起就要让其读圣贤书，让经典替自己给孩子讲道理。而圣贤之学既是父母讲道理的根据，也是孩子的生存依据和未来成长的指南。

家长应为孩子创造读经典的条件，如果可以，最好和孩子一同读。家长此时不妨放下身段，当一回孩子的同学，同读经典之书、同学圣贤之教，开启孩子的智慧、增长自己的见识，将缺失的经典教育补回来。这个过程一定会增进自己与孩子的感情和友谊，因为家长可以与孩子交流感想、分享心得，一同打开生命智慧的宝典，在一个平等、温馨的氛围里实现言传和身教。在孩子"明道理"的基础上，便可以"立规矩"了。通过和孩子民主协商，一起制定家庭礼约，把应该做和不应该做的行为用约定的方式确立下来,这里还应包括对彼此违约后的惩处方式,以提升孩子自律的力量和自我管理的能力。

经典是家长和孩子共同的老师。亲子共读、夫妻同修,是一个家庭最美好的风景。这样的家庭便是学习型家庭,也就是当今社会的"书香门第"。

三、养成自省之风

子曰:"君子求诸己,小人求诸人。"培养君子的关键一条就是"求诸己",从小学会自己的事情自己做,自己的责任自己担,犯了错误自己改。而这又取决于家长的言行,是凡事反省自己,还是动辄指责别人。

"孙以出之"的"孙"是"逊"字的同义字,是说以谦逊修己的态度与人相处。无论是制定还是执行家庭礼约,都要从自己做起,而不是居高临下、要求别人,特别在你认为孩子无理,往往会以指责和惩罚的方式来处理问题的时候。其实,这个时候家长更要"求诸己",反观自身,通过觉察、认知、内省等过程,看见自己、改变自己,这样才能带来孩子的改变。同时,我们以"孙以出之"的态度对待孩子,才能真正看到孩子身上值得父母学习的地方,将"见贤思齐,见不贤而内自省"的儒家功夫做到家。

"自评"基于不自欺、不欺人的诚。所谓诚信,是指人对自己的诚信,而这个"己"本于自己的良知和头上的天道。鼓励孩子"自评",是启动自省能力和培养诚信品质的有效方法。据《论语·季氏》所载,孔子曰:"君子有九思:视思明,听思聪,色思温,貌思恭,言思忠,事思敬,疑思问,忿思难,见得思义。"孔子的"九思"是自省自评的指南,可作为家庭礼约执行情况的自评,也是养成自省习惯的抓手。

在此推荐一个具体的方法,就是家长带头写自省日记,将"不失敬""不忘恩""不推责"作为每日三省吾身的内容。"敬、恩、责"的自省并不是一味地自我批评，而是"自我看见"——在看见导致自己身心痛苦的不正确的认知模式和习性的同时，也看到自己在生活中每一点内在光明的显现。自省的过程就像清扫房间的过程，在看见灰尘、污垢、无用杂物的同时，也看到自己曾经积攒的值得珍藏的物件。清扫房间的目的是扫除污垢、移除累赘，腾出更多的空间，感受所拥有的美好。

对于最初开始写自省日记的学员来说，书写"敬、恩、责"的日记是需要耐心的。因为一般人习惯了看他人的是非、对错，很少愿意回过头来"看见自己"——看见自己认知中的偏见与狭隘，看见自己的贪嗔痴。因为"看不见自己的问题"，所以就用"自以为是""自我中心""自我局限"的眼光来看自己、看他人、看外境，制造很多的冲突、矛盾而不自知。因此，我们要突破自己惯有的习性，给自己耐心成长的时间与空间。

"敬、恩、责"是内在的心理状态，是家庭关系、社会关系的礼约，表达了每个人对高贵人格的追求、对终极价值的敬畏以及对和谐秩序的渴望。如果一个人失敬、忘恩、推责，那么这个人不仅很难在社会上立足，而且其心灵也难以得到安顿。

向内看，便会清除掉各种心灵病毒，便能够明明德——昭显自己本自具足的明德，发现自己的美好良知，把射向对方的箭化为照亮自身的光——这光亮让单薄脆弱的心理变得明亮丰盈。

四、养成互励之风

互励是家人之间的互相鼓励，包括互相表扬和互相指正。互相指正需要对违反规则的现象给予提示乃至惩戒，尤其当孩子无视规则、漠视规矩的时候，如果不能给予批评与惩戒，则会助长孩子的骄任、蛮横和失信、失礼。

如果父母不忍心批评孩子，则无异于将批评的责任推给了社会，让社会来实施更严厉的批评和惩戒。如果没有家人的批评，缺乏批评和自我批评的基本训练，那么在社会上是会吃大亏的。

家长对孩子提出批评、实施惩戒时要有艺术、掌握分寸，让孩子心服口服。最好在孩子参与制定礼约时就先行明确约定，如果犯规该怎么办，并由孩子本人执行。这是最有效的管教，即自我管教，通过家庭礼约的制定和执行，培养孩子的自我管理能力。

当然，也要对有效执行礼约的行为给予赞扬，让表扬与自我表扬成为家里的风尚。这种赞扬最好不是泛泛的"你好棒""你真行"等话语，而是在具体的言行细节处的肯定，比如"今天我自己觉得这件事做得还不错""我觉得你那样做挺好的"。妈妈会表扬孩子，"你说只看10分钟手机，10分钟后真的交给我了"；孩子也会表扬妈妈，"这顿饭做得真好，妈妈今天都没有发火""你今天辅导我作业的时候好有耐心"；等等。

家庭温暖的秘密之一就是家人间不吝相互赞扬之词、不吝相互学习之语。也许家人间因为太亲近太熟悉了，不好意思相互赞扬，或者以为心照不宣就可以了。其实家人的赞扬对于个体生命来说是最重要的。无论在外遭受什么打击、承受什么挫折，只要家人对自己是信赖的，自己就会燃起内在的信心。反过来，家人的不以为然、冷嘲热讽或随意抨击又是对自己最致命的打击。

以礼治家，不是冷冰冰的规定。例如，音乐是一种非常亲和的表达方式，现在的音乐设备种类很多，各种音乐素材也取之不尽；如果有心，把音乐用在合适的地方，可以对我们小家庭的礼乐文明起到很好的陶冶作用。我们在执行"九九家风"项目的时候，有一个内容是"家乡的歌"，提倡在家庭出现矛盾的时候让音乐来调和矛盾。妈妈心情不好的时候，唱一首温暖的歌给妈妈听；爸爸妈妈吵架的时候，唱一首贴心的歌送给他俩。当这一切不需要提醒即能自然发生、成为行为规范的时候,就达到了一个最高的境界——形成了家里的风俗,即礼俗,也就是家风。

五、养成共勉之风

一个人的品格是经年累月一点一滴积累而成的;即使是家人之间非常细微的约定,也需要发自内心的诚敬来互相提示和共勉。中国人常说"勿以善小而不为,勿以恶小而为之",是将天理大道融化在日用伦常的平常心和平常事中,将神圣性根植在世俗生活中,所以是礼俗。礼是神圣的,俗是生活的,因此,中国好家风的每一个细小行为、每一个细微承诺的背后,都是对天道信仰的虔诚。

"义以为质",如果没有义理作为信仰、作为共识,那么犯罪团伙也可以有严密的纪律和约定。仁、义、礼、智、信、勤、俭、孝、和,作为中国家庭的共识,是对得起天道、对得起良心的,因此能长盛不衰。所以中国人常常把这些共同价值挂在最醒目最尊贵的地方,成为家人共勉的可视化提示。

今天的家庭礼治也应该将家道文化的核心价值以现代家训、现代家规的方式彰显出来,以便家人们共勉。同时通过家庭的常礼、大礼和祭礼,增强家庭生活的仪式感和神圣感,"让生活留住信仰,让信仰支撑生活"。

六、注重仪式感

让礼约成为礼俗,并不是消除其仪式感,因为礼约是有爱有序的规则,可外化为礼仪、内化为礼义。除了日常生活的常礼应该成为习惯,人生大礼也应该成为习惯,特别是祭礼,更是一种化成礼俗、化成家风的重大仪式。

中国人都知道清明祭祖，但也许不是每个人都了解中国的祭祀文化。祭祀是中华礼乐文明里非常重要的内容，不仅祭拜列祖列宗、古圣先贤，还要祭拜天地。北京的日坛、月坛、天坛、地坛都是为祭祀而设的，中国古代民间的各种祭祀活动也很频繁。《左传》里有句名言："国之大事，在祀与戎。"祭祀和打仗一样，都是国家的大事。为什么祭祀那么重要？为什么从君王到百姓都那么重视祭祀？这就要问为什么中国人不需要西方人的宗教，因为中国人有着超越宗教的归属感和归宿感。换句话说，中国人不需要西方人的宗教，是因为我们不仅有信仰，而且有维系信仰的祭祀和有留住信仰的生活。

《论语》有言："慎终追远，民德归厚矣。"通过祭祖，我们牢记，自己是从祖先那里来的，祖先又是从他的祖先那里来的。祭祀并不是一个"古董"，而应是与时偕行的传承。在现代社会的许多家庭中，祭祀祖先的活动并没有中断。我们在家风家教的服务中也有"夏至祭地""冬至祭天""孔子诞辰祭先师"的社区活动。在某些地方，由官方和民间共同组织了盛大的对中华民族始祖的祭祀活动。凡是参加这些祭祀活动的人都会感受到一种神圣的力量，个体生命也因之获得一种特别的能量，一种仪式感、历史感、归属感和归宿感。

祭祀的庄严感会把我们物欲化的个体重新带进那个"头上三尺有神明"的世界，清洗我们身上过于物欲化的杂质，激发我们自身和全息世界同频共振的明德的力量。这是祭祀的一个非常重要的功能。祭祀也会把我们带进家庭、家族乃至家国命运共同体的氛围和体验中，让我们感受到这个共同体的存在。

古人懂得祭祀的力量，懂得中华民族的文脉和血脉是需要靠祭祀来绵延的。我们今天如何通过祭祀来留住这份神圣感、整体感、历史感、归属感和幸福感？我想，家家户户的祭祖是不应中断的，一代一代的人一定要把祭祀传下去，社区的一些祭祀活动也应该被修复。还有清明祭祖、圣诞祭孔（不是耶稣诞辰而是中国圣人孔子的诞辰）、夏至祭地、冬至祭天……总而言之，我们可以将祭祀活动和社区的文化活动结合起来，让社区成为有根的社区，让社区成为我们真正的家乡。

中华礼文化是家文化的轴心，是一个由礼义、礼仪、礼序、礼制和礼俗构成的完整体系。复兴家庭的礼，是让中华的礼乐文明福荫每个现代家庭，让我们每个人获得幸福礼乐人生的根基。

最后，我想用一段告文来结束"礼"这个话题。这段告文是"九九家风"家文化建设项目启动时的祭祀告文，全文如下：

惟，公元 2019 年 4 月 21 日，夏历三月十七，岁在己亥，序在暮春，为传承中华家文化，北京地球村择谷雨节气吉日良辰，与众多同人志士会聚于涂山镇福民社区《论语》公园内，启动首届"久久家风节"暨"九九家风"家文化建设项目，特置清酒果蔬，祭告先圣孔子。

曰

中华文明，源远流长，中华家风，开来继往。
家乡的歌，祖孙传唱。家屋的景，千年守望。
家族的字，文脉深藏。家庭的礼，矢志不忘。
家传的艺，精美芳香。家里的信，固根信仰。
家人的安，亲亲滋养。家园的事，同济互帮。
家国的情，世代流淌。中华的魂，永驻心房。
孝和勤俭，仁义礼智，信在天地，根在炎黄。
家园共育，家社共创，家风久久，家国永昌。
圣贤在前，夫子在上，谨此告拜，深感荣光。
圣贤之学，千秋吟唱，中华之道，万世流芳。

伏惟尚飨

第八章　智——以智润家，强固家教的本

求知是人的内在需求，人类与其他动物不同之处在于会思考，而引发思考的便是生命的求知欲和求知感。

"智"字在古汉语中与"知"同义同音，最初的字形是一个人放出矢（即箭），以矢射的，表了知事物本质之意。

我们的孩子厌学甚至厌生已经不是个别现象，究其原因是我们的知识教育远离了生命之根。因此，当务之急是要树立根性思维，从舍本逐末的认识回归固本强根的认知，从分数导向回归生命导向，从枝叶碎片的知识教育回归生命之根的圣贤教育。

根性思维的重点是"心教"，即心智的开启，开启差异思维、互补思维和共生思维，这也是科技时代的生存智慧。"知"有本和末之别，求知的知不只是枝叶层面的知识，更是根性层面的智慧，即"知本"。固本强根，方能开枝散叶；舍本逐末，必是生命之树的枯萎。历代的大才之道，就在于开启了心性，而究其原因，无不是饱读诗书。

根性思维的养成离不开诗书，心教的载体是诗书教化，所以中国传统教育本质上又是"文教"——无论是以《诗经》为代表的"诗"，还是以《尚书》为代表的"书"，都是以汉字为载体。汉字作为一种独特的从远古延续至今的象形文字，具有上通神明之德、下类万物之情的文化特性，此即所谓文以载道。"诗"侧重情商，激发右脑的潜能；"书"侧重智商，启发左脑的思维。"诗"与"书"因此也有着心脑合一、身心合一的深邃含义。

无论"心教"还是"文教"都需要良好的学习环境，所以需要"境教"。从书房、客厅、卧室、厨房等生活起居的各个空间营造让孩子好学乐学的环境，培养"行有余力，则以学文"的综合学习能力，克服在家庭教育中容易出现的知识性教育偏狭，弥补人文教育、自然教育、健康教育、性情教育、责任教育的缺失。

根性思维是崇实而务本的智慧，一方面崇实，实事求是；一方面务本，本立而道生。本章从"心教"、"文教"和"境教"三个层面，呼吁今天的家庭回归生命智慧、重振诗书家教、再造书香门第。

我们翻开《论语》，开篇就是"学而时习之，不亦说乎"。现在的孩子大概没法理解，学习多苦呀，怎么还不亦说（悦）乎？这就需要了解孔子说的"学"是学什么。

为此，孔子作了凝练的表达——"志于道，据于德，依于仁，游于艺"。道是根，德是本，仁是干，艺是大树上的繁茂的枝叶，如礼、乐、射、御、书、数。这些不是今天学校里的考题，不是繁重的知识，而是生命的智慧，当然"不亦说乎"！

中国文化洞悉人心深处对于"何为正确"的追问以及对于"道"的敬畏与尊崇，此即"道统"，那么人的思想和行为"因何正确"？符合宇宙法则的生命智慧如何被人们知晓？这个问题，则是通过学统，即家教、私塾、书院、太学的系统来实现的。家教无疑是学统里最基础的细胞。家长的任务不仅是制造孩子的身体这辆车，还得给这辆车指明方向、道路并对其进行保养，使其明白道的理、遵守道的德、行走道的路。以圣贤教育为圭臬的家庭教育，培养了一代代有着独立人格又有着家国情怀的大智大勇的人才。

可惜，一百多年前读经课与修身课被废止，让今天的我们备尝苦果。对于今天被分数压得喘不过气的家长和孩子而言，圣贤教育是解开现代教育困境的密钥。有了这把密钥，便可以借助圣贤的力量，去激活求学的动力、提供好学的内容、营造乐学的环境，在这个过程中解开心理郁结，开启生命智慧，创造"智者不惑"的人生！

回归生命智慧,激活求学动力

一、从知识教育回归圣贤教育

几千年来,中国教育的本质就是圣贤教育。圣贤的"圣"字在甲骨文里的形象是一个大耳朵的人踮着脚,在听上天的声音。这表明圣人无非是能够听到上天的声音,明白宇宙道理的人。道理即真理,道就是宇宙生命共同体的根本法则。圣贤的"贤"字在甲骨文里的字根是一只竖着的眼,表示躬身的人的侧面被看到的眼睛,呈现的是惟道是从的人、遵从天道行事的人的形象。

人的内心深处都有三大精神需求,即存在感、归属感和归宿感。用现代通俗的语言来说,就是人从哪里来、到哪里去的问题;用传统文化的语言来讲,就是如何实现天人合一的生命问题。圣贤智慧,就是帮助我们看到自身的精神内需、激发潜藏于自身的精神药膳,并且增强我们内心的防疫系统,解决何为正确、因何正确、如何正确的问题,亦即活着的意义与学习动力的问题,而这些都是追逐分数的知识教育缺失的部分。

圣贤教育的内容被孔子表达得十分简练,那就是"志于道、据于德、依于仁、游于艺",分别培养人的整体领悟能力、自我管理能力、立身处世能力和技艺谋生能力。如果这是一棵生命树,上述的四大能力就分别代表着树根、树桩、树干和树枝。我们无法选择自己的原生家庭和先天的教育环境,但是圣贤教育给我们指出的是开启智慧的捷径以及解除困惑、改变命运的大道。

有一位演讲者说:"认知是一个人的天花板,这与你的出身与经历无关。"这种说法有一定的道理,一个人的智商、眼界乃至情怀,取决于其认知能力和认知模式,取决于其是否建立了正确的三观,即合乎宇宙规律的宇宙观、价值观以及基于这样的宇宙观和价值观而形成的人生观。而这样的认知模式和认知能力又不仅仅是理论概念的作用，而是由诗书礼乐的整体教化形成的感悟力、洞察力和行动力。孔子的弟子子路之前是一介乡野武夫，跟着孔子学习诗书礼乐，成了文武双全的士大夫。

圣贤教育是有根的教育，包含有根的知识。我们今天的教育出了一个很大的问题，就是老在枝叶上下功夫，忘了根深才能叶茂这个常识，其结果是孩子不堪重负，智慧难以开启。当我们不能从根处输送营养，不能从根部打通枝脉的时候，孩子的成长就受到了限制。各个方面的问题，如心理问题、关系问题，其实都是根处出了问题。

二、"志于道"，以道开智

圣贤教育是"道"的教育。

甲骨文中的"道"字的形象，是一个人处于四通八达的宇宙时空中，是一种天人合一的意境，之后逐渐演变成今天的形态。而甲骨文中的"志"，就是心的上面有朝上的脚印——心之所向为"志"。这里的心之所向，是非常重要的人生诉求。心之所向于道，才会去知道、行道，以解决何为正确、因何正确、如何正确的生命问题。

我曾经和芝加哥大学的历史学家艾恺教授对话。他的中文特别好。有一次，我跟他在一个论坛上聊起中国文化的宇宙观是什么。我向听众介绍说"艾恺先生认为中国文化的宇宙观把宇宙视为一个整体"，他纠正我说"是一个有机的整体"，他特别强调"有机"二字。有机的整体，是说所有的生命都是各自独立但又彼此相依的，从而形成共生的整体宇宙大生命，所以"大道之行，天下为公"。道就是各个不同的活泼泼的生命体相互联结、相互成就的和而不同的整体。而梁漱溟先生直接将"道"表述为"宇宙大生命"。

其一，志于道，能够开启内生性的智慧，激发创造力。

道是差异互补共生的宇宙大生命。每一个人都是天赋的独一无二的个体，每一种动植物都是天赋的独一无二的存在。志于道，就是敬畏和遵循道的差异性、多样性和内生性。我们每个人都有在根本处的存在感的需求，而这就要求我们反求诸己、内收内视，以看清自己的内在世界、自己的明德和自己的价值，而这正是孔子和儒家学说最鲜亮的地方。

开启内生智慧，还要警觉自卑病毒的侵蚀。试想两千五百多年前，在那个教育被垄断、阶层被固化的年代，大多数人活得如蝼蚁。有一个人站出来说，所有的生命都不该如此卑微，而且给出了如何去除自卑的志道、据德、依仁、游艺的君子养成之法，由此点亮了个体生命之光，照亮了中华文明之路！这个人就是很容易被误解误读的孔夫子。

在北京大学开设第一门心理测试课的吴天敏教授说："在科学上，重要的不是知识，而是想象力，不在于你知道多少，而在于你能够想到多少。"可见，人的想象力有多么重要。而想象力是人的内生性、独特性和创造性被燃发的结果。

其二，志于道，能够激发交互性的智慧，提高联结力。

协作精神、互助精神，不仅是孩子应该培养的品格，也是孩子开启智慧的重要尺度。成绩好的学生帮助有困难的同学，对于自己本身的作业水平、思维格局和表达能力的提高显然是有益的；而且，被帮助的同学身上的其他长处，对于帮助者也是一种补充和滋养。

应该从家庭和校园开始，培养孩子的协作格局、协作思维和联结能力，让孩子明白，万物在差异互补中共存，智慧在差异互补中开启；自己的生命靠着其他生命的滋养，自己又能为他人服务。因此，我们的小自我能够具有大人格。

每个人都是关系中的存在，所以有着归宿感的精神内需。圣贤智慧帮助人们看见这样的内需、认可这样的内需，并且找到满足此内需的路径，这就是从孝悌开始的与家人、家族、家乡、家国和地球家园的联结。对孩子而言，在家孝敬父母长辈、体贴关心家人，并从家人的关爱中学会感恩；在学校尊敬老师、帮助同学，这是人的社会联结能力的成长，也是思维扩延能力的成长。

从脑科学的角度来说，人的智力取决于大脑神经的联结。但这个过程很容易被自私的"病毒"所阻隔，其结果是阻碍智慧的开启，陷入焦虑、困惑和抑郁。而家长的过度照顾，助长了孩子的自我中心主义和自私自利，其结果是害了孩子也害了自己。很难想象，一个自私自利的人能够为父母分忧，能够在家庭中尽责，能够在团队中合作，未来的家庭能够和睦。一个局限于小自我而没有大格局的孩子，是无法生出大智慧的。缺乏联结能力则很难有创造力，因为在很大程度上，创新来源于联结。

其三，志于道，能够开启共生智慧，提高超越力。

一个人的智慧是有限的，要突破既有的认知天花板，就需要不断地超越自身的各种限制。而共生智慧，就是这种超越力的营养基与助推器。因为共生智慧是一种心力、心能构成的精神能量，能够帮助大脑跳出既有认知的藩篱，进入宇宙大生命的智慧能量场。

宇宙是如此博大和无限，有一个东西可以与之联结并同频共振，那便是每个人的心。一般说来，人心与人脑是不同的。人心是全息的、动态的、无形的，人脑倾向于线性的、有形的、碎片的、具体的工具性思考。工具理性对于人的生存是必要的，但是中国文化给了一种理性和心最接近的大脑思维模式，它是一种整体的、全息的、动态的又是尊重差异的脑思维。

共生智慧，用通俗的话来说也是公益智慧。说到公益，人们往往将其理解为行善。其实公益首先是一种智慧，一种共同体的智慧，一种以共同福祉共同利益为出发点的智慧，而养成这种智慧的关键在起心动念。当一个人的起心动念是为一己私利的时候，思维就被束缚、被限制住了，智慧也就被屏蔽了。养成公益思维、拥有公益的智慧，是益己、益人、益天下的，它可以帮助一个人一步步走出思维的藩篱，获得更远的视野、更大的情怀，达到更高的境界，拥有更强劲的生命能量。

公益心的培养需要家长身体力行，引导孩子把家庭当成共同体并为之服务，这是践行公益的最初萌芽。家长还要引导孩子把班级和学校视为共同体并为之服务，把自己所在的社区和乡村视为共同体并为之服务，进而把家国天下视为共同体并为之服务，促成公益智慧的实现和拓展。

如果说伤害存在感的病毒是自卑，破坏归属感的病毒是自私，那么摧毁归宿感的病毒就是自蔽。人的智慧是通过精气神与道相通的。一个人拥有敬畏之心、公益之心，才能与宇宙的智慧源头接通并开启自己的智慧。

三、"据于德"，以德启智
圣贤教育是"德"的教育。

教育的目的是什么？祖传至今的四个字，也是写在家庭教育法里的关键词，就是"立德树人"。只教知识不教德行，是教育的失职，更是家长的失职。

德是一种基本的生存能力，因为德之本质是每个人自身的道德理性和自我管理能力，这种能力是每个人与生俱来的，但是很容易被蒙尘、被遮蔽，需要学习诗书，通过教化、启发、去蔽来建立，所以叫"立德"。

中国传统教育的宗旨是立德树人，用一句百姓的话，就是"学做人"。做人需要学吗？当然要学。学做人重要吗？当然重要。学做人是比学做事更基本的学习，学做人是比拿高分更重要的事情，否则那个北大天才少年怎么就把养育他的妈妈给杀了呢？那些衣食无忧、成绩不错的孩子，怎么就跳楼了呢？这都是荒芜了诗书家教、忽视了立德树人酿成的苦果啊！

圣贤教育如何解决今人的现代困惑？

首先是解决孩子的心理建设问题，用仁、义、礼、智、信来分别满足生命的价值感、成就感、重视感、自主感和安全感这五大基本内需，并由此满足存在感、归属感和归宿感这三大根本内需，从而打开生命的智慧、激发生命的活力与创造力。

其次是提高孩子的自我管理能力。现当代的各种管理学涌入中国的时候，管理和教育分离成一种单独的"术"，且颇为流行。殊不知，中国文化有着自己的管理学，其根本是德育。这样的管理学是通过仁爱、理性、礼序、诚信和担当的内在自我管理以及差异、互补、共生的关系管理来实现的。

最后是增强孩子的综合素质。以德开智、以德强身、以德涵美、以德促劳，这样的学习激活了"成人"，也就是生命成长的快乐。教育的方法是以德为本，德是智体美劳的根基，也是激发"成才"的综合能力。中国几千年历史里层出不穷的大才子就是依托这样的宗旨和方法培育出来的。

我们知道汉代医圣张仲景写了《伤寒论》，但大家也许不一定知道他是长沙太守。怎么一转眼他会成为医圣？因为为政和行医遵循的是同一种道德理性和同一种思维模式。需要他去行医，他能成为医圣；需要他为政，他就是太守。

过去的中医大夫有相当大一部分出自儒生，他们也许是因为没考中举人进士，而来行医。因为秀才学的还是圣贤书，还是这些道德仁义。他不能为政就行医，把脉开方，研究人体的五脏六腑、阴阳五行，是游刃有余的事情。以前有一句话叫"秀才学医，笼中捉鸡"，因为秀才的学问与中医大夫的学问在思维方式和为人处世的根本处是一致的。

颜真卿，大概在一些人的印象里只是书法家。颜体正楷端庄雄伟，行书气势遒劲，其实颜真卿最令人称道的是他作为唐代名臣的为政之道，例如安史之乱中对抗叛军的英勇事迹。当然，我们还知道文天祥那感天动地的"正气歌"、岳飞那气壮山河的诗词……若没有知书达理、立德树人的圣贤教育，哪有这般境界、格局以及由此开启的智慧和能力？

四、"依于仁"，以仁养智

圣贤教育是"仁"的教育。

重视养生的现代人会认同"仁者寿"，因为心怀仁爱心态好、胸襟宽广，不易生气，也不容易生病。事实上，仁者也是智者，仁爱之心可以增强人的感受力、判断力、创造力、执行力等综合才能，所以"仁者智"。

在过去很长一段时间里，我不是很了解德与术的内在关系。直到15年前，我遇到了民间老中医吴生安。我深深地被他救死扶伤、悬壶济世的高妙医术所震撼，更被他的仁心医德所感动，也深切地体会到什么叫道术不分。

他的医馆里堆满了锦旗，因为太多的疑难杂症被他治愈。他诊病号脉，对所有的病人一视同仁，从来不会去想眼前的病人是什么背景、能付多少诊费。富裕人家特别感激他时，会多交一些钱，他不拒绝；而有的人因为穷困，分文不给，他照样尽心治疗。他说，一旦心有杂念，号脉就不准了，开方子也不准了。在中医这一行业里，个人的医德与医术完全是一体的。有位家境困难的乡村教师来看病，吴大夫不仅不收钱，开方抓药后还资助其回家养病。汶川地震时，吴大夫专程飞到极重灾区的大坪村义诊。"大医精诚"的医德也让他有了令人赞叹的福报：家庭美满，儿孙孝顺，家业有传。他的仁心仁术也传到了儿子和孙子身上。我很庆幸，在自己西行东归的人生旅途中，能遇到这样一位恩师。他的中医经验让我明白了仁爱和智慧的内在关系，他的中医思维让我学到了真正的中国哲学并付诸实践。

以仁养智，也是中国传统商业伦理的圭臬。中国人最不齿的行径就是唯利是图、为富不仁。以仁心换人心，才有企业的发展和家业的长青。这些年，我因为中华家文化的研究与传播，与几位优秀的"新儒商"企业家有一些近距离接触。我真切地感受到这些企业的成功秘诀就是仁德：让仁心仁术成为经营理念，用仁心仁术凝聚团队，用仁心仁术服务客户，用仁心仁术研制产品。孔子的"依于仁"是"新儒商"企业家创业的前提。

仁德，是古往今来各行各业的基本准则，也是中华家教的基本准则。我们在家风家教的实践中发现，当孩子被问到长大后想干什么的时候，很多孩子的心愿都散发着天然的仁德之光。比如，想当老师，因为想让小朋友会读书；想当科学家，因为想通过发明助推科技；想当兵，因为想保卫国家；想当厨师，因为想让大家吃到好吃的东西。

如果从仁德入手去发现孩子的愿望，很多小小的愿望都是培养智慧的契机。长大后想要干什么，是职业，关乎生命；把这个职业干得怎么样，是事业关乎使命；为什么要干这番事业，是志业，关乎天命。找到使命，追问天命，人的生命才会获得无穷的力量。在当今这个解决了温饱问题的物质相对富足的时代，如果只是"朝钱看"，是很难调动孩子的生命动力和学习动力的。

五、"游于艺"，以艺砺智

圣贤教育是"艺"的教育。

孔子办学的年代，不只教授经典智慧，而且还传授六艺，即礼、乐、射、御、书、数。如果说我们把"道"理解为这棵圣贤教育大树的树根,把"德"理解为树桩,"依于仁"是这棵大树的树干,那么"游于艺"就是大树的枝叶,就是各种各样的技艺。圣贤教育是非常注重人的技能的。有句老话,"家有万贯不如薄技在身",孝亲报国、法地敬天,要靠工匠精神和技术能力来实现。

有人说,这世界上有两类学问——关于知识的学问和关于生命的学问。比较宗教学家堪佩尔曾说过:"西方人吃的是知识树的果实,中国人吃的是生命树的果实。如果两种文化能结合,将成为神的力量。"这话有一定道理。知识树的特点在于长知识,生命树的特点在于开智慧。

但是,这个知识树和生命树的比喻又是偏狭的,因为堪佩尔毕竟是西方人,并不懂得中国文化的生命树本身也是知识树。只不过,被中国人称为术和器的知识技能是生命之树的枝和叶,道与德是这棵生命树的根和本。中国文化讲究本末不二、道术合一,根深蒂固才能枝繁叶茂!诗书家教不仅能开智慧,也能长知识。所以,古人的发明创造讲究是否合"道",中国人的书法、茶艺、剑术、医术、农艺等百业千技,总是要论"道"的。

当代教育最大的问题是太多的人忙于知识树的攀缘而荒芜了生命树的培育。更重要的是,不懂得技艺只有生长在"志于道、据于德、依于仁"的根基之上,才有内驱力、联结力和超越力;不懂得扎根在何为正确、因何正确、如何正确的根基上的知识,才具有无限的创造力。其结果,不仅生命的活力、学习的动力出了问题,而且也丢失了建功立业的大智慧。

六、圣贤智慧是新科技时代的生存智慧

一位从事家庭教育的黄先生在谈到教育的方向时疾呼:教育孩子的方向绝对不是教他人工智能和机器人可以替代的东西。孩子所学的东西如果被人工智能、机器人取代，则浪费了时间、浪费了天性。什么是人工智能所不能替代的？一是"三观"，人工智能无法取代；二是"爱"，也就是情商，一个懂得爱的人是有情商的；三是驾驭人际关系的能力；四是行善积德，因为厚德载物，因为积善之家必有余庆，积不善之家必有祸殃；五是想象力、创造力、感染力，以及抗挫能力和演说能力。这些是机器人以及人工智能永远无法替代的。这才是教育的方向。

在这个 AI 技术人工智能迅猛发展的时代，每个家长和孩子都应思考：是把时间和精力用于死记硬背那些上网便可查阅的知识，还是用于开启自身的智慧？

子曰："知者不惑。"这里的知，是生命的智慧。道是根，德是桩，仁是干，艺是枝叶，知道、怀德、依仁、游艺，根深蒂固、枝繁叶茂，就是生命健全的状态、觉醒的状态和绽放的状态，也就是智者不惑的状态。如此，学习的动力将源源不绝，创造的活力将绵绵不衰。在已经来临的人工智能和正在来临的机器人时代，圣贤智慧不仅能帮我们安身立命，而且还能助我们建功立业，让我们永远成为自己生命的主人、机器的主人和命运的主人。

重振诗书家教，充实好学内容

一、诗书润家教

有一次，我与美国著名心理学家对谈。他说人类很可怜，被生下来的时候有了身体这辆车，但却没有如何开车的指南。我说，那是你们美国。我们中国人有经典智慧作为驾车指南，还有家长与师长根据驾车指南来当驾车教练。

圣贤教育是通过经典诗书来滋养我们的，诗书则是古圣先贤留下的驾车指南。《道德经》讲述何为天道、《易经》破译天道流变、周行不殆的密码,《黄帝内经》描述小宇宙与大宇宙合一的秘密,《诗经》激发右脑的潜能,《尚书》启发左脑的思维,《论语》指导人们如何敬天以发现天命、敬德以实现使命、敬业以绽放生命。

这些经典的流传,是中华文明绵延不断的原因,也是当今社会的教子良方。孩子的成长除了来自父母的血脉系统,还有来自圣贤的文脉系统,从而形成自己的独立人格与生命智慧。

《论语》记载,有一天,孔子的儿子孔鲤从门前走过。孔子叫住他,问:"你在学诗吗?"孔鲤回答:"没有。"孔子说:"不学诗,无以言。"于是孔鲤退下后认真学诗了。如此生活化的场景,其实就是我们最常见的家教场景。这里的"诗"以及通称诗书的"诗",并不是现代人所理解的诗歌和书籍,而是指《诗经》,后来被人延展为古诗词;书,是《尚书》以及后来被集萃的四书五经。

无论诗还是书,都是以汉字为载体。汉字作为一种独特的从远古延续到今天的象形文字,具有上通神明之德、下类万物之情的文化特性,即所谓"文以载道"。其中诗侧重情商,激发右脑的潜能;书侧重智商,启发左脑的思维。诗与书因此也有着心脑合一、身心合一的深邃功能,是志于道的文字载体。

诗与书又是分而不离的,一方面四书五经的思维方式不同于工具理性的线性思维、点状思维以及固化思维,而是立体、整体、动态的思维。同时,中国文化讲究经史合参,史学与经学相融,这与右脑的整体性、感性、艺术性接近;另一方面,《诗经》以及从《诗经》发源的古诗词本身有着深邃的哲理,甚至很多时候诗词比理论文章更能体现哲理。

诗书不仅是开启智慧的宝典,也是心理健康的药膳。

想想今天的很多家庭,孩子的学习动力和生命动力成了问题,甚至动不动就轻生,为什么这类悲剧频频出现在现代社会?

有人说，这是亲子关系的问题，还有人把所有的原因归于家长的不当教养方式。不可否认，过去的亲子关系通常不像现代社会这么紧密和紧张，父母和孩子一方面拥有比较宽松的"中间地带"，包括孩子的独立空间与自由时间、亲朋好友的社会交往、较多接触自然的机会，等等。那个时候的父母之爱比较淳厚，不像今天的家长加给孩子太多的分数竞争压力，因此亲子关系也比较宽厚轻松。

还有一个非常重要却常常被忽视的原因是，那个时候的孩子是读着圣贤书长大的。经典教育传承的圣贤之学在孩子心目中建立起独立的是非准绳。也就是说，一个孩子除了与父母的联结，还有着与圣贤的联结，并据此形成自己的宇宙观、人生观，不会因为父母的某些不当教养方式而迷茫崩溃，反而能够在明白道理、明辨是非的前提下去感受父母的爱、理解父母的难、分担父母的事。这样的孩子走上社会，便能够以心中的准绳与信念立身行事，不会被社会上的一些不良风气所左右，也不会因为在社会上遇到的障碍挫折而气馁躺平，反而有着改变不良社会风气、建立公序良俗的志向与能量。

还有一个重要原因，父母和孩子拥有比较开阔的精神共享空间，这是中华文化所培育的家庭共同体的信仰：和、孝、勤、俭、仁、义、礼、智、信。无论庭训还是家规、私塾还是书院，孩子和父母一样，接受的是世代相传的尊道贵德的宇宙观、价值观和人生观。除了家庭的教化，还有私塾和书院圣贤之学的教诲，这些教诲是孩子和父母共同的空气、阳光，是家庭人伦的处世之道和家国天下的家风志向，是自己安身立命的归宿信仰。

二、诗书继世长

在中国传统文化是非常受敬重的。夸一个人有教养，常用的词儿是"知书达理"；赞一个人有气质，常说的话是"腹有诗书气自华"。无论富贵还是贫寒，挂在家里最常见的楹联是"耕读传家久，诗书继世长""世间数百年传家无非积德，天下第一等好事还是读书"……这里的书当然是指圣贤书，即用整体思维的整合教育培养健全人格的智慧之书。这样的书给了个体生命之树动力、活力和张力，以及人生的方向与道路。

俗话说，"富不过三代"，孟子也说："君子之泽，五世而斩"。可是，出了钱三强、钱学森、钱锺书、钱穆、钱端升等众多名人的钱氏家族，却颠覆了人们的认知。这个著名的家族，可追溯到宋朝，在历史上出了350个进士，载入史册的钱氏名人逾千，近代更是出了200多个院士，任何一个行业都有钱氏精英。据统计，当代仅国内外科学院院士以上的钱氏名人就有一百多位，分布于全世界五十多个国家。

钱氏家族这个书香门第延绵至今的秘密是什么？据说钱家每一个孩子出生，全家都要诵读《钱氏家训》，其家训已经流传了1000多年，迄今为止钱氏家族仍在遵从。此家训开篇首句为"心术不可得罪天地，言行皆当无愧于圣贤"。在这个家训中，关于学习的内容只有两句，"子孙虽愚，诗书须读"，"读经传则根柢深，看史鉴则议论伟"。子弟固然要读书，读书当读圣贤书。钱家一直遵循着圣贤教育，目的是把钱氏每一个成员培养成利国利民的栋梁。钱家世世代代一直遵从着利天下、利苍生、利万世的祖训，历经千年不改，是真正的诗书继世、忠厚传家。这样的家族能不兴旺吗？

被称为史上最美家训的《朱子家训》也流传了300余年。在这个家训中，关于学习的训诫只有一句，"祖宗虽远，祭祀不可不诚；子孙虽愚，经书不可不读"，同样强调读经的必要性。古往今来的读书人，都是读着圣贤书成长起来的，都是在四书五经的滋养下修身、齐家、治国、平天下乃至青史留名的。虽然读经课是在民国时期被废除的，但是民国时期那些大学问家，哪个没有深厚的国学功底？哪个不是在经典的教诲中打开人生格局的？

家长也许要问，经书都是古文，晦涩难懂，孩子还那么小，怎么读得懂？其实对于孩子来说，不存在难易。特别是像《论语》这样的好读易懂的经典。

三、《论语》传家宝

宋代宰相赵普有句名言：半部《论语》治天下。对于今天忙碌不堪的家长而言，与孩子共读《论语》，可能是个切实可行的家教入手之处。

之所以推荐读《论语》，是因为《论语》亦诗亦书、亦文亦史，可以作为孔子智慧的集锦。

2011年，我曾经在重庆巫溪助推"相约《论语》、全民读经"活动，也曾带领100个巫溪的村民在北京读诵《论语》。有一位村民，小学文化，读了一段时间《论语》之后，他说要给自己和自己的儿子各买一套汉服，原因是"我发现自己也能做君子"。另一位女村民原来是县里出了名的赌棍，参加了一个月的《论语》诵读以后，彻底改变了人生，发誓要"做有智慧的中国人"。

此外，读《论语》也可顺便学习古汉语。巫溪县启动"相约《论语》、全民读经"活动的时候，学校也倡导晨读《论语》。当时的县领导说，整部《论语》都能记诵下来，还愁这孩子不懂古汉语吗？懂得了《论语》里面的大智慧，还会担心孩子没有学习的动力和抗挫的能力吗？家长最好和孩子一起读《论语》，一来给孩子做个榜样，二来创造与孩子共同学习交流的机会，三来也给自己补补课，为我们的人生下半场立志。毕竟，我们这几代人是在一百年前停止读经课和修身课以后才出生的。

共读《论语》还有一个直接的意义，就是让家长找到生命的幸福和快乐。

在孔夫子那里，"智"和"好学"是紧密相关的。《论语》第一篇是"学而"篇，"学而"篇的第一段是"学而时习之，不亦说乎"。在那个礼崩乐坏、战争四起、饥寒交迫的年代，到底学什么能让夫子和他的弟子这么乐呀？又是乐个啥呀？他们为什么而学？学的是什么？他们能经常因为学习之乐而忘忧，学习的肯定不仅是知识，而是超越个体有限性、让个体能够连通宇宙的生命智慧。

《论语》全篇说的都是学做君子。为什么要做君子呢？孔子是这样来定位君子的：知者不惑，仁者不忧，勇者不惧。这不正是对我们今天的人说的话吗？相比于孔子那个年代，今天的人没有战乱、没有饥寒，甚至还因为洗衣机、电冰箱等电器的存在而少了许多劳动，可是心中的困惑、忧虑和对于不确定性的恐惧，并没有减少，甚至有人因为对于生命的困惑、忧虑和恐惧而抑郁乃至自杀。做君子是谋幸福，而且是自谋幸福，就跟自谋职业一样。

君子之道乃幸福之道，没有焦虑、恐惧、困惑的人生多么幸福！

"九九家风"项目的实施过程中，曾将《论语》的一万多字摘录为《百句论语》，我有幸为之写序。在此，谨将此序部分转录于下：

> 孔子的智慧首先是教育的智慧。一套以仁为根本、以礼为准则、以乐为方法的教育体系，一个从家教、乡塾到书院的教育机制，一种以君子人格为培养目标的教育风气，为今天的素质教育提供了不竭的水源。几千年来，人们把有着道德涵养和高尚人格的人称为君子，《论语》就是一部春雨润物般的君子手册。
>
> 孔子的智慧也是管理的智慧。从每个人"慎独"自律入手来构建互以对方为重、互为对方着想的社会关系，从肯定差异入手来搭建互补共生、"和而不同"的社会结构，从最天然的孝爱入手来调和家庭、邻里、师生、上下级等人际社会感情。《论语》，为今天的

社会管理提供了有价值的视角。《论语》，是一部仍有温度的社会治理操作指南。

孔子的智慧，又是生计的智慧。义利相和是儒家的经济原则和商业道德。有了这些共同价值，遵循共同的道德，才能保证共同的福祉。见利忘义是小人之举，取之有道乃君子之风；不均不公是发展之患，共富共赢乃生存之理。这些经世济国的准则并没有过时，而恰恰是今天转变增长方式、实施乐和生计、实现共同富裕可资借鉴的原理。

孔子的智慧，亦是环保的智慧。当今的环境问题，根本说来还是因为人类缺失了仁爱之心，割断了与万物的血肉情感所致。"天何言哉？四时行焉，百物生焉，天何言哉？""获罪于天，无所祷也！"孔子的呼唤穿透时空，唤醒人的良知，感恩天地母体，回归宇宙本源，从生命的根基处敬畏自然。《论语》，是一本追根务本的环保图典。

《论语》的智慧，也是养生的智慧。"志于道、据于德、依于仁、游于艺"的生命喜悦，"老者安之、朋友信之、少者怀之"的生活理想，"知者不惑、仁者不忧、勇者不惧"的生存状态……相对于高速和高压下的各种焦虑和抑郁的现代病，《论语》，是一张安身立命的治病药方。

读《百句论语》，兴中华家风，不是一场运动，而是一种生活，一种读经典、明道义、开智慧、扬正气的生活，一种修身、齐家、谋幸福的生活，一种人人可以践行的高贵而又从容的生活！

四、回归生命智慧

诗书家教是以"志于道、据于德、依于仁、游于艺"为主要内容的家教，通过"以道开智、以德启智、以仁养智、以艺砺智"而达到这样一种生命状态,即孔子说的"智者不惑、仁者不忧、勇者不惧"。那么,怎样成为智者、仁者、勇者呢?孔子又说:"好学近乎智,力行近乎仁,知耻近乎勇。"也就是说,即使有了诗书经典这样好的学习内容,还要有好的学习方法,更要有"学而时习之"的"时习"的修身功夫。而家庭,就是家长和孩子一起践行圣贤智慧最好的道场。

诗书家教是有根的教育,而很多的现代教育往往不幸成了无根的教育。把成才看得太重,而将成人看得太轻;将成绩看得太重,成长看得太轻。叶子黄了,就在这片叶子上洒水、喷营养剂,或者给树苗搭个支架……生命不是机器,不是家具,而是一株活的禾苗,这株活的禾苗下面有着看不见的根。

根的诉求和根的痛,只有孩子自己知道,却难以表达,甚至无法表达。而家长往往对此不能感同身受,或是察觉不到。但是,树根不会因为被忽略就不存在,它会顽强地通过树干和树叶表现出来。最后表现出来的就是学习没劲头、生活没兴趣。

家长会说,你这个树根怎么不好好长?树干怎么弯了?叶子怎么黄了?这样的抱怨和指责,只会徒增孩子的抵触与反感。追究起来,是孩子的问题吗?朝外抱怨是无解的,家长需要反求诸己,想想是不是自己的爱变味了、变质了,被各种人为的标准和苛求绑架了,然后把孩子扭曲了?自己是不是只关心这株禾苗考了多少分,而不去过问它的根部需要什么?是不是家庭和学校过多地关心知识,造成了知识教育和生命教育的失衡,孩子们因为缺少与生命之源的联结而"缺水"了?

求学的目的是什么?通过几千年来流传的四个字便可一目了然:"知书达理。"读书是为了达理。当然这里的书不是今天遮天盖地的知识读物,而是圣贤之书。这里的理也不是散枝碎叶、瞎子摸象的理,而是天地人和的宇宙之理、生命之理。圣贤教育引导我们明确求学的目的,那就是开启生命智慧,了悟生命意义。从分数导向回归生命导向,从知识教育回归圣贤教育，不仅是安顿身心的生命智慧，也是职业生涯的生存智慧。

在人类进入机器人和人工智能的时代，在产业结构到职业生涯都面临着巨大的转型和挑战的时候，中华经典不仅是让人安身立命的"食谱"，也是在新科技时代建功立业的指南，因而是现代家庭教育不可漠视的宝典。

再造书香门第，营造乐学环境

如果我们把孩子比喻为一棵树苗，而家长是园丁，那么这棵树苗最需要的生长条件是阳光、水源和土壤。圣贤教育的根本是心性教育，就像阳光，照亮其天性，因此也可以叫作心教；而圣贤的诗书教化像水源，可称之为"文教"；"心教""文教"的家庭场景就是"境教"，所以家庭的环境营造非常重要。

力行的重要丝毫不亚于诗书，以至于孔子说："行有余力，则以学文。"从中堂到厨房，从言传到身教，从家谱到家规，无处不是学而时习的空间。书香门第不只是家族的理想，更是孩子们耳濡目染、立德树人的必需，是让孩子从孝悌和家务开始践行圣贤智慧、陶冶家国情怀的必需。

一、用文教的理念设计房间

学而时习是要有环境的，就像学习的软件需要硬件配置，这个硬件就是家庭空间设计。我们知道，中国人是非常崇尚书香门第的。家财万贯，但没有书香，会被认为富而不贵；权高位重，没有书香，也可能被人看不起。相反，贫寒人家照样可以"腹有诗书气自华"，傲然于世。

当然，真正好的家庭环境不在于精致华美的陈设，而是用文化理念设计的硬件配置，让家庭的书房、客厅乃至厨房都成为学习的空间，成为现代的书香门第，或者说家有书香的"学习型家庭"。

北京师范大学教育管理学院的沈立博士写过一本书，名为《再造书香门第——以文教理念设计房间》。他认为，在现代社会再造书香门第并非遥不可及，可以从硬件着手，用文化教育、生态环保等理念来改变家庭的房间设计与布局，营造涵养人、滋养人的空间；加上诗书经典作为软件，父母亲以身作则，带头读书，改掉不良的习惯。如此，软件、硬件、人这三要素共同作用，就可以再造书香门第。

一个孩子受教育的场景主要有两个：一是学校教育，学校教育的中心叫教室；二是家庭教育，家庭教育的中心就是房间。中国经典教育是立足于家庭教育的中心——房间而展开的。家庭房间是安顿心灵的场所，家长们可以通过改变房间来改变我们所面临的教育方面的一些问题，或者提供一些切实可行的解决方案。

二、客厅与中堂

拿中国传统的客厅和现在的客厅来作对比，看看我们现在的客厅是以什么为中心，过去的客厅又是以什么为中心。

我们现在的客厅都一样，就是大厅中间放一台彩电，正对着彩电放一圈沙发。我们现在为什么一回家就想躺下？因为被设置好了这样的环境。然后遥控器一按，电视就打开了，就开始看电视。或者在沙发上一躺，就开始刷手机。

但我们传统的客厅不是这样的。如果我们到很多保留下来的民居或园林去参观，比如去山西平遥、安徽徽州、江苏苏州以及云、贵、川等地，在传统的民居当中，常常可以见到传统的客厅，叫作中堂。

中堂，是中国家庭的中心，用现在的话来说就是文化墙，也就是说，我们的家里需要有承载或者传承我们文化的一面墙。这一面墙在主厅正对大门的位置，上面有中堂画，或者叫字画，可能是圣人像，可能是古画，也可能是"天地国亲师"的大字，旁边是一副对联。很多传统家庭常用的对联是"忠孝传家久，诗书继世长"，横批"祖德流芳"。用现在的话来说，就是核心价值观。大到国家，小到公司、学校，都有核心价值观。中堂的对联就是这个家庭的核心价值观。整个家庭在这里缅怀祖先、会客，进行家庭内外的社交活动，等等。

中堂文化对于今天的家庭有什么意义？对于营造一个好的家庭的文化氛围和建立一个家庭的核心价值观，中堂是必要的。比如"忠孝传家久，诗书继世长"，它的核心价值观就是两个：第一个忠孝，第二个诗书。那么它的愿景是什么？愿景就是横批，"祖德流芳"——我的祖先是"忠孝传家久，诗书继世长"，那么到我这代要继承，依然要跟我的祖先一样。我希望将来告别人生的时候，不光是为后代留下一些有形的资产，还要给他们留下功德。

如果一个家庭没有核心价值观，别说祖德流芳，就是眼下的日子也过不好。过去的中堂画，就是我们今天说的家庭愿景、家庭目标以及家庭核心价值观的外在呈现，这个核心价值观是需要随时被看到的。所以，非常有必要在最醒目的地方把我们家庭的愿景和核心价值观呈现出来，电视机应该让位。

那么，家中电视应该放在哪里呢？可以考虑放在墙角。尤其是有小孩的家庭，客厅里最好不要有电视。家里老人要看怎么办呢？可以把电视放在客厅侧面角落，而不要放在中堂。看电视要尽可能避开小朋友，不看的时候就把电视罩起来。

对于诗书家教有助力的、一些健康的影视节目可用投影仪或者视频播放设备进行播放，选择性地让孩子看没有广告的经典电影、纪录片等。同时，看视频的时候，最好不要习惯性地太长时间躺在沙发上看。

中式的椅子、凳子主要的设计原理是保护骨骼和畅通气脉，不是为迎合你肉体舒服的需求来设计的。躺沙发多舒坦，久了却不舒服。为什么？气脉不通，气血不通。我们的中式家具刚坐上去不如沙发舒服，但坐久了气血不会不通。这主要看每个家庭的选择。当然，两者可以同在。

三、书房与卧室

中国人有一个特别悠久的传统，就是不崇尚权贵，也不崇尚暴发户，但是大家都发自内心地崇尚一种家庭，那就是书香门第。书香门第最少不了的就是书房。

一走进书房，就闻到淡淡的书香。在这样的书房里坐下来喝杯茶、看看书，真的是"上有天堂，下有书房"。在这样的家庭里，全家人共同学习经典，这才是我们中国的家庭。

在书房里，有文房四宝，可以吟诗作画写文章。书房不光是家庭的学习中心，它也是个研发中心，还是一个创新中心。书房是我们中国传统文人最高雅的客厅。也就是说，一般人在客厅里会客，但假如这个客人有品位，跟你又谈得来，那么到哪里去谈话？就到自己的书房去谈，又安静又融洽，所以书房是最高雅、最理想的会客厅。

再造书香门第，建设学习型家庭，书房是必不可少的。居住空间有限的家庭，也可以将书房与卧室合并，但类似书房的小环境也是应该进行设计的。我们常常怪孩子不好好学习，一天到晚打游戏，但却没有给孩子营造好好学习的环境，反倒是给孩子创造了一个完美的看电视和用电脑打游戏的环境，这个责任该谁担？

有一位韩国妈妈，她的6个孩子都是哈佛、耶鲁的博士。他们家当然有书房，但是还有19张书桌。书房并不一定是个房间，也可以是其他可读书的空间。这个韩国家庭，可读书的空间有10个，阳台上有，院子里有，甚至厕所里也有。所以书房应该是多样化的，比如说儿童房间，在靠窗的地方设置书桌、书架，创造一个读书的空间，这也可作为一个小的书房。在客厅里、阳台上，我们也可以有一个读书的空间。

现在的儿童大都有自己单独的房间，但是几乎所有的儿童房间都仅仅是从建筑装修的角度来设计的，很少从教育、心理、文化方面来作考量。想在孩子的房间里营造读书环境，家长可以为孩子好好地选购孩子喜欢的书架、椅子等家具。从家庭的空间布置着手，这样做的好处是什么呢？我们老祖宗说得很清楚，叫"造境转心"，就是少费口舌说教，用环境来改变心境。

四、厨房的价值

厨房不只是做饭的地方，它更是一个教育空间。首先，它是健康饮食教育的空间。我们中国有一句老话，叫"病从口入，祸从口出"。我们现在有很多家长声称爱孩子，但是如果不懂得一些基本的厨房卫生、食品安全、营养保健知识的话，他们很可能还不知道，天天做饭是天天在伤害自己的孩子。用中国传统的理念来看，厨房是生我之地，胃是后天之本，民以食为天。如果说饮食出了问题，那么厨房就变成了杀我之所。通过厨房这个空间，让孩子在日常饮食中了解健康常识，这是爱孩子的父母给孩子最重要的健康安全教育。

厨房是食物教育的空间。现在很多孩子不知道食物从哪里来。家长可以在厨房，用可感知的方式让孩子了解食物的生长、与气候的关系、食材选择中的生态意识等。购买有机农场产品、助力乡村建设等，都是孩子当前健康和未来人生应该掌握的。

厨房是劳动教育空间。在厨房里劳动的内容很多，这些都是观察和培养孩子综合能力的机会。从了解食物、制作食物、保存食物到刷锅洗碗，以及在餐桌吃饭的礼仪规矩，也都是必要的教育内容。曾国藩的三条教子秘诀：早起床、读圣贤书、做家务，前两条的家庭场景是卧室和书房，第三条的家庭场景就是厨房了。

厨房是文教空间。在传统习俗中农历腊月二十三要送灶王爷，家家户户的厨房都会张贴灶王爷的年画。这个习俗在现代人看起来好像是一种迷信，但本质上它也是一种教育方式。灶神好比家庭德育主任，负责掌管这个家庭一年里做了哪些好事和哪些不好的事。我们中国传统的"化民成俗"，是教育的最高境界。就是说，看不出这是教育，但老百姓已经自觉自愿地形成了良好的习惯。相比于课堂上的有形教育，一张年画、一个节日，在无形中把教育化成风俗，发挥德育作用，可谓教育的上乘境界。

我们的厨房是这么立体的多功能空间，因此我们完全可以去发现它、铸造它，发挥它的作用。总之，对境和心这两方面都要重视。形而上是道，形而下是器，我们应该花大力气把平时忽略的"器"重新重视起来。健全的人格需要良好的家庭环境支持，既要能够延绵我们的传统，又要能够走向未来的学习型家庭，这样才能够实现我们所说的家业长青。

五、营造家教生态

本章的第一节和第二节，着重阐述了志道的"心教"与诗书的"文教"；本节着重强调了"境教"以及如何用文教理念设计房间，这些都属于中国文化特有的道德理性的培养理念。然而，家长给孩子创造了好的物理环境和诗书家教的内容，还必须营造良好的亲子关系和正确的教养方法。依照中国文化的整体性思维，家庭教育需要一个整体生态，我们不妨称之为"家教生态"。其中，家长自身的素质至关重要。家长的素质是一个家庭最好的风水。

营造家教生态，除了前面谈到的境教、文教和心教，作为家长，还有哪些环境需要营造呢？大家不妨试一试"三思"的方法：

一、思道——思考生命成长的规律。

家庭教育生态有什么规律？

第一，它不是一个工厂，而是更像一个农场；家长不像工厂的老板，而更像农场的园丁。今天的家教与传统的家教相比，不仅在内容上，而且在方法和环境上都有很大的差异。现在的家庭教育像工业化生产，追求分数、标准和效率；过去家长养育孩子更像农人生产，生产的是禾苗，还是自家田里的苗。无论是人文生态、生命生态还是自然生态，过去的家教都更遵循自然的规律和生命本身的规律。

第二，它需要天地般的大爱。以前的家庭虽然劳苦，但并不缺少无条件、无掌控的爱，这是生命成长的水源和阳光。过去很多家长没有那么高的学历，反而少了很多人为标准的"绑架"，从而更加信任孩子与生俱来的天性。

第三，它需要独立的时间和空间。过去的孩子没有今天这么多学业的知识和压力，他们有大量可以支配的时间和空间去自主学习，去接触自然，去和人打交道，和父母兄弟打交道。

第四，它需要家长自身吃苦耐劳。过去的父母们也许没有太多的言传，但是他们的厚道、善良、勤劳，这些生命中最重要的东西，是无言之教，蕴含着日用而不知的"道"。孩子通过耳濡目染，获得了与生命整体的联结。

第五，它需要圣贤教育的阳光雨露。过去的孩子在识字启蒙的时候就能够从家庭和学堂里接触到生命的学问，能够得到诗书礼乐的滋养。孩子初入学堂，即开始学习经典，学习做人的道理，学习天地人和的大才之道。

二、思错——反思自身哪些做法违背了生命生态的规律。

家长可以反思一下，在今天的家庭教育中，有哪些不当的教养方式？是哪些"高压线"破坏了教育生态，让学习等同于痛苦？

第一条高压线是强迫。家长的各种强迫，破坏了孩子主动学习的意愿。孩子的空间被占满了，没有自主空间和休息的时间，对学习感到窒息。孩子极有可能失去了多样性学习的条件，家长包办了孩子的所有选择。人的自我观念控制大脑潜能的输出，这种习惯一旦形成就会根深蒂固，很难改变。

第二条高压线是否定。家长的否定、指责等语言暴力让孩子丧失自信。如果一个孩子对自我的评价是负面的，比如说"我很笨""我不聪明""我脑子不好使"，那么这个孩子大脑的潜能大门就被关上了。错误的自我认知是孩子不爱学习的一个很重要的原因。

第三条高压线是攀比。看不到生命的多样性以及自己孩子的生命特性，而用人为的、功利的分数和成功要求自家的娃，使得很多孩子在与"别人家的孩子"的比较中失望无助。

第四条高压线是拔高。家长把孩子当成了生产线上的产品，用人为的甚至机器的速度代替自然生命的速度，不遵循孩子的成长规律，过多、过早地给其加任务，破坏了孩子的学习能力和后劲。

第五条高压线是情绪。家长情绪不稳定，动辄暴跳如雷，让孩子对学习有了本能的恐惧。家长不了解，也不愿去了解和深入走进孩子的内心。无论是暴躁还是冷漠，都反映了家长缺乏和孩子之间心的联结。

三、思改——选择符合生命生态的教养方式。

第一是转心态。把孩子从家具式造娃的工业生产线上解救下来，回到农耕式、农艺式的培养。要看到"庄稼的产量"，更要用根性思维、整体思维把孩子作为一个生命活体和整体来滋养。特别要关心整体中最重要的生命意识和心灵状态，也就是看不见的根的部分。

第二是给空间。明白孩子学习的兴趣是天生的，学习的路径是立体的，学习的领域是多样的，学习的过程是渐进的。像一个农夫或园丁给予这个整体生命所必需的自由生长的空间和时间，尊重生命本身的节律。

第三是做榜样。让孩子有身边的榜样，从家长身上看到一个敬畏生命而不是拜金逐物的人，看到一个更注重人格和生命而不是眼里只有分数的人。

第四是重实践。力行是学，感官体验也是学，生活中的洒扫庭除都是学习。不要把这些内容排除在孩子的学习范围之外。

第五是学经典。补上缺失的传统文化的生命活水、阳光和空气，激发圣贤教育带给我们的生命智慧，找到亲子和家人共同成长的精神营养。

第六是营造家教生态。这需要人文教育、健康教育和自然教育的融合，要注重"生物多样性的教育"，包括顺天应时的生命教育、知恩图报的责任教育、敦伦尽分的社会教育、通情达理的性情教育、敬天惜物的自然教育……传承这些德、智、体、美、劳全面发展的、注重素质教育的传统。千万警惕，别把孩子变成具有工业化速度的考题机器，别让其以考出好成绩作为唯一奋斗目标和评价指标。

人类与其他动物不同之处在于思考，而最能引发思考的便是生命的"求知感"。

在中国文化中，"智"字不只是"智力"和"智能"，更是指涵养智能、催生智力的智慧。智慧是从高维、从深处满足人根本处的"求知感"。所以智慧是一种根性思维，一种崇实而务本的思维——一方面崇实，实事中求是；一方面务本，本立而道生。

我们的孩子厌学甚至厌生，已经不是个别现象，而"大才难出"也成为今天教育界、科技界、文化界不断追问的痛点。究其原因，是我们的知识教育远离了生命之根、智慧之本。而当务之急则是要从家庭教育开始，树立根性思维，从舍本逐末的认识回归固本强根的认知；从分数导向回归生命导向；从枝叶碎片的知识教育回归大智大慧的圣贤教育；重振诗书家教、再造书香门第！

第九章　信——以信立家，铸造家风的魂

"信"字的甲骨文由"人"和"言"组成。"言"字从辛,辛是刻刀,下面是祭器和一块板。信,是人用刻刀在木板上写祷告的话,然后放到祭器里,向神灵作出承诺。所以信字本身就带有神圣性,体现着个体生命平凡而又神圣的品质。本章没有停留在如何建立诚信关系及规则的层面,而是更多着墨于关系和规则后面无形的层面,也就是天道思维的层面来讨论信心、信任和信仰的根基,以及满足深层安全感的认知模式、价值范式和行为方式。

深层安全感来自家培的信心。家庭给予孩子生命的同时,也给予了孩子生命的信心,即天生的对于自身存在价值的信心。无论社会环境发生了什么变化,家庭对于家人的信心不应改变;无论孩子在学校成绩如何,父母对于孩子的信心不应改变。培养一个自信的孩子,父母应该给予其空间,尊重其独立的能力;应该给予其鼓励,启发内驱的能力;应该给予其安慰,磨炼孩子抗挫的能力。

深层安全感来自家赋的信任。现代家长的爱常常表现为担忧和疑虑,然而孩子最需要的恰恰是信任。因此,家长要启动相信的力量;待时日,适应孩子生命的过程;重承诺,给到孩子榜样的力量。

深层安全感来自家传的信仰。一个没有信仰的人必然迷茫和恐惧,有信仰的人却因天道思维而知道自己生命的方向和道路。中国的天道信仰本质上是在家庭建立、靠家庭传承的。现代社会尤其要警觉"无根的灾情",追溯"有根的信仰",回归"有根的家风"。

在人的基本内需即价值感、成就感、重视感、求知感和安全感之中,安全感是人最基本的也是最深刻的内需。安全作为最基本的需求,是要解决物质生命的生产和生存问题;作为最深刻的需求,则要解决精神生命的根据和寄托问题。为什么面对人生风浪,有人胆小如鼠,有人无所畏惧,有人惶恐不安,有人泰然自若?说到底,是有没有深层安全感的问题。

  一个健全的人格，是靠信心、信任和信仰所构成的深层安全感来支撑的；而深层安全感是靠中国人超越宗教的天道信仰来维系的。中国文化的天道思维开启每个人本自具足的神圣性和意志力，振兴平凡而神圣的家风，让人们过好平凡而神圣的人生！

有一次，子贡给老师出了个难题。子贡问政，子曰："足食，足兵，民信之矣。"子贡曰："必不得已而去，于斯三者何先？"曰："去兵。"子贡曰："必不得已而去，于斯二者何先？"曰："去食。自古皆有死，民无信不立。"

子贡问为政之道，孔子说关键在于粮食充足、兵力充足、民众有信。子贡问，如果必不得已要去掉其中一项，在这三项中先去掉哪一项呢？孔子说，去掉兵力。子贡又问，如果必不得已还要去掉一项，在剩下两项中先去掉哪一项呢？孔子说去掉粮食。自古人都会死，但如果没有"信"，便无法立国和立身。

"信"，到底有什么力量，比兵力和粮食更重要？家培的信心、家赋的信任和家传的信仰，对于个体生命有何意义？它们是怎样失落的，又如何再生？

家培的信心

根据《2020国民心理健康蓝皮书》，中国的青少年中有24%患有抑郁症，重度抑郁占7%以上。可是这些精神病毒究竟是从哪里来的？为什么在没有战乱并且几乎衣食无忧的家庭环境下长大的那些娃，会抑郁轻生？我们从生命的本源处探索答案，听到了孔子穿越时空的声音："民无信不立。"

子曰："人而无信，不知其可也。大车无輗，小车无軏，其何以行之哉？"孔子说，一个无信之人，真不知他何以为人。就像大车的横木两头没有活楗，小车的横木两头少了关扣一样，怎么能行驶呢？这段话常常被解释为一个人不讲诚信，得不到别人的信任，所以无法立身行事。但我想，孔子的苦心远不止这些，我们不妨看看汉字"信"透露了什么？

关于"信"字，《说文解字》是这样说的："信，诚也。从人从言。"

信有三层含义：一是自己和自己的关系，敢于承诺，自己对自己有信心，也就是自信。自信是内生的、天赋的，不是强加的，否则就不是自信。二是自己和他人的关系，即信任，敢于刻下承诺并且履行，绝不食言。三是自己与上天的关系，即信仰。对上天的承诺是信仰，是相信"头上三尺有神明"。人不能胡来，必须为自己的行为承担后果。无论是对自己、对他人，还是对上天，都须诚心诚意，不欺自己、不欺他人、不欺天地，所以信字往往与诚字组合，谓之"诚信"。

家庭是诚信的原生地。个体生命是祖先血脉和父母之爱的结晶，通过家庭而来到世间。谁都知道天底下最爱自己的莫过于父母，上天的生生之德就是通过父母之爱赋予孩子，这份源于天地的原生态、纯天然的自信是在家里生长而成的。夫妻之间、亲子之间、子亲之间不相欺也不自欺的品格是在家庭中养育的；敬畏天地、尊道贵德的信仰更是在家庭共同体的生存发展中养成的。

但是在很多家庭中，连最基本的自信都出了问题。在一份北京大学调研报告里，那些抑郁、焦虑、了无生趣的大学生都有一个共同的感受，就是不明白自己为什么活，似乎从小在家里长大就是被安排、被要求，找不到自己在哪里。我们看到这样一种现象，个体因为"找不到自己"而抑郁，为了找到自己又失之偏颇，成了精致的利己主义者；另一方面，"成为自己"的儒家本色未能得到家人主义的正解，却又因个人主义的曲解而加剧着家庭的撕扯和撕裂。

问题在于，这个"自己"在家里是怎么给弄丢的？这是天下父母都要思考的问题。首先要正视的，就是"给空间"这个最基本的生命需求：

一、给空间，尊重独立的能力

现代的年轻父母大多拥有不错的学历，不像许多传统中国的父母，或忙于生计无暇过问孩子的学习，或因教育机会有限无法辅导孩子的学习。但一代又一代的传统父母反而没有现代父母这么焦虑，他们除了给予孩子朴实的爱和信任，以及做人的规矩，还给了孩子生命成长最宝贵的东西——空间和时间。

生命成长的自由多重要啊！任何生命都像一粒种子，都带着自己成长的基因，需要独立的空间去触摸、去琢磨、去探索，在每一次探索中获得成就感。自信就是在这种自主探索的过程中长出来的。

而孩子的时间常常被许多现代父母以关爱的名义"剥夺"。当我们把孩子所有的时间排满，让他喘不过气来；当孩子所有的空间都是爸爸妈妈、爷爷奶奶、外公外婆交织成的密不透风的眼光和唠叨，我们却抱怨孩子缺乏独立性和自信心，这究竟是谁之过？

一个孩子取得了父母期盼的好成绩，家长问孩子想要什么奖励，有什么喜欢的东西，还是想去哪里好好玩一下？孩子要的奖励却是，"能给我多一点自己的时间吗？"。这个真实的故事是不是表达着所有孩子内心的期盼：给他们多一点可以自己支配的时间！自己支配的时间意味着自己支配的空间，意味着在家庭这个养育生命的地方，多一点生命成长的自由。

不少家长有一套固有的标准乃至功利的标准，直接体现在时间控制、空间控制、学习乃至生活的控制上。这样做最直接的结果就是责任转移，把孩子该尽的责任揽到家长自己身上来了；更严重的是，伤害和压抑了孩子安身立命最重要的责任感。明明是一棵树，应该按照树的方式生长，家长硬要用控制把树变成一根藤，而且还可能是扭曲的藤。这样的一根藤，以后不是巨婴就是啃老族，也许还会更糟糕。

在一个热播网剧里，有一个让人印象非常深刻的场景：在卧室里，儿子心事重重。妈妈端来一杯牛奶让他喝。儿子说自己不舒服，不想喝。妈妈一个凌厉的眼神望过去，儿子十分为难。妈妈愤愤地说："你要是不喝，我就倒了！"儿子没办法，十分不情愿地拿过杯子，几口喝了下去。

这个场景，看着让人压抑到胃疼！让孩子喝牛奶本身没有错，但是在孩子满腹心事、身体不适的时候，非要让他喝，就成了一种压迫。"牛奶是有营养的，孩子一定要喝牛奶"，这是妈妈的一个固有观念。孩子是否听话，判断的依据就是他喝不喝牛奶。孩子在万般无奈下喝了牛奶，妈妈满意离去，然而孩子的郁郁不适也是显而易见的。因为爱妈妈，孩子的情绪无法发泄在妈妈身上，然而孩子在外面经历的那么多事情，也只是全部藏在隐秘的角落里，任其发酵为不堪承受的生命之重。

一颗种子，本来是有旺盛的生命力的。如果你拼命地要让它按照你的思路去成长，它原本的方向就模糊了，原本的力量源泉也会关闭，或者走向另外一个极端，不是在沉默中爆发，就是在沉默中死亡。被压抑的东西总会以别的被扭曲的方式，比如抵触、对抗和冲突来爆发。

在大自然里，在人文历史中，四处可见的生命独立成长的常识，难道需要用连篇累牍的文字来阐释吗？如果知道了生命的规律，还是舍不得给孩子应有的独立空间和自由时间，那么可能就不是认知障碍，而是仁爱缺乏的问题了。如果一个家长以生命的给予者自居，设定了一个自己所做都是为了孩子好的前提，以至于对自己的不仁不义不知，对孩子基本生命权益的诉求不闻不问且不理，那么这样的家长是否该转用罗兰夫人的诗句来提醒自己："父母之爱，多少错误借汝之名而行！"

现在国家出台"双减"政策，是以公权来保护孩子的生命权益不被过多占用，但是如果家长的观念不改变，依然以各种方式安排、控制，"双减"的目标就很难实现。

绘本《安的种子》的故事看似简单却意味深长：老师分给本、静、安每人一颗古老的莲花种子，说"这是几千年前的莲花种子，非常珍贵，你们去把它种出来吧"。本很快就把种子埋在雪地里，等了很久种子也没有发芽。本愤怒地刨了地，摔断了锄头，不再干了。静将选好的金花盆搬来，用最名贵的药水和花土，小心地种下种子。过了几天，种子发芽了，静把它当成宝贝，用金罩子罩住它。没过几天，幼苗枯死了。春天来了，在池塘的一角，安种下了种子。不久，种子发芽了。在盛夏清晨的温暖阳光下，古老的千年莲花轻轻地盛开了。

我们每个孩子都是宇宙赐予的"千年莲花"，但愿家长不要像本和静那样，明明是自己的方法有错，反怪种子不好，而要像安那样，给予种子需要的土壤、水分和阳光。

二、重自省，启发自省的能力

给孩子应有的独立空间与自由时间，并不意味着父母可以放弃家庭教育的责任，也不意味着孩子可以为所欲为。儒家文化的关键点是"明明德"，就是培养自明其德的能力。父母教育的关键就是启发孩子的自省能力，让孩子成为真正自信的人，对自己生命存在的理由有着充分的自我肯定、自我信任，因而能够成为自我承担、自我管理的人。

人的自信最基本的要求就是自己对自己负责，自己拿自己有办法。这会激发一种自省的能力，觉察自身的不足，实现自我成长。

梁钦元老师常讲"一串铜钱的故事"。这个故事真实地发生在他的祖父梁漱溟和曾祖父梁巨川先生之间，很能说明家长启发孩子内省是多么需要智慧。这种教育方法，作为梁家的家风代代相传。被这种方法培养出来的梁钦元老师，不仅能教育出优秀的孩子，而且还能把这种方法用在心理咨询上，让很多"问题孩子"学会了自省，找到了自信，开始了新的自主人生。

这里不妨整段引述这个故事：

在我爷爷小的时候,有一个"一串铜钱的故事"是非常有意思的。这个故事对我的启发,包括我父亲对我的教育,以及我对我孩子的教育都是影响深远的。我的祖父出生在清朝光绪年间,那个年代的货币是铜钱。我祖父七八岁的时候,积攒了一串铜钱,这是他的全部财富。那铜钱呢,用绳子串成一串,平常可拿在手里。有一次在家中玩耍的时候,他不知道怎么回事,把这串铜钱弄丢了。他非常不安,在家中吵闹不休,全家人都不得安生。确实没有人拿他这串铜钱。他也很无奈,只好回去睡觉。

没有想到的是,第二天早晨他刚起床,他的父亲,也就是我的曾祖父(梁巨川先生)站在床前。我的曾祖父并没有对他讲任何话,只是把一张写满了字的纸条递给他。我的祖父那时认得一些字。他拿过这张纸条来看,上面写得非常清楚(大意如下):有一小儿,自己攒了一串铜钱,拿着铜钱随意玩耍,不慎找不到了,搞得全家人都很烦躁。次日晨起,他的父亲来到庭院打扫,无意间抬头看见家中桃树的树枝上正挂着那串铜钱。看来是这个小孩子自己忘记了。小孩看见这张纸条后,来到桃树前,一探即得,心中顿生惭愧。

看完这张纸条后,我的祖父立刻穿上衣服,跑到桃树前,果然一探即得铜钱,心中顿生惭愧。

在整个过程中,曾祖父一语未发,完全是无言之教。更重要的是,这样做暗合了心理学的一个规律:很多家长总是跟孩子唠叨很多道理,但是并没有效果。如果从心理学上讲,让个体发生改变的最大原动力是个体发自内心的愧疚,那这个过程中,祖父完全意识到了自己的问题,而且有内疚之情。来到树下,一探即得,心中顿生惭愧,就是他心中有愧,这是推动他自省的原动力。当然,他们并没有学心理学，而是用非常传统的儒家的方式处理生活中的事情，也即我祖父非常强调的儒门孔学的家教方式。

梁钦元老师讲的这个故事，相信不仅对于孩子的培养，而且对于家长自己的成长都是有意义的。真正自信的人，必须是能够自省的人，因为自己对自己负责，自我面对问题是解决问题的必经之路；真正自信的人不怕犯错误，因为犯错误的时候正是内省成长的时机。自省本身就是自信的表现，又是增强自信的关键路径。自省会产生自律的动力，不需要父母的唠叨，不需要外在的约束而具有自我成长的能力。

启发孩子的自省能力，是家长最重要的功课之一。这种启发不是唠叨，不是指责，而是引导，比如给孩子自由时间来三省其身；比如鼓励孩子写日记，让他自己和自己说话；比如通过定礼约的方式和孩子做心与心的交流，分享自我反省的体会；比如家长以身作则，行不言之教等。尤其是在孩子犯了错误或者遇到挫折的时候，家长千万不要对其失望和指责。这个时候恰恰是启发孩子自省能力的最佳时机。

在身教的同时，言传也是重要的。把反求诸己的心得分享给孩子，既是良性的亲子沟通，也是温馨的亲子教育。循循善诱也好，引而不发也好，引导孩子朝内看，养成凡事先检查自己，不指责他人的习惯，启发孩子对于做得不当的事情心生愧意。如何教育孩子知耻，是家长们的功课。

三、解难题，锻炼抗挫的能力

有这么一个关于天鹅的故事：一对夫妇好意救助了一只野生天鹅，每天将它喂饱，带它散步、看风景。天气将冷，夫妇赶快把天鹅的窝加厚，食物也准备得更加丰富。最后，天鹅失去了觅食和生存的能力。夫妇离开以后，天鹅就饿死了。

有人说，担心是变相的诅咒。担心的后面是什么？是不愿让孩子吃苦，只想让孩子享福。这样做，实则以爱的名义剥夺了孩子造福和惜福的能力。儒家对"福"是这样理解的：一个人有福，在于他有德；德是在痛苦中磨炼的，所以苦本身就成了乐。

几乎每个父母都经历过孩子蹒跚学步的过程。走路，这件人人都要掌握的事情，是人本来就具备的能力。婴儿长到三个月，会翻身了；长到六个月，能坐起来了；长到九个月，可以爬行了；再大一点，就要开始走路了。这种成长，家长连挡都挡不住。孩子学步的时候很容易摔倒；当孩子摔倒时，他本能地要自己爬起来，只是限于自身能力、骨骼发育等原因，还没办法独立完成。然而，没有家长否认，这个时候的孩子有学会走路的自信。

孩子们不可阻挡地要站起来，要走出每一步，即使跌跌撞撞甚至头破血流也停不下来。孩子天生是自信的，就像一粒种子能够而且必须长成一棵大树。这种信心是内生的、天赋的、本自具足的，所以叫作"自"信。

然而，在幼年时期，这种自信往往是柔嫩和脆弱的，很容易受到外在因素的影响，特别是父母的影响。父母对幼儿来说就是全部的天地；来自这个天地的一举一动，不管是冷漠还是赞许，厌弃还是鼓励，对于这颗种子和幼苗的自信几乎都会产生决定性的影响。

有一次在公园里，我看到一个刚学会走路的孩子，走着走着，一高兴就要跑起来了。由于走路的机能还不是太稳定，孩子一不小心摔倒了。带孩子出来的老人一个箭步冲上去就要扶孩子。还没等老人到达，孩子已经自己爬起来，拍了拍小手，竟然还嘿嘿一笑。我一直被这个场景感动：孩子身上有旺盛的自强能力，他们会为自己战胜困难而产生由衷的喜悦。如果这个时候，老人动作快一点，提前把孩子扶起来了，那么孩子体验到的喜悦一定大打折扣，甚至会本能地反抗老人——我明明要自己起来，你扶我做什么？或者还有一种情况——反正有人扶，我自己就不起来了。

丧失自信的人生，要么是"不堪忍受之轻"——自己的、家里的、社会的责任全都担不起，成为巨婴、啃老族；要么是"不堪忍受之重"——无论是学业还是职业，不是承担，而是负担，因为没有内在的动力和支撑，抗压能力和抗挫能力极差，被压得受不了了就选择放弃生命。

让个体认识到自身有无限的可能才能激发生命的内生力！

家赋的信任

一个人的健全人格需要独立性和依存性的共生。人作为社会性的存在，内在地需要信任和被信任，这也是诚信的本质。而最初的，也是最深厚的信任源自家庭，所谓儿不嫌母丑、母不嫌儿笨，在这个世界上，家庭成员彼此的信任是人生的存在感和归属感最温厚的根基。一个能够在家庭里得到信任的人，才能在内心深处拥有安全感和自信心，由此建立对他人的信任和信誉。

一、给信任，启动相信的力量

电影《哪吒之魔童降世》是一个跟"相信"有关的当代寓言。在该片中，哪吒是一个未出生即注定是魔童的孩子，比我们日常所见的"熊孩子"不知"熊"多少倍。然而，在李靖夫妇对哪吒的爱中，最动人的地方就是，相信哪吒！当哪吒被人们蔑视、嫌弃的时候，他就是恶魔；但是当一个天真无邪的小妹妹叫他一声哥哥，他就会绽放出天使的笑颜。父母和师长相信哪吒的本性不是恶魔。这份相信，即使被世俗怀疑，也没有动摇；即使被他人误解，也没有放弃；即使被怨恨伤害，也没有改变。父母的相信与诚信就这样成就了孩子的自信。最终，哪吒颠覆了元始天尊的咒语，回归到中华文化的根本——性本善，人自立。

信任和被信任是一个孩子健全人格的社会条件，从而也是向善的社会条件。我看过这样一个视频，是一个之前不是很出众的同学被选为班长后的一番演讲。他口才并不是很好，但是当选后的那份激动以及不负众望的决心，却把自己说哭了，旁人也听哭了。可见，同学和老师的信任，给了孩子多大的自我成长和责任担当的力量！也可以理解，一个孩子能不能从家庭获得信任，实实在在地关系到孩子一生的安全感、归属感和责任感，关系到孩子的自信心和创造力。

"相信"有巨大的力量，"不相信"也同样，只不过是负面的危害。在实际生活中，我们也许意识不到自己对孩子的"不相信"，也很难意识到这种"不相信"会悄悄地毁掉孩子的自信。

孩子对家长不相信，就会封闭自己。相应地，家长对孩子不相信，会选择控制；越是控制，孩子就越是会对抗。家长呢，就开始指责；因为害怕被指责，孩子便学会撒谎。家长对孩子的行为表示不解，也不相信孩子有自省和改正的能力，因此冲突更甚。

我们反思一下，究竟是什么筑起了亲子之间的高墙？是不信任！孩子觉得，无论我多努力，爸爸妈妈都不会满意的。但是孩子自己很弱小，无法反抗和表达，就把自己封闭起来。家长不认为孩子有自我成长的能力，觉得一切都要由家长做主，所以不断加强对孩子的控制。

"他还是个孩子，他懂什么？"家长往往持这样的观点，同时给孩子贴很多标签——"你一点都不认真！""这么简单都不会，你真笨！""粗心大意！""三分钟热度！""总是丢三落四！""没脑子！"……

在心理学中，有一个概念叫"心理暗示"。这些标签会给孩子很多负面的暗示。久而久之，孩子甚至会认同这些标签，不再反驳，不再反抗，最后变成标签的样子。这些标签带来的负面信息会破坏孩子的潜能和创造力，甚至毁掉孩子的自信。不自信的孩子很难自立和自强，"啃老族"就是缺乏自信的孩子回赠给家长的一枚苦果。

从不信到相信，在于家长的转念。我们在重庆市南岸区涂山镇福民社区开设过"九九家风周末家长课堂"。在"信"这堂课上，家长们在电影《哪吒之魔童降世》的启发下纷纷回忆并分享了"相信孩子"的故事。一位父亲说，儿子在很小的时候想学炒菜，他选择相信儿子。如今，11岁的儿子已经可以独立地炒辣子鸡了。一位母亲说，女儿本来不愿意上课，后来因为一句"妈妈相信你是个好孩子"而主动去上课。

"我愿做，我能行"，这是天赋的品质，是种子的力量。家长需要明白种子是可以自己成长的，要相信孩子心里有光，这是教育的前提。让我们听听著名的"知心姐姐"是怎样说的："我很想对在痛苦中的父母说一句话：要相信孩子，相信'相信'的力量。你要相信你的孩子从你的肚子里来到这个人世，是带着使命来的。苏格拉底有一句话：教育的本质是唤醒！每个人心中都有太阳，我们的教育工作主要是如何让这个太阳发光发热。你的孩子即使今天'乌云密布'，但是他心中的阳光是遮不住的。只要父母相信自己的孩子一定行，即使今天不行，明天也一定行。你的眼中就会有光。眼中有光，才能发现孩子的高光时刻。当孩子在你的目光中看到未来的时候，他就会努力了。静等花开，花自开！"

二、待时日，适应孩子的速度

为人父母，对于自己的"基因作品"，从本性上说，都是有信心和信任的，对于自己孩子的多样性和不可替代性是认可和欣赏的，换句话说，父母天生懂得如何用"生态"的方法养育自家的好苗。但是，父母很可能抵挡不住世俗偏见的影响，不知不觉进入了同质性攀比和家具式制造的"工业化生产线"的教育模式。最常见的情况就是用"人家的孩子"压抑自家的孩子。还有一个常见的误区，就是忘记了自己从呱呱坠地到长大成人的漫长过程，而用工业化的速度观念来要求自己的娃。这两个误区都会大大地伤害、扭曲甚至埋葬父母对孩子的信任。

嫌孩子"磨蹭"，是很多家长在数落孩子的缺点时常用的词。可是有位老师说，磨蹭是孩子的天性。因为他的大脑还没有系统连接起来，俗话说就是"开窍"。即使你催他、责备他、拉他、扯他，甚至打他、踢他，他受了伤、流着汗，每次也只能往前挪一点点，这是因为，他已经被家长"吼短路了"。可是，当家长学会了等待，给了孩子慢慢来的耐心，你会看到孩子越来越聪明，进步的速度也越来越快。教育本来就是"三分教、七分等"的过程。教得太多，等得太少，孩子就会厌学。等待很难，但很值得。

当家长嫌孩子速度慢的时候，都是在用自己的速度节奏作为尺度，忘记了自己幼年时成长的速度，就像骏马要求刚生下不久的小马驹能够以自己的速度奔跑，实质上是用人为的速度对抗自然成长的速度。既然我们不嫌十月怀胎时间太长，那么为什么要嫌孩子的成长速度太慢呢？

等待的过程是等候孩子以他的生长速度学习探索。当你催促孩子快点洗完手，赶快去参加培训班的时候，他可能正在感受自来水在手上流过的温柔。在去幼儿园或者上学的路上，当你催促孩子走路快点再快点，不要左顾右盼的时候，他也许在和路边的小树对话。当你嫌孩子穿袜子太慢而抢过来，几下就给他套上的时候，他可能因为你打断了他学着穿袜子的兴趣，以后对新事物都懒得再去尝试了。当你嫌孩子洗块手绢、剥根葱都那么磨蹭，而不让他参与家务的时候，他可能再也提不起劳动的乐趣了。

等待的过程也是容许孩子犯错的过程。孩子的自信是在试错的过程中产生的。当尝试的意愿总是被赞许，当纠错的勇气总是被鼓励，孩子的自信必然一点点增长。反之，因为犯错而总是被训斥、被打击，孩子的自信也会一点点被磨损乃至丧失。

等待的过程是对于生命的自然生长不断给予肯定的过程。家长需要对孩子每个微小的进步给予鼓励，无论孩子在外面是否被认可，家庭的肯定是孩子自信的基本条件。如果得不到家庭的肯定，孩子会越来越自卑，对自己的信心和对他人的信任都很难建立。

等待的关键是放弃对孩子的苛求。有一个幼儿园园长的女儿，小学阶段成绩总是班里第一名，其他方面也处处优秀。上到初一时，竟然去找心理医生咨询，结果发现这个女孩已经精神分裂了，必须去医院治疗。她的第一名是怎么来的呢？就是非常努力，废寝忘食地学习，因为妈妈一定要她考前三名。女儿是爱妈妈的，这种爱只能通过学习来表达，不允许自己在成绩上有任何差池。因此，这个女孩始终精神高度紧张，久而久之，一遇到挫折就崩溃了。

在过去，强迫别人做事往往用鞭子。现在，父母对孩子的控制已经不是"用鞭子"，而是"用刀子"，刀刀割掉孩子的自信、自省和自强。父母不放下这把刀子，就会成为爱的杀手！

因为，自信方能自立，自立才能自强。孩子的自信来自父母的相信。当代父母切记要将控制、苛求和溺养的"刀子"，换成信任的"包子"。这个被称为信任的"包子"里，包的是什么？是接纳、欣赏和包容，简称"接欣包"。己所不欲，勿施于人。家长需要放下"刀子"，端出"包子"。这份爱的"包子"，是孩子不可缺少的营养。

三、重承诺，给予榜样的力量

小时候，我对戏曲故事《柳毅传书》印象很深。这个故事讲的是书生柳毅进京赶考，途经泾河畔，见一牧羊女痛哭。柳毅问其哭泣的缘故。牧羊女告诉他，自己是洞庭龙女，嫁给泾河小龙，遭受虐待，想念父母，希望得到相助，跳出苦海。柳毅不辞辛苦，仗义为龙女入海会见洞庭龙王，传送家书。龙女得救后，为报答柳毅传书之义，请龙王做媒，愿以身相许。柳毅认为，施恩图报非君子，拒绝了媒妁。龙女于是与龙王一起化身为渔家父女，与柳家成为邻里。龙女与柳毅感情日笃，遂以真情相告。柳毅与她订齐眉之约，结为伉俪。

书生柳毅的故事虽是戏剧，但却表达古人一诺千金、言而有信、施恩不图报的君子之风。在我们今天的各种动漫作品中，是否也应该多一些这种崇尚信义的故事呢？

人与人之间的信任和被信任，就是彼此言而有信。言而有信，是一个人最基本的生存能力，也是一个家庭最基本的家风。对于言而无信，西方人往往就事论事，或者直接诉诸法律，而中国人常常会问一句："你爸妈是怎么教你的？"常识和事实都告诉我们，言而有信的习惯是从家庭这个生命的原产地培养出来的，是父母的言传身教教出来的。

让我们重温"曾子杀猪"的故事：曾子的妻子去赶集，孩子哭闹着也要去，她便对孩子说："你先在家待着，等我回来杀猪给你吃。"妻子从集市回来，看见曾子要捉猪去杀，便劝阻说："我不过是跟孩子开个玩笑罢了。"曾子说："这可不能开玩笑啊！小孩子在拥有思考和判断能力之前，是要靠父母给予正确教导的。如今你欺骗他，不仅是在教孩子骗人，而且他以后再也不会相信你了。"说完，曾子就把猪杀来煮了。

在现代家庭中，父母们常常犯曾妻的错误，"我不过是跟孩子开个玩笑罢了"。我们曾向很多孩子询问过，父母最大的缺点是什么？排行第一的是"说话不算数"。

老子说："轻诺必寡信。"寡信则无威！父母要想孩子成为一个守信的人，首先自己就要做榜样，一定要说话算数。对于不合理的要求、做不到的事情，父母就不要轻易承诺。承诺了的，就一定要做到。

为什么容易轻诺？这也是一种心理暗示——孩子要就应该给，否则会让孩子失望。做父母的有两根软肋：一是不愿让孩子受苦，二是不愿让孩子失望。正是这两根软肋阻碍了孩子的抗挫能力和责任担当能力。家长应该意识到这两根软肋，不能孩子想要什么就给什么，必须让孩子明白其要求是否合理，并且学会等待。

最不能让孩子接受的，还有父母的双重标准。有这样一个场景：父子二人在客厅，忽然听见啪啦一声响，玻璃打碎了。儿子说，肯定是我妈打碎的。父亲问，你怎么知道？儿子说，因为她没有骂人。看到这里，我们是不是会心一笑，想起不少家长对家人和对自己都有两套标准，往往厚于待己，苛于待人，而孔子的教导恰恰是"薄责于人"。

"子曰：以约失之者鲜矣。"孔子说，因为约束自己而犯错误，这样的事比较少。但家长不是完人，孰能无过？有过失怎么办？"过则无惮改"，给孩子道歉，是最有力量的正面教育。

家传的信仰

自信和诚信，作为家教的重要内容，也是中华家风的基本品格。而孕育自信、培育诚信的，则是家传的对于天地大道的信仰。信仰是自信的根本，是诚信的根据。但没有信仰的自信，要么是脆弱的，会被外在因素影响；要么是扭曲的，会畸变为自恋或自大。没有信仰只是依据法规的诚信则是不坚实的，因为法律是人为制定和执行的，没有信仰基础的法律难免出现偏差，在法律监控所不及的地方也很容易出现行为塌陷。

中华文明作为世界上唯一没有中断的历久弥新的古老文明，这个超大共同体得以维系的精神信仰是什么？那不同于宗教但比宗教更有力量的信仰是什么？这信仰如何成为个人安身立命的精神支柱，成为家庭生生不息的精神家园？它对于今天的个人和家庭有着什么样的意义？今天的家庭如何成为有根的家庭，家庭教育如何成为有根的教育，如何让我们的孩子成为有根的人？

当我们痛心那些抑郁甚至轻生的孩子时，要不要想一想，他们为什么会抑郁，为什么会厌生？那个中学生被老师批评，妈妈到学校来，也训斥了孩子几句，这孩子就直接跳楼了。那个杨浦桥上的少年在车里被妈妈数落后，下车直接翻过护栏，对生命毫无眷念地跳河了。亲子冲突不过是导火索，生命的无意义感才是问题的根本。而生命的无意义感，在很大程度上是因为家庭信仰之根的脱落。

一、警觉无根的灾情

记得二十多年前，在我刚回国不久，第一次被人问道："你有信仰吗？"我反问："没有信仰怎么活？"又被问："那么你的信仰是什么？"我并未细想，脱口而出："天地良心啊。"在西行东归的路上走过了许多年，我才明白，当初似乎不假思索的回答恰恰是中华文化世代延绵潜移默化的"根"的力量。

人生在世是需要归宿感的，这个归宿感就是信仰。中国人的归宿感是天地，是家庭。中国人称天地为父母，结婚时先拜天地。"孝堂上父母易，孝头上父母难。""头上父母"就是天地，"头上三尺有神明"的神明就是天道。家庭则是个体生命最初的原生"道场"，父母就是乾坤之道的现实体现。孩子通过父母来到世界上，通过孝爱堂上父母联结"头上父母"；通过孝亲联结家人、家族、家乡、家国乃至宇宙家园。这一层层的依托，造就了一个个既有世俗性又有神圣性的生命。

但是这一切，遭受了三千年来从未有之严峻挑战和摧残。比大炮和鸦片更致命的是，精神的病毒对信仰之根的侵蚀：上不沾天——头上三尺的神明被当作迷信杀死；下不着地——大自然只是被人类消费的资源，而不是哺乳人类的母亲；前不沾村——历代祖先被选择性地遗忘；

后不着店——传宗接代被当作"落后"的老话。心灵无家可归的状态表现为迷茫、冷漠、无聊、乏力，因为离开了信仰之根、能量之源的生命必然承受着"空心化"的生命"不可承受之轻"，以及生活的"不可承受之重"。

信仰之根的衰微必是源于神圣之光的暗淡。被形容为"存在的无根据"即是生命的无意义。工业文明可能给我们带来了物质的富足，但同时也带来精神的贫瘠和灵魂的缺氧，以及心身的分裂和生命的危机。根据世界卫生组织的统计，每年有3亿人患抑郁症。近10年间，抑郁症的增长率达到了18%。每一年全球有80万人死于自杀，也就是说每4秒钟就有一个人死于自杀。这真的是一个恐怖得让人扎心的数据，以至于世界卫生组织在2003年专门确定9月10日这一天为世界预防自杀日。

那么，在科学发达、科技普及的今天，如何重见"根的存在"，如何重建"根的力量"？

首先要反思。西方工业化生产线引进的思维方式和价值观，像一把把无形的利剪，其所到之处，信仰之根被无情剪断。第一把利剪是"原子化"，个人主义的自私和冷漠让个体胎盘与母体脱离，导致家道的晦暗，让家庭这个最基本的生命共同体离散乃至解体；第二把利剪是"功利化"，功利主义的拜金和物欲让家庭这个"无限责任公司"濒于破产；第三把利剪是"空心化"，物质主义的眼罩和藩篱遮蔽了头上三尺的神明和心中的明德，让家庭不再是心灵的寓所和信仰的花园。这三把利剪真可谓"毁人不倦，毁家不厌"，让个体生命丧失存在的意义。

面对这个重大问题，向外求索是徒劳的。上述种种心理问题恰恰是一昧向外追求的结果。对西方工业化的思维与行为进行反思，对于被这些思维方式误导的家庭教育进行全面反思，已是当务之急。在反思的同时需要返本，从几千年的传统智慧中寻找根的力量。

二、追溯有根的信仰

人类的信仰源于人类对于生命意义的追问。

从最原初的人类族群到今天的现代社会，个体生命的短暂和博大永恒的宇宙未知力量并存，是人心深处挥之不去的问题。几乎所有的人文学科都是在解决这个难题。即使到了近现代，人们以为可以靠科技来解决这个问题的时候，很多著名的科学家却最终选择了皈依上帝；不愿意皈依宗教的哲学家则选择了回避或者不可知论来了结此问题。而在人类的早期岁月里，先民们通常会选择宗教。中国也经历了弥漫着浓厚宗教气息的殷商时代。

然而在商周转型之际，以周公为代表的周人发起了一场对于中华民族和中华文明意义深远的觉醒运动。首先，周人从多神崇拜发展出了共同的信仰，那就是"天的信仰"。这里的"天"不是现代科学理解的物理之天，而是全息的、无形无限、博大永恒的创生源头和宇宙生命共同体。"天"是有道的，"天"有着自己周行不殆的运行规律，被称为"天道"；"道"是有理的，有着差异、互补、共生的义理，被称为"天理"；人作为万物之灵，有着本自具足的心性而内在于天道天理之中，被称为"天命"。

那么，渺小易逝的个体生命如何能与宇宙万物中的天道之理合一？殷商时代，人们通过多种宗教活动来"媚神"，以求得到上天的护佑。然而，那个花费大量时间、财物、众多牺牲甚至人牲来祭祀媚神的大王朝，为什么没有得到神佑？为什么小邦周能够取代大殷商？个体生命与天合一的要素又是什么？这是周人在自身的政治实践和生活实践中不得不思考的问题。他们最终找到了答案，就是"德"。

天有道，天亦有德。天是仁慈的，所以滋养万物不求回报；天是正义的，所以"皇天无亲，惟德是辅"；天是有礼的，所以差序平等、礼序乾坤；天是智慧的，所以和而不同、天下为公；天是诚信的，所以冬去春来、周行无误。人须做的是"以德配天",方能"与天地合其德、与日月合其明、与四时合其序、与鬼神合其吉凶"。这是理性中的神性之光、神性中的理性之质。终极信仰与人文精神相辅相成,从此开启了中华民族新的时代——道德理性的时代!

道与德首先是天的本性,其次也是作为天地精华的人的本性。虽然这个本性会因为个体以及群体的局限性出现偏颇和悲剧,但是人有着修己纠错的能力,通过讲道理、修道德、行道路,便能与道同频共振,实现天人合一。从此,道之理、道之德、道之路,就成了中国人的信仰。这不是宗教,却有着比宗教更为强大的力量。

中国人敬天,所以讲理。中国人是以道理为准绳、为依凭、为归宿的。中国人靠道理来生存,依据道理来判定是非、制定法律,依据道理来立身行事。道理高于皇权、高于富贵、高于人类的种种私利和权势。所以宋朝宰相赵普面对宋太祖的发问"天下什么最大"时,能够昂然回答"道理最大"!这心声跨越时空,依然回荡在朗朗乾坤中,存在于百姓的世俗生活里。虽然道理会出于种种原因被误解曲解,但是人们始终相信天地良心。中国人世代传承这样的豪言:"有理走遍天下、无理寸步难行。"道理是支撑代代中国人的精神支柱和神圣信仰。

中国人敬天,所以敬德。因为"皇天无亲,惟德是辅",因为天是有德的,以德配天才能得到天助,否则会遭受天谴。人为何能明白道理?因为天与人有一种同质同构同频的存在,这就是德。中国人的德不是无根的约定,而是对天的敬畏、感恩与责任,是独与天地精神往来的浩然之气。古圣先贤根据仁、义、礼、智、信的天之道,将其内化为仁、义、礼、智、信的人之德,让天道成为可知可行的人生智慧体系和教化体系。天之道通过家道而成为家教家风的准则,天之德通过人之良知而被贯通和彰显,天的道德法则通过人的道德法庭来训诫,所以积德成了中国人的口头禅,缺德被认为是最没家教、最丢脸的事情而遭到唾骂。

知，是要知"道"；积，是要积"德"。中国人因"知道"而"积德"，由"积德"而"知道"。懂道理、有道德作为中国人根本的精神信仰，也是中国人最基本的生存能力。

中国人敬天，所以敬业。中国文化敬天敬德的精神信仰，保存了宗教的神圣性但又超越了宗教的神秘性，因为天道天理是可以被人的道德理性所认识、认可和认同的，是可以被人的道德实践所体验、所践行、所实现的。几千年来，因为有基于家庭、家族、家乡、家国的政治共同体的认可，因为有汉字、中医、礼乐为载体的认知，因为有在其中体验成长的生命的认同，这种道德理性和道德实践得以恒久地在家国天下的职业、事业中延续。

中国人的做事就是行道——文以载道、武以演道。舞剑有剑道，喝茶有茶道，插花有花道，闻香有香道，抚琴有琴道，写字有书道，经商有商道，为政有政道，孝亲有孝道……做什么都有道，道的理、道的德，渗透在每个当下，便是"得道"。于是，人生的每一个动作变成了行为艺术，世俗生活因为与道相通而彰显了神圣的意义。

良心与道相通，所以良心与天地一起被称为"天地良心"。这一句俗语其实表达的就是中国人的信仰。

现代的 MBA 课程里有一个经典案例，说的是某销售员可以一方面在工作日不择手段地游说贫困母亲们放弃母乳而购买奶粉，一方面周末自己到教堂忏悔自己的无良销售。这便是典型的道德与职业的分裂，即工具理性的滥觞。当现代人失去敬天的意识而言道德的时候，道德就成了人们可任意选择乃至随意抛弃的东西，致使道德理性沦为工具理性。

当人类傲慢地把"天"降格为物理之天而抛弃敬畏的时候，便是遮蔽了自己的神明之光而堕落为生物人或者工具人。工作只是谋生的手段，生活也只是无所谓道德的苟且。而在道德理性看来，做生意和做人一样，凭的都是良心。"三百六十行，行行出状元。"每一个行业因为

"志于道"而成为志业，因为"据于德"而成为德业，因为"依于仁"而成为事业，因为"游于艺"而成为职业。而这一切，经由家教哺育、家风熏染，成为道、德、仁、艺构成的家业。

中国人因为敬天而敬德，因为敬天敬德而敬业。人生三个基本问题是：何为正当的归宿感问题，吾当何为的归属感问题，行所当行的存在感问题。中国文化是通过敬天、敬德与敬业来回答这些问题的。何为正当的道理、吾当何为的道德、行所当行的道路，构成了个体生命的根本依据和根基。

三、回归有根的家教

家风，又称门风，是家庭或家族世代相传的核心价值、行为规范与生活作风。有根的家风，是指家庭核心价值之敬天、敬德和敬业的精神信仰及其体现出来的精神品质与心理素质。无论是传统家族还是现代家庭，有根的家风意味着家庭成员具有共同的精神品质，那就是敬畏心、感恩心和责任心。有根的家风是通过有根的家教来实现的。培养孩子的敬畏心、感恩心和责任心，是家教的根本任务。

第一是培养敬畏心，汲取天道的智慧。

也许在现代人看来，家庭不过是生活空间而已；但如果我们了解中华家文化的历史，就会知道，家庭不只是生活空间，还是学习的空间和信仰的空间。

中国人的信仰是植根于家庭的。无论家境如何，一个中国传统家庭通常总有个地方是盛放信仰的空间，这就是家里的中堂。这是一家人讨论大事的地方，也是成婚拜堂之所、接子命名之处以及告别人世时最后的停留地。中堂里通常挂着类似"耕读传家久，诗书继世长"的楹联，那是家人们集体认同的核心价值观。中堂里最庄重的地方放着"天地君亲师"或"天地国亲师"的牌位，那是家人们共同的精神家园，让家庭成员耳濡目染地建立尊师、孝亲、报国、法地、敬天的信仰之根。

有人说，中国人的信仰始于家庭，这是有着历史根据的。从家庭空间设计来说，中国人的信仰则基于家庭的中堂。个体生命因为植根于家人、家国、家园的宇宙大生命而丰盈、充实、宁静，因为受着从家人共同体到家乡共同体乃至家国共同体和天地万物共同体的恩泽，并为之服务和给予回报，从而获得生命的意义。

当中堂这个精神庙堂被电视机取代之后，家庭几乎丧失了一个充满庄严感的神圣性空间，孩子也缺少了培植信仰的摇篮。现代家庭的空间布局，有可能修复中华家文化的信仰空间吗？沈立博士给我们提供了具有可操作性的建议：

现代家庭要想培养孩子的敬畏心，首先要在家里安顿一个能够呈现庄严感的地方，可以把山水画、中堂画以及能够体现家庭核心价值观的楹联放在客厅中间，让家中有一片圣地。敬祖可以帮助后人与那个看不见的世界进行联结，父母对长辈的敬意也在时时营造着敬畏的气息，夫妻之间相互敬重也可让孩子感受何为敬意。通过成童礼、成人礼、生日礼等的仪式感，让家庭不仅有世俗的温情，还有对祖先、对天地的礼敬。

唤起人的敬畏心的另一个重要途径就是参加祭祀活动。参加过哪怕是最简单的祭祀仪式的人，都知道那种毕恭毕敬的感觉。祭祀将礼义与仪式的内在性做了最充分的呈现，每一个环节都经过精心的安排，不能有一丝差错。驻足、垂手、整肃衣冠、上香、读诰文，在鼓乐中高揖、躬身敬拜，大型的祭祀仪式正式开始前，还要沐浴更衣和斋戒。这些都是表达发自内心的敬畏与诚意的重要方式。

2005年，我在山东曲阜第一次参加祭孔仪式。随着祭祀的队伍徐徐走进万仞宫墙，路旁的幼童齐声诵读《论语》，钟鼓齐鸣，庄严肃穆，我禁不住热泪盈眶，心灵受到的感动和震撼真是永生难忘，可以说开启了我后来的国学人生。

祭祀的这种震撼人心的仪式感，能够对生命产生一系列影响，我把它叫作"幸福六感"：神圣感、历史感、整体感、归属感、归宿感和幸福感。

有了敬畏心，才能联结天地的智慧，也才能获得天赋的自信。前不久我看了一则视频，一位30岁就做了200次整容手术的女孩，身体变得十分脆弱，甚至与人擦肩而过也会担心鼻子被碰歪或脱落。且不说花了400多万元的巨额费用，也不说做200次手术所承受的痛苦，单说这个被严重折磨过的身体如何能支撑未来的健康，就让人唏嘘！

让我们想一想这后面的思维方式，还是缘于对自己不自信；而不自信的原因，却是本人被一套同质化的美丽或者成功标准所绑架；之所以被绑架，还是因为自己没有建立起与天地的联结，所以无法用天地的眼光来接纳和欣赏自己原生态的美好和美丽。人的生命的意义在于自己不可替代，在于被需要，在于与自己、与上天、与他人的关系中的自我发现和自我实现，而这些都需要用敬畏之心"独与天地精神往来"，以获得天赋的自信！

人的见识与格局是有限的，而天地的智慧是无限的。敬天是一种向上的力量，能够成就个体生命的升维。敬天本质上是实现天命与天道合一的前提——敬的心力和愿力产生的精神能量帮助人在世俗的生命生活中看见天命的光芒，从而与运行不殆的天道能量同频共振，产生智慧、仁爱和勇气的力量，也就是自我超越的力量。

听朋友转述过一道问答题：船是谁发明的？当我按照思维的惯性从人类历史中寻找线索时，没想到正确的答案竟然是：大海发明的！是啊，没有大海的许可，小船怎么可以通行？自己怎么就没有想到大海和小舟的默契？每个生命都不只是父精母血造就的，他是天生地养、五运六气的产物，所谓天时地利与父精母血共同的作品。在我们的意识中，往往"没把老天放在眼里"，其结果就像胎儿忘记了自己的母体。

第二是培养感恩心，感受天地的厚爱。

敬天，不光在于体悟天的智慧，还在于感悟天的爱意，进而感受生命的丰盈与幸福。

"春有百花秋有月，夏有凉风冬有雪"，每个人都享受着天地无条件、无分别的大爱，但我们常常会忽略这免费的馈赠，看不见万物的生机以及博大永恒的生命源头。对于天地的敬畏之心会唤起我们的感恩之情，并由此看到生命的美好。

感恩天地，方能感受丰盈。中国有句俗话："滴水之恩当涌泉相报。"事实上，人给天地的是"滴水之爱"，上天回报我们的是免费的"涌泉之恩"，如果被自我限制以至于看不见这样的涌泉、接不住这样的涌泉，往往会在自我的枯井里纠结，甚至干涸而死。

感恩天地，方能感受幸福。在社会生活中即使有诸多不如意，但是我们可以回到大自然的怀抱，用她无言的爱疗愈我们的伤，抚慰我们的心。那些轻生的人，除了别的原因，肯定也缺了对于天地的信仰，故而失去了感受天地厚爱的能力。没有感恩心，必然导致精神的贫困，因为看不到生命的丰盈。

曾在短视频上看到这样一个令人难忘的故事：有一位 90 岁的老人因病住院，需要上呼吸机，被告知一天的呼吸机费用为 5000 元。老人听到这个数字之后哭了起来。医生试图安慰他，老人说，我哭不是因为这 5000 元，而是我到今天才知道自己已经免费呼吸了老天的空气 90 年。如果按照一天 5000 元来算，我到底欠了老天多少钱？是啊，空气是免费的，阳光是免费的，父母对我们的爱是免费的，亲友的包容和温情是免费的。对于生命中各种免费的大爱，我们是否真正地感恩过？对于免费的天地恩泽，我们是否真正地感恩过？

感恩天地，必然感恩给自己生命的家庭、养育自己的家乡和护佑自己的家国，乃至感恩由天地生养的自己的身体。敬畏心与感恩心可能在繁杂的俗务中沉睡，但只需要一念就能苏醒。如果需要提醒，不妨对自己的身体、对自己的亲人和友人常说这样的话：对不起，请原谅，谢谢你，我爱你；不妨在用餐前念诵或默诵感恩词。更日常的是，在心中点亮一盏感恩的灯，看清并走出思维的茧房，实现精神生命的扩容，从自己的个体生命开始，联结生身父母和列祖列宗，乃至家族、家国，而天父地母是所有生命之根。

提醒感恩便是提醒幸福。杨立德、翁孝良共同创作的《奉献》这首歌也许有助于我们"时时提醒"：

长路奉献给远方，玫瑰奉献给爱情，我拿什么奉献给你，我的爱人？

白云奉献给草场，江河奉献给海洋，我拿什么奉献给你，我的朋友？

我拿什么奉献给你，我不停地问，我不停地找，不停地想。

白鸽奉献给蓝天，星光奉献给长夜，我拿什么奉献给你，我的小孩？

雨季奉献给大地，岁月奉献给季节，我拿什么奉献给你，我的爹娘？

对天地的敬畏和感恩给了世俗生命以神圣之光：天地父母通过我们的生身父母，为我们每个人带来生命的礼赞、使命的承担和天命的实现。否则，家庭不过是生物学的产房，父母不过是生育的机器，儿女不过是化学的结果而已。

让孩子获得生命的整体感，是家教的重要内容。平时我们也许看不到生命的整体感，碎片化、物质化的生存让现代人找不到生命的意义，由此引发抑郁、焦虑；而在祭祀的时刻，一滴水归于大海，一片树叶触摸到树根和树干，渺小的生命可以复归它的博大和厚重。

第三是培养奉献心，回报天地的恩典。

人生在世，所思所想、所作所为，有没有根据，有没有依凭？这本是不言而喻、不证自明的事情，除非被刻意否认。在中国文化中，这样的依凭和根据就是天地乾坤之"天道"或者"天命"。人作为天地之精华，天然地怀有对于天命的敬畏，同时具有领悟和践行天命的力量。当这种敬畏和感恩被激发出来，就具有奉献的冲动，具有与博大永恒相联结的不可思议的勇气。从抬着棺材也要进谏的儒家士大夫，到经受酷刑不改初心的革命烈士，再到冒死救灾的逆行者，这份勇气从根本上来说是信仰的力量。

中国历史会把尧舜时代奉为理想时代。因为尧舜圣德治世、德化苍生。尧舜在位时，"尧置敢谏之鼓，舜立诽谤之木"。

据古史传说，尧舜之时，为了裨补缺失、广开言路，在桥梁边等交通要冲之处，设立木牌供人书写谏言；或者说设谤木于宫阙之外，供批评进谏者击打。这种作风，被后世沿袭。因为有直谏进言与真诚批评之士，社会才会更加进步与开明。听真实的声音，回归内心，使信仰得到支撑。

真正心怀敬畏，才能同频共振地与天道智慧联结，由此必然会对天地万物产生深深的感恩心，从而又自然地会产生回报或奉献之心，即按照天道的智慧行事，将所有的选择和行动作为心甘情愿、唯恐不及的奉献和回报。这才是天人合一的闭环！由此便能理解，为什么信仰有着似乎不可思议的力量；理解这力量的源泉来自对天道真理的臣服、对天地万物的感恩和知恩图报、倾心奉献的决心。

信仰的力量不仅体现在历代的志士仁人身上，也体现在以"天地良心"作为准则的世俗生活之中，体现在敬天敬德敬业的家风家教之中。因为中华家文化滋养的家庭，本身就是家族、家乡、家国和天地家园的互联体，这样的家庭就是家国情怀的原产地。

这种联结的力量还有一个重大的意义，它使得每一项本职工作有了与整体联结的崇高价值——"我为人人"成为对"人人为我"的回报，领会到"人人为我"的幸福，创造"我为人人"的幸福。这里的"人人"包括家人、家乡、家国、家园的万物众生。于是，便有了与整体融合的神圣性。

如果说敬畏心给了我们认知共同体的归宿感，感恩心给了我们感受共同体的归属感，那么奉献心则给了我们融入共同体的存在感。

作为宇宙生命共同体的"道"，可以被认知，就是"智"；可以被感受，就是"仁"；可以被回报，就是"勇"。智、仁、勇给人的，就是不惑、不忧、不惧的人生！

父母的自身行为与价值取向，对于孩子的责任意识具有直接的影响。那位砸开车窗救出婴儿的拾荒老人，那位冒着被碰瓷者诬陷的风险也要去扶跌倒老人的年轻人，都有一份坚守信念的勇。那些自带干粮赶到汛情一线的市民，没有人命令他们这么做，也没有人知道他们是谁。我相信，这样的人都有着"天地良心"的信仰，明白上天对好人的回报就是让他成为好人。这是你自己与自己的关系，也是自己与上天的关系，与他人无关。这样一个个生命的坚守形成了草根般的力量，推动着整个社会的向善向上。

一个好的社会应该是一个良币驱逐劣币的社会，是好人有好报的社会，是一个大家为了共同的利益去努力的社会；但是这样的社会不会凭空而来，需要我们大家去创造，需要每个人的坚守。

每个个体生命都是作为万物之精华来到世间的，而且与万物一体。但是由于个体生命的局限，因为大脑的算计、私心的滋长等干扰，形成了个体和整体宇宙之间的隔膜，从而看不到、摸不着宇宙的美意、善意、真意，也不愿意或不能够以自身的真意、美意和善意来回馈宇宙，与之共生。但是中华文化让人看到个体生命和宇宙之间还有一个可以联结的通道，就是我们的心性。无数古圣先贤体证了这心性的力量。一个起心动念，一刻诚意正心，就可以超越身体的局限而和宇宙之道融为一体。何况圣贤们还创造了汉字、礼乐、中医、干支等与道相通的宝物，连喝茶舞剑都无处不是道，因为中国哲学的本体论就在生命中、生活中、生态里。

中华文化里，"爱祖国、爱和平就是保家乡"，家与国、家与天下是一体的。大道之行、天下为公，不过是生命的本质；知恩图报、万物一体，不过是心灵的本色；天下兴亡、匹夫有责，不过是做人的本分。

《论语》里有一段名言："子曰：义以为质，礼以行之，孙以出之，信以成之，君子哉！"

信是成为君子的关键，而信之本源在于自身，所以是自信。无论个人出身、社会地位、经济状况有多么悬殊，皆可成君子！孔子学问最深刻和最富革命性的地方就在于，从思想上打破了阶级、阶层的藩篱，发现每个人本自具足的自性之光，指出了通过教育化自性为自信的修己之路，并克服我们今天难以想象的艰难，让古圣智慧由王室来到民间，开辟了用圣贤教育点燃自信、诚信和信仰的大学之道，为中华民族造就了一代代的修齐治平的人才。儒家教育的本质是让人自觉自主成为君子，用今天的话说，就是成为自觉自主的自己——那个天之骄子、地之精华的自己。

"朝闻道，夕死可矣。"有人说，这是孔子在叹息自己未能得道。其实我们想一想，一个没有体验过得道之极乐的人，怎么可能发出"夕死可矣"的感叹？"人能弘道，非道弘人""仁远乎哉？我欲仁，斯仁至矣"都是在鼓励志于道的人们：道不远人！

后记

从 1974 年走进四川大学的校园，我作为科班的哲学学士和哲学硕士在哲学领域躬耕，迄今已整整 50 年了。

如果说我的 50 年哲学生涯中，前 20 年是在"学"哲学，那么后 30 年就是在"做"哲学。我曾是四川大学的哲学教师、中国社会科学院的哲学学者，美国北卡州立大学的访问学者；1995 年回国以来，成了公益组织北京地球村的创办人、央视《环保时刻》的专栏制片人、生活环保的倡导人、乡村振兴的践行人、家风课程的研发人。如果说其中许许多多的工作是出于社会责任。那么，我的"热爱"和"最爱"一直是——哲学！

30 年前，我碰到了人生最难的一道选择题：是留在美国读博士，还是回到中国搞环保。虽然我最终选择了后者，但我以为自己不得为此而放弃哲学，这成了我心中的痛。1997 年当我被中央电视台《东方之子》采访时问及"放弃了哲学生涯，您不觉得可惜吗？"一句话戳到了我的痛处，顿时泪崩，竟控制不住地嚎啕大哭，以至于此次采访无法进行，不得不另外安排了时间完成。

然而，当我一步步从环保回归国学，从国学发现乡村，从乡土社会找到家文化的根脉，我不再嚎啕大哭，而是开怀大笑！因为我惊喜地发现，在这条西行东归的回家路上，自己何曾离开了哲学？！这回家之路向我打开的，是一本真正的中国哲学大书！而自己用几十年生命经历走

后记　303

出来的，是一程最宝贵的哲学生涯！

我庆幸自己一步步从西方哲学的抽象概念回归中国哲学的生命体验，从叠床架屋的知识茧房回归大道至简的生命常识；庆幸自己从中国哲学里找到了解决安身立命、修身齐家和社会治理问题的宝典；庆幸自己在实践中领悟了中国哲学基于天道信仰的内在性、普遍性和实践性特质，也领悟了常识的本质——具有内在性、普遍性与实践性的人类共同的内在经验！我庆幸自己告别了大学校园和研究机构，在草根实践中去阅读中国的生态哲学、生活哲学、生命哲学乃至家哲学这本大书，终于找到了自己的道——中国的根！

五十年的西行东归，让我对中国的家哲学有了比较系统的认识和感悟。如果说最初带着团队深耕家风家教，是为了把社会工作"做到家"，那么如今的我更加领悟，这个过程原来是为了从文化根脉上"回到家"！

这样的家哲学，不是坐冷板凳坐出来的，而是在实践活动的热土上走出来的，也是与一路同行的师友交流中涌出来的。

感谢梁钦元先生，以曾祖父梁济先生、祖父梁漱溟先生、父亲梁培宽先生的淳良家风造福大家，并给了我西方心理学与儒家心学融合的启发。还要特别感谢梁家的珍贵信任与鼓励，15年前将梁漱溟先生著作的稿费捐赠给我和我的机构。

感谢吴生安大夫，18年前帮我从西方哲学的教条中走出来，建立了以"阴阳五行""三宝五脏"为生命根据的中医思维。

感恩白双法先生，20年来指点我刷新对汉字的理解，从汉字思维中感受文以载道。

感谢杨朝明先生对礼乐文明的精到见解，以及多年前开始为重启儒家祖庭曲阜洙泗书院的同心同行。

感谢蔡恒奇先生，在经典诵读领域给我长达23年的倾情陪伴。

感谢沈立博士多年前的专著《再造书香门第》给我的重要启示，以及15年前向我推荐的吕嘉戈先生的《中国哲学方法》，让我从地道的中国哲学方法中受益。

感谢新儒商团体会议理事长、中山大学哲学系的老同学黎红雷先生，让我有机会从优秀的新儒商企业家的家风建设案例经验中体会中华家文化的现实路径。

感谢社区家风指导系列认证课程的诸位老师对课程的倾力贡献，以及予以本书的思想营养。

感谢中国社会工作联合会、中国家庭教育学会、重庆南岸区的相关领导和师友，长期以来给我们团队在探索以中华家文化为底蕴的家风家教服务过程中的信任和支持！

最后，要特别感谢本书的编辑出版团队！感谢东方出版社的同人们，多年前鼓励我就家风话题出书，鼓励我把"九九家风云列车"的讲稿变成书稿，并赐名《九字家风》。感谢著名作家沱沱给予乐和团队多年的陪伴，以及从作家的视角参与本书初稿的修改和古典文学史料补充；感谢刘园、闫斐然以及参与本书编辑和九九家风课程研发的乐和团队的同事们的辛勤劳动！

当然，还要特别感谢每一位正在阅读这本书的读者，希望各位不吝指正，更希望与您在中华家文化传承与创新的路上携手同行！